AF871036

El principio de incertidumbre

SÒNIA GUILLÉN

El principio de incertidumbre

CONTRALUZ

Primera edición: febrero 2025

Diseño de colección: Estudio Sandra Dios
Maquetación: El Taller del Llibre, S. L.

Reservados todos los derechos. El contenido de esta obra está protegido por la Ley, que establece penas de prisión y/o multas, además de las correspondientes indemnizaciones por daños y perjuicios, para quienes reprodujeren, plagiaren, distribuyeren o comunicaren públicamente, en todo o en parte, una obra literaria, artística o científica, o su transformación, interpretación o ejecución artística fijada en cualquier tipo de soporte o comunicada a través de cualquier medio, sin la preceptiva autorización.

PAPEL DE FIBRA CERTIFICADA

Copyright © Sònia Guillén Colomer, 2025
© Contraluz (GRUPO ANAYA, S. A.)
Madrid, 2025
Calle Valentín Beato, 21
28037 Madrid
www.contraluzeditorial.es

ISBN: 978-84-19822-50-5
Depósito legal: M. 27.130-2024
Printed in Spain

A mis padres, que, sin apenas ir a la escuela,
me enseñaron las lecciones más valiosas.

No me gusta que me engañen.
No me gusta que me digan que hay
algo que no puedo entender. Quiero saber
qué pasa, así que trato de descubrirlo.
En eso consiste el principio de incertidumbre:
en descubrir las cosas.

RICHARD FEYNMAN

I

La joven que arroja con el pincel un reguero de ocre contra el cuadro se llama Sara Pons. Lo hace con los ojos cerrados y, al abrirlos, observa las gotas que se deslizan con cuidado por la tela para unirse con otras. El frío se le cuela por el cuello de la parka y le entumece los dedos manchados de pintura, así que deja el pincel para meterse las manos en los bolsillos.

Se separa un poco del lienzo para tener más perspectiva.

La obra, en su conjunto, ni ella misma la entiende, pero en eso radica su originalidad. Sus cuadros no reflejan nada que el hombre común haya visto antes, y no serán comprensibles hasta dentro de varias décadas. Eso es, al menos, lo que piensa. A punto de cumplir los veintiocho, tiene claro que no quiere ser una celebridad pública.

Aún no sabe que dentro de muy poco será famosa por estar viva y muerta a la vez.

Ajena a su destino, se separa del lienzo y entrecierra los ojos. Necesita «adentrarse» en la pintura, captar el misterio que esconde. Sobre un fondo negro, se superponen cientos de gotas de colores. Está casi acabado y aún no tiene claro cómo lo llamará.

El taller es muy grande, con un techo de cuatro metros de altura, vigas de hierro y grandes ventanales. De cada trozo de pared de obra vista cuelgan cuadros. Otros están apoyados en el suelo. En el centro, bajo doce bombillas que evocan la luz natural, hay un caballete. Al lado, una mesa llena de frascos de pintura, pinceles, botes de cristal llenos de agua sucia, trementina, reglas y compases.

Sara viste un pantalón de pana y una sudadera blanca manchada de pintura. Se ha recogido el pelo en un moño con una goma. Justo en la sien, un mechón rubio está teñido de ocre. Dentro del taller la temperatura no llega a los quince grados; por eso se cubre con una parka vieja, también salpicada de pintura. Con el frío piensa mejor y, además, calentar esa nave industrial costaría un dineral.

El hecho de que sea rica no importa. No quiere ayudar a cargarse el planeta.

El taller, que es también su casa, era antiguamente una fábrica textil y está en un barrio complicado. En los años cincuenta era un polígono industrial alrededor del cual se alzaban edificios de doce plantas para familias trabajadoras. En la actualidad, las naves se han reconvertido en almacenes al por mayor y en algunos pisos viven hacinados decenas de inmigrantes. Por la noche hay bandas, peleas y gente que vende y compra droga.

Pese a todo, a ella le gusta. Justo delante de su ventanal hay un parque, un pedazo de tierra con cuatro árboles, un tobogán y dos columpios. De día suele haber madres hablando en grupos mientras los chiquillos juegan, pero, de noche, solo quedan los jóvenes fumando porros y bebiendo.

Como hoy llueve con ganas, no hay nadie en la calle.

Sara agradece este día húmedo y frío, las gotas que caen perpendiculares al trasluz de las farolas, que el parque se encuentre desierto y solo se oiga el sonido de la lluvia contra el cristal y el tejado.

Cuando alguien toca el timbre, ella da un respingo.

«Mierda», piensa mientras se limpia las manos con un trapo de cocina viejo y se dirige a la puerta.

Observa por la mirilla y, al reconocerlo, Sara da un paso atrás. Se endereza, toma aire, intenta calmarse. Vuelve a mirar para cerciorarse de que en efecto es él, que no se confunde con el halo que empaña la mirilla. Pero no hay duda.

Es él.

—¡Un momento! —grita mientras se mira en el espejo junto a la puerta.

Está hecha un desastre. Aunque le gusta su apariencia de artista, tiene los ojos legañosos y el pelo pegado a la frente.

Sin hacer ruido, va al lavabo y se aplica un poco de rímel y brillo en los labios. Se peina el flequillo y suelta algunos mechones de cabello como si se hubieran escapado contra su voluntad. Ahora pinta mejor, pero le falta algo para darle un aire más bohemio. Encuentra una mancha de ocre en el trapo y se hace un borrón en la mejilla.

Así está bien, se dice frente al espejo. Descubre en su reflejo una mirada de reproche, una advertencia por parte de su otra versión. Es la que le recuerda que tiene que comer o la empuja a llamar a su agente cuando el dinero se acaba. La que la obliga a quitarse los auriculares cuando regresa a casa por la noche. La parte de ella que lidia con las cosas mundanas y necesarias y la aleja del peligro.

Su imagen le recrimina que, a su edad, se comporte aún como una adolescente, que traicione la promesa que se hizo de no volver a dejarse arrastrar por sus sentimientos.

«De todas maneras, no pienso pasar con él más de una noche», le miente a su otro yo. «¿Y has visto el azul de sus ojos?».

Sale del baño y abre la puerta.

El visitante, todavía bajo el paraguas, sonríe al verla.

—Perdona por hacerte esperar... —murmura ella—. Tenía las manos llenas de pintura.

—No te preocupes, Sara. Sé que es tarde... Pero pasaba cerca de aquí y no me he podido resistir. Quería ver en qué estás trabajando. Aunque, si he de serte sincero, lo que en realidad me atrae es la posibilidad de *verte pintando*.

Sara esboza una sonrisa tímida y se aparta para dejarlo pasar, mientras le explica:

—Estoy acabando mi último cuadro. La expo es dentro de dos semanas y voy un poco contra reloj...

Él cierra el paraguas y se pasa la mano enguantada por el pelo negro. Debe de tener algo menos de treinta años. Al igual que cuando lo vio por primera vez, Sara nota una sensación de vacío en el estómago que atribuye a que le gusta, aunque su otro yo le dice que no, que no es eso.

Desde que se conocieron, hace un par de meses, se han visto en tres ocasiones. A Sara le gustó desde el primer momento, pero lo ha estado evitando. Hay algo en él que hace que se sienta torpe y vulnerable. No es su físico ni su personalidad, sino más bien un rasgo propio de ella. Desde la adolescencia, cuando se siente atraída por alguien, suele obsesionarse. Su psicóloga lo llama «apego ansioso» y su hermano, «tendencia a convertirse en el satélite de otra persona».

Él se acerca al caballete y observa el lienzo sin terminar con la cabeza un poco ladeada.

—Aún no me he decidido por el título —comenta ella, emocionada—. Estoy entre *Entrelazamiento infinito* o *La sinfonía invisible.*

El visitante observa el cuadro sin decir nada y ella se recrea en sus iris. Tiene unos ojos que parecen azules como tantos otros, piensa, hasta que te fijas bien y comprendes que existe otra tonalidad de *azul.*

—Este cuadro está inspirado en la lluvia —le explica Sara colocándose a su espalda—. Cada gota es portadora de múltiples posibilidades, de estados diferentes. Al estrellarse contra el lienzo, las gotas colapsan y se determina su estado final. Todas se encuentran conectadas, entrelazadas de alguna manera...

Él asiente, absorto, y ella se calla. Se siente halagada e intimidada a la vez. Es consciente del frío, del ritmo de su corazón, de la lluvia que cae con fuerza afuera y convierte el taller en una caja de hojalata.

Da un paso atrás para observar la espalda ancha del hombre. Lleva un abrigo negro y unos guantes de piel. Ese detalle, de repente, la inquieta. La Sara pintora disfruta de la atención del visitante, pero la otra Sara se da cuenta de un montón de cosas: que ha dejado entrar en su casa a un hombre que apenas conoce, que las tiendas están cerradas y en la calle no hay nadie.

Y que ese hombre lleva guantes negros de piel.

La Sara responsable le sugiere que mencione, como de pasada, que espera a su hermano para cenar. Pero antes de que pueda decir nada, él empieza a hablar:

—Es magnífico, me recuerda en pequeño formato al *Summertime* de Pollock, pero más honesto y profundo. Tu arte refleja algo distinto. Es como si pintaras desde otro lugar, captando una realidad que nadie más percibe. —Se acerca un poco más a Sara—. Es brillante cómo has incorporado el principio de superposición y entrelazamiento. Parece que cada gota exista en múltiples estados, hasta que te concentras en un solo punto...

Las palabras penetran dentro de ella y rompen, una a una, cada hebra que la sujeta a la Sara responsable. Él la mira fijamente y ella está tan conmovida que siente una conexión casi mística con ese hombre. Detecta que algo en su azul ha cambiado. Quizás sus ojos brillan más, o son ahora más oscuros.

La Sara responsable le envía un último aviso, pero ella está decidida a demostrarle que está equivocada. Y no, no va a dejar que sus miedos le estropeen una noche de sexo.

—Es increíble, eso es justo lo que quería expresar... —dice con un hilo de voz—. Ya sabes lo que opina mi agente, que debería dejarme de experimentos y seguir haciendo lo de antes, asegurar el tiro.

—Pero tú necesitabas pintar esto —la interrumpe él con un susurro—. No sabes cómo te entiendo.

Sara cae en su campo gravitatorio. Ahora orbita sin control a su alrededor. Tiene unas ganas locas de besarlo, de arrancarle la ropa, de confesarle que le gusta, pero recuerda los consejos de su psicóloga y se controla.

—¿Te apetece una copa de vino? —le ofrece nerviosa—. Podemos encender la estufa de butano y...

Él se limita a cogerle la mano. Su rostro está ahora a unos centímetros de ella. Nota su aliento cálido, puede apreciar cómo, entre las pestañas negras y largas, el azul adquiere un matiz oceánico, peligroso. A Sara se le encoge el estómago y le tiemblan las piernas. Está excitada.

—*Entrelazamiento cuántico*. Ese es el título —murmura él.

Lo que sucede a continuación, Sara lo revivirá una y otra vez las próximas horas. Le vendrán *flashes* que la despertarán con un grito. La expresión salvaje del hombre. Su mano enguantada que le tapa la boca. Un pinchazo en el cuello. Después, un baile de paredes y la visión del techo mientras cae. Un crujido seco cuando su cabeza choca con el suelo.

Oscuridad.

II

Hace semanas que Berta no duerme bien, así que, cuando suena la alarma esa mañana, alarga el brazo para apagarla y se encoge bajo el edredón. En cuanto cierra los ojos, se sumerge de nuevo en un pozo profundo, sin fin.

Un par de horas después, abre los párpados hinchados. Advierte que es tarde por la claridad hibernal que entra por la ventana. Cualquier otro día, esa luz la habría hecho salir de la cama de un salto, pero las pesadillas de esta noche le han drenado toda la energía.

Tendida en la cama con los ojos abiertos, comprueba que todo está en el mismo lugar, que las cosas sigan siendo exactamente igual. Es algo que hace desde siempre. Aunque eso no es exacto: debería precisar que lo hace desde que sufrió aquel accidente de niña. Sin embargo, han pasado ya treinta años y, por lo tanto, podría decirse que es desde siempre.

En la mesita, el teléfono móvil está bocabajo; los libros se apilan en el suelo y la puerta de la habitación está entreabierta, como a ella le gusta.

Estira el brazo para coger el teléfono y en la pantalla descubre tres llamadas perdidas de un número oculto.

Frunce el ceño mientras comprueba que no han dejado ningún mensaje.

Se enfunda un pantalón negro y un jersey de cuello alto. Luego corre descalza hacia el lavabo con los calcetines en la mano. Se los pone mientras orina.

Un minuto más tarde, se seca la cara ante el espejo. Exceptuando las ojeras oscuras y abultadas, sigue siendo ella: el mismo pelo negro, liso y brillante cortado a la altura de los hombros; unas cejas tupidas que enmarcan sus ojos marrones; labios delgados, el de abajo un poco más grueso. Nunca se maquilla y raramente compra ropa distinta a la que suele llevar. Quizás porque siente que su trabajo ya es lo bastante caótico, se resiste a alterar, ni que sea un poco, su aspecto.

De eso ya se ocupa el tiempo con una tenacidad implacable.

Con la cabeza embotada por haber dormido demasiado, se prepara un café. Una de las ventajas de vivir sola es que nada perturba su manía por el orden. La cocina está impecable, sin manchas de aceite o migas de pan ni cacharros en el fregadero. Sin duda ayuda que, con tal de no cocinar, ayer cenó un yogur.

Mientras prepara la cafetera italiana, echa de menos la rapidez de la Nespresso. Y, aunque le duela reconocerlo, también echa de menos a Miguel. Al café en cápsulas renunció por principios, porque contaminaba en exceso. A Miguel se le puede aplicar exactamente lo mismo.

Todavía recuerda su última conversación. Discutieron porque se sentía sola. Se levantaban y acostaban y pasaban el fin de semana juntos. Y, aun así, se sentía cada vez más lejos de él.

Cuando Berta le contaba algo, Miguel no la miraba realmente, sino que dejaba descansar la vista sobre ella mientras pensaba en sus cosas. Los fines de semana permanecía horas absorto frente al televisor o con el móvil. Tras una década de convivencia, se habían convertido en fantasmas que habitaban la misma casa sin verse realmente.

Si ella le reclamaba más comunicación, él se limitaba a decir con tono cansado: «Yo soy así».

Berta odiaba esa frase con todo su corazón.

—¿Has oído hablar de las hadas? —le preguntó ella un día; a pesar de ser doctora en física cuántica, podía ser muy fantasiosa—. Cada vez que alguien dice que no cree en las hadas, una muere. Pues entre nosotros pasa algo parecido. Cada vez que me dices «yo soy así», muere un pedacito de nuestro amor.

Hace seis meses que se marchó, pero Berta le sigue echando de menos. No ha vuelto a saber de él, lo cual significa que debe de estar con otra. Le ofende que haya podido olvidarla con tanta facilidad.

Mientras toma de pie el café sin espuma, revisa el móvil. No tiene ningún mensaje de Miguel, solo uno de Pavel, su compañero de trabajo, que le pregunta dónde se ha metido.

Antes de que pueda contestarle, suena el timbre de la puerta. Son las diez de la mañana y ella no suele recibir visitas a esa hora. Nunca compra en tiendas *online* ni le llegan mensajeros de ninguna clase. La posibilidad remota de que sea Miguel le encoge el estómago cuando va a abrir.

Pero no es él, sino una pareja con expresión grave.

El hombre ronda los cuarenta y tantos, y la mujer aparenta la mitad de esa edad. Él es alto y recio, tanto que podría ser jugador de rugby. Tiene el pelo y la barba de color tostado. Su mirada color avellana es ligeramente estrábica.

La muchacha que lo acompaña también es alta, aunque más delgada y atlética. Bajo el pelo corto rojizo brillan sus ojos verdes, y una nariz con personalidad destaca en su cara pecosa. Lleva una carpeta azul en la mano.

No tienen la pinta típica de los testigos de Jehová, ni tampoco parecen vendedores ambulantes. Con esa intuición que conecta los hechos que anuncian desgracias, Berta enseguida los asocia con las llamadas.

El hombre confirma su suposición mostrándole una placa policial.

—¿Berta Fernández? —Ella asiente, mientras por su cerebro desfilan las causas más locas para que la policía vaya a su casa—. Permítame que nos presentemos: soy el inspector David Estrada y ella es mi compañera, la detective Nadia Mateo. Pertenecemos a la DIC, la División de Investigación Criminal. ¿Podríamos charlar un momento?

—Por supuesto... —responde Berta, abrumada, mientras traspasan la puerta—. ¿Ha pasado algo?

—Nada que la implique a usted, pero necesitamos su asesoramiento en calidad de experta. Hemos obtenido su contacto en la facultad donde trabaja. La estamos llamando desde ayer noche, porque es un asunto urgente, pero no hemos podido contactar con usted.

Berta sonríe avergonzada.

—Disculpen, tenía el teléfono en silencio.

—No se apure —interviene ahora Nadia—. Solo necesitamos que nos ayude a interpretar un par de notas.

—¿Interpretar notas? —Su voz ha sonado un poco ridícula y aguda, así que carraspea para aclararse la garganta.

Aunque, de pequeña, su profesor de música le dijo que tenía «oído absoluto», sin duda no se trata de tocar un instrumento.

—Es usted doctora en física cuántica, ¿cierto? —le pregunta la detective—. Si nos permite sentarnos, le explicaremos el asunto.

Berta les señala la mesa.

—Por supuesto, disculpen... No suelo recibir visitas policiales. ¿De qué se trata?

Nadia abre la carpeta, saca una fotografía y se la da a Berta. En ella, una mujer joven con el pelo rubio ondulado sonríe a la cámara. Detrás puede verse un cuadro, un galimatías de líneas superpuestas y círculos concéntricos.

—Le presento a Sara Pons —le aclara Estrada—, una artista que vive en el barrio del Bon Pastor. Mejor dicho, vivía, ya que lleva cuarenta y ocho horas desaparecida. Ayer por la noche entramos en su *loft*, donde tiene su taller y la vivienda. Todo, incluyendo sus llaves, sigue allí: móvil, documentación, ropa.

—Quizás no quiere que la encuentren —apunta Berta—. A fin de cuentas, los artistas son...

—Pensaríamos como usted de no ser porque ayer viralizó por las redes esta nota —declara Nadia, antes de extraer de la carpeta azul un folio impreso.

Bajo un retrato de cerca de la pintora, con los ojos exageradamente abiertos, se lee el mensaje:

SARA PONS ESTÁ VIVA Y MUERTA A LA VEZ
¿Cuándo se abrirá la caja?
Squark

—Esta nota emergió desde la *dark web* y ha sido compartida por miles de personas —expone Estrada—. Llevó al hermano de la pintora a ir al *loft*, del que tiene llaves. Al cursar la denuncia, nos aseguró que su hermana jamás desaparecería o haría un juego así para promocionarse. Aunque sea una artista de vanguardia, es una persona más bien miedosa y nunca va a ninguna parte sin su móvil. Además de este anuncio, sobre la cama de Sara encontramos otro papel con un mensaje indescifrable. Pero antes, dígame, ¿puede explicarnos la paradoja de Schrödinger?

Mientras Nadia busca en la carpeta la hoja manuscrita, le dispara una segunda petición:

—Y, ya puestos... nos vendría bien saber qué es un Squark.

III

Cuando despierta, Sara tiene la boca seca y le cuesta respirar. Trata de incorporarse y siente el cerebro congelado. Teme que vaya a estallarle el cráneo, como una cerveza olvidada en el congelador.

Todo es oscuro como la tinta china, aunque en la negrura flotan motas ocres y azules, como reflejos fantasmagóricos de las gotas de su cuadro.

Sara trata de incorporarse, pero su cabeza choca con algo metálico. Cada vez más aterrorizada, palpa con las manos las paredes frías y lisas. No hay nada parecido a una hendidura. Con la ansiedad disparada, calcula que se encuentra en una caja hecha de plancha, del tamaño justo para que quepa un cuerpo humano.

En una esquina sobre sus pies le parece ver un pequeño orificio, apenas más grande que un botón de camisa. Un débil punto de luz, como una estrella distante, que no le permite ver nada.

Sara quiere gritar, pero el pánico la tiene paralizada.

Le gustaría perder el conocimiento de nuevo y despertarse cuando todo haya pasado. Sin embargo, está dolorosamente despierta. Debería pensar en una forma de huir, o de negociar al menos con su secuestrador, pero la oscuridad y ese espacio estrecho la tienen atenazada.

Ralentiza la respiración e intenta agudizar el oído. Fuera, todo está en silencio. Solo sabe que el hombre de los ojos azules la ha encerrado en una caja de hierro... que será su ataúd si no logra escapar de algún modo.

De repente, siente unas ganas furiosas de matar a quien la ha capturado, y golpea las paredes con los puños, les da patadas mientras grita:

—¡Puto cabrón de mierda! ¡Déjame salir!

El sonido reverbera en el metal y le golpea los oídos. Decenas de avispas invisibles aguijonean su cabeza con punzadas dolorosas.

Se deja caer de nuevo y hunde la cabeza entre las rodillas, que rozan el frío metal. Sin poder evitarlo, estalla en sollozos.

Su versión bohemia ha dejado de existir y su parte responsable es solo una criatura aterrorizada, una mujer que se reprocha su estupidez, no haber hecho caso a su instinto.

Sara llora con hipidos profundos, mientras nota que el rímel le escuece los ojos. Su cara es una máscara de mocos y lágrimas negras.

Hasta que un chasquido estático resuena por encima de su cabeza y le corta la respiración. Ella aprieta los labios y se limpia la cara con la manga de la parka mientras se obliga a contener el llanto.

Una voz conocida atraviesa la plancha de acero. Oírla la hace encogerse aún más sobre sí misma y le descompone el estómago.

—Buenos días, mi gatita de Schrödinger.

IV

El inspector David Estrada se inclina hacia Berta y coloca una grabadora digital encima de la mesa. Mientras toquetea los botones, ella aprovecha para observarlo. Debajo de la barba intuye, como cráteres ocultos por la maleza, los restos de un acné catastrófico. Advierte también que tiene un tic casi imperceptible en el ojo desviado.

Sin embargo, a pesar de que es una mujer observadora e intuitiva, no puede imaginar qué caso sin resolver le provocó ese espasmo y cambió su vida.

—Si no le importa —dice Estrada—, grabaré la conversación, por si necesitamos volver a escucharla más adelante.

—De acuerdo —contesta Berta, a quien la situación empieza a parecerle surrealista.

El inspector recita con voz monótona:

—Registro de grabación en el domicilio de Berta Fernández. Son las once horas del quince de diciembre. Conversación entre el inspector David Estrada, la detective Nadia Mateo y la doctora Berta Fernández, que actúa en calidad de asesora. Señora Fernández, ¿está de acuerdo en ser grabada?

—Estoy de acuerdo. —Berta se acerca a la grabadora al hablar, llevada por un involuntario acto reflejo. Con un punto de vergüenza, se da cuenta de que no hace falta y vuelve a recolocarse en la silla.

—Perfecto, comenzamos —anuncia Estrada—. Doctora Fernández, en calidad de doctora en física cuántica, ¿puede explicarnos en qué consiste el experimento de Schrödinger?

—Se trata de un experimento puramente teórico. Schrödinger imaginó que encerraba a un gato en una caja opaca, sin ningún agujero por el que se pudiera ver el interior. Dentro de la caja hay una sustancia radiactiva y un frasco con veneno conectado a un mecanismo que puede romperlo. Si la sustancia emite radiación, cosa que podría suceder en cualquier momento, el mecanismo se activa y se libera el veneno que mata al gato. Si no ocurre nada, el frasco se mantiene intacto y el gato seguirá vivo. ¿Me sigue?

—La sigo —asiente Estrada—. Hablamos de un gato encerrado cuya vida depende de si se rompe o no una botella con veneno.

Berta asiente, como si estuviera dando una clase particular a un par de alumnos rezagados.

—Pero está encerrado en una caja opaca. Por lo tanto... —mira a Estrada para que acabe la frase.

—Por lo tanto, puede estar vivo o muerto. Como la caja está cerrada, hasta que no miremos en su interior, cualquiera de las dos situaciones es posible.

—Exacto, eso sería la explicación desde la física clásica —puntualiza Berta—, donde la naturaleza tiene unas propiedades bien definidas. El veneno habrá matado al gato o bien, si el frasco no se ha roto, continuará vivo. Pero, ojo, hablamos de un experimento cuántico y aquí es donde se produce la paradoja. En la física cuántica, no es A o B, sino A y B a la vez. Todas las posibilidades coexisten. Por lo tanto, según esta visión, el gato de Schrödinger está vivo *y* muerto a la vez. En ese «y» en vez de «o» está la gran diferencia —añade dibujando con los dedos unas comillas imaginarias en el aire.

Por la expresión de los policías, no está segura de que lo hayan pillado, así que continúa:

—El gato de Schrödinger se encuentra, por lo tanto, en un estado indefinido y las dos opciones coexisten. Eso seguirá así hasta que, al abrir la caja y observar, se determine una de las dos. Pero, mientras la caja continúe cerrada, el gato estará en un estado de lo que llamamos superposición cuántica, es decir, vivo y muerto a la vez.

Nadia deja escapar una risita y dice:

—Sin ánimo de faltarle al respeto a ese «Osringuer» o como se llame, me parece absurdo. Es como si yo le dijera que tengo el superpoder de volverme invisible, pero solo cuando nadie me mira.

Estrada arquea las cejas y carraspea. Berta sonríe.

—Tiene razón, suena un poco absurdo, pero en física cuántica las partículas no actúan como las cosas que estamos acostumbrados a ver. En ese otro mundo misterioso, es el observador quien colapsa la superposición en un estado definido. Dicho de otra manera, el resultado que nosotros veremos. Por ello, mientras nadie lo compruebe, en el reino cuántico el gato sigue vivo y muerto a la vez.

—Todos estos juegos mentales están muy bien, pero hay que aterrizar. —Estrada se pasa la mano por la barba rizada—. Lo que sabemos aquí y ahora es que Sara Pons lleva cuarenta y ocho horas desaparecida y que un tal *Squark* ha publicado un mensaje donde dice que está viva y muerta hasta que no la encontremos, como si esa mujer fuese el gato del experimento.

—No sé cuál es la intención de quien publica una nota así, pero el de Schrödinger es un experimento mental —aclara Berta—. No es extrapolable a los seres vivos.

—Si lo pensamos bien... no es tan descabellado —tercia Nadia, pensativa—. Todas las personas que desaparecen, mientras no se descubre qué les ha pasado, están en esa situación indefinida para sus familias. Vivos y muertos a la vez. Y, si la situación se alarga, llega un momento en que los familiares ni siquiera saben qué prefieren, no volver a saber de ellos o que aparezca su cadáver.

A Estrada le viene, como un fogonazo inesperado, una imagen a la mente. A lo largo de los años ha ido recomponiendo todos los detalles de *aquel* caso, hasta tener cada escena grabada en su memoria.

Piensa en la angustia de los padres de aquella pareja cuando comprendieron que sus hijos habían desaparecido. Como si mirase un vídeo reproducido a alta velocidad, vuelve a ver cómo sus rostros cambian mientras esperan una noticia, una llamada. Aparecen arrugas nuevas y ojeras, los ojos se hunden y la piel se vuelve amarillenta. Son máscaras que alternan el miedo a que encuentren sus cadáveres y la esperanza, cada vez más pequeña, de que todo sea una locura de juventud. Hasta que conocen su fatal destino y esos padres quedan definitivamente marcados por el dolor.

—Esa incertidumbre es devastadora —murmura Estrada con la vista fija en los segundos que avanzan en la grabadora.

Nadia asiente y sigue hablando:

—Podría ser que Sara Pons estuviese confinada en algún sitio. Encerrada, como el gato ese, quizás con algún veneno o...

—¡Disculpen! —Berta alza un poco la voz—. No quiero interrumpirles, pero ¿puedo hacerles una pregunta?

—Por supuesto, estábamos procesando la información... —responde Estrada—, le contestaré en la medida que me sea posible.

—¿Por qué han venido hasta mi casa para esta consulta? Quiero decir que podrían haber buscado la explicación en internet o en un libro.

Los dos detectives intercambian una mirada y Estrada dice que sí con un leve movimiento de cabeza.

—¿Recuerda que le dijimos que había otra nota? —pregunta Nadia. Berta, que se había olvidado de ese detalle, junta las manos a modo de disculpa—. Esa nota es mucho más compleja y necesitamos que nos ayude a descifrarla. Por si fuera poco, la dejaron en casa de la desaparecida sobre un libro titulado *Comprender la Física Cuántica*. Si no me equivoco, lo escribió usted...

Berta se reclina contra el respaldo y mira a los agentes con una aprensión indefinible. Le parece que a su alrededor todo se vuelve más nítido. Alguien, en el edificio, pone la música a toda pastilla mientras se escucha el zumbido lejano de una aspiradora. Afuera, un coche toca el claxon con una insistencia despiadada.

El inspector Estrada la mira a los ojos y ve en ellos tristeza y cierta preocupación. Berta presiente que en esa carpeta hay algo que no debe ver, que su mirada desvelará un destino que aún es incierto. Que ella, en este cruel experimento, es la observadora que determinará el estado de Sara Pons de manera irreversible.

V

Los Tres Porrones es un bar de barrio famoso por las buenas y abundantes raciones de jamón. Las patas cuelgan durante meses de una barra de hierro que atraviesa el local de punta a punta.

Albert, el padre de Berta, cree que cogen un gustillo especial por el humo de los cigarrillos que impregna el ambiente. Él y su mujer, Margarita, que trabajan allí dieciséis horas diarias, son fumadores pasivos, aunque ellos no lo saben porque aún falta mucho para que se use esa palabra. La sabrán dentro de quince años, cuando prohíban fumar en los puestos de trabajo. La entenderán en toda su magnitud diez años después, cuando le diagnostiquen primero a uno, y dos años después al otro, cáncer de pulmón. A ellos, que nunca en su vida han fumado.

Pero esa tarde de sábado, los clientes fuman un cigarrillo tras otro y nada de eso pasa por sus mentes.

Lo que les preocupa en ese momento es su hija Berta.

La niña está sentada en un taburete delante de ellos y lee un *Muy Interesante* con los codos apoyados en la barra. Hace unos meses del accidente que casi le cuesta la vida, o, mejor dicho, que le costó la vida durante varios minutos. Cada vez que le viene el suceso a la cabeza, Margarita necesita tomar aire.

Era un día muy frío. Por la noche, la escarcha había pintado de un blanco frágil la hierba, las zarzas y matorrales. Una capa de hielo cubría los charcos del camino. Habían ido a pasear por el campo. Necesitaba salir, respirar aire puro en su único día libre.

Caminaban tranquilos y Berta a ratos corría, casi oculta bajo el anorak, el gorro y los guantes. Se adelantaba unos metros y se entretenía con cualquier insecto o planta que llamaba su atención. Se encontraron con unos vecinos y, sin muchas ganas, se pusieron a charlar. Margarita no recuerda qué decían, solo que la mujer hablaba y hablaba y su mente volaba hacia el cielo, hacia ese día frío y gris, a los minutos que se le escapaban allí parados.

La alarma saltó al cabo de un rato.

Primero paseó la vista alrededor, agudizó el oído. Ella dijo: «disculpad», antes de alejarse unos metros, buscando entre los matorrales un gorro de lana. Gritó su nombre, pero no hubo respuesta.

Todos dejaron de hablar y empezaron a buscar a Berta. De repente, le vino a la mente, como un fogonazo, que a unos metros había una balsa de agua. Los recuerdos, a partir de ese instante, se fragmentaban. Recuerda que corrió, que chilló enloquecida al ver su cuerpo en el agua, que tiró de la chaqueta empapada y alguien la ayudó. Que, durante unos minutos infinitos, su niña no respiraba y tenía los labios y la cara morada. Recuerda, con el corazón encogido, que, cuando Albert le hacía el boca a boca, tampoco ella podía respirar. Recuerda que su hija tuvo al fin una sacudida. Expulsó una bocanada de agua. Tosió. Respiró.

Con una aspiración profunda, Margarita observa a Berta disimuladamente.

Parece la misma niña de siempre, pero ella nota que algo ha cambiado. Busca en su mente las palabras adecuadas: más madura, más serena, más seria de lo que tocaría a su edad. Pero no es solo eso, hay algo más; también se ha vuelto más sensible, intuitiva y callada.

«Distinta», piensa, «mi hija parece distinta».

Como si supiera lo que su madre está pensando, la niña levanta la mirada de la revista y se queda observando un punto indefinido. Sus ojos oscuros reflejan una inteligencia que a veces asusta a sus padres. Cuando habla, su voz infantil suena acongojada.

Papá, ¿alguna vez tienes la sensación de que las cosas no son cómo deberían ser? ¿Has pensado que nada es real, o que para ti no es igual de real de lo que les parece a los demás?

Albert mira a su hija a los ojos mientras seca el vaso que tiene entre las manos. Su barriga es redonda y prominente como si alguien se la hubiese hinchado hasta el límite.

Margarita sigue fregando vasos sin levantar la vista, atenta a la conversación.

Siempre ha sido una niña inteligente, pero cada vez pregunta más cosas para las que ellos no tienen respuesta.

—¿A qué te refieres?

Berta se encoge de hombros. A sus doce años, no sabe explicar a qué se refiere. Solo sabe que a menudo le parece que todo está conectado, aunque también le inquieta no entender cómo funciona el mundo.

—Hija, ¿tienes alguna duda sobre algo en concreto?

Ella niega con la cabeza y hace un gesto con los brazos que abarca todo el bar.

—Me refiero a todo. A todo lo que nos envuelve.

Albert pasea la vista por el local como si fuera la primera vez que lo ve. Hay dos hombres enfrascados en una partida de ajedrez, mientras cuatro vecinos juegan al dominó en la mesa contigua. Todos tienen una cerveza cerca. En realidad, todos se han bebido unas cuantas. Uno de ellos estampa el seis doble con fuerza contra la mesa y el golpe resuena en el local como un disparo.

—¡Requena! —le grita su padre—. Si rompes la ficha, pagas todo el dominó. —El hombre hace un gesto con la mano sin quitar la vista del juego, Albert vuelve a prestar atención a su hija—. Lo que nos envuelve... ¿Te refieres al aire, a la gravedad o a qué?

—No sé. He leído sobre eso, y más o menos lo entiendo. Pero me refiero a otra cosa. A cómo funciona el mundo, a lo injusto que es todo. A veces, cuando veo una noticia fea, siento una tristeza muy profunda. ¿A ti no te pasa?

La madre observa a la niña con aprensión. Su hija de doce años sufre por el medio ambiente, por las guerras, los animales, los niños que pasan hambre. No es que a ella todas esas cosas no le importen, pero le duele que su hija, que debería estar jugando con muñecas, sufra de esa manera.

—En ocasiones, aunque no exactamente así —responde Albert—. Yo más bien siento... ansiedad.

—¿Y qué haces, entonces?

—Comer —interviene la madre, mientras el marido le da un cachete suave en el trasero, dispuesto a seguir hablando.

—A ver, hija... Hay personas muy inteligentes y sensibles que se sienten afectadas por las cosas que pasan, o por las cosas que no entienden. Desde aquel... —Su esposa le lanza una mirada de advertencia. Una que dice: «Cuidado, no se te ocurra mencionar el accidente»—. Tú ahora estás creciendo y tienes muchas preguntas. Eso es bueno. No podemos cambiar el mundo, pero está en nuestra mano mejorarlo y aprender cómo funciona.

La niña asiente con la vista fija en su padre. La madre ha cerrado el grifo para escuchar mejor. De hecho, lleva tres minutos enjuagando el mismo vaso.

—Mira, Berta, tu madre y yo no hemos estudiado, pero hemos leído bastante. Si quieres comprender el mundo, o entender lo poco que sabemos de él, trata de leer libros más... difíciles. En la biblioteca del colegio tienes cientos para elegir. Puede que no encuentres ahí todas las respuestas, pero tendrás más y mejores preguntas.

Margarita mira con curiosidad cómo su marido busca algo entre la pila de diarios que se acumula sobre una nevera. Saca de allí un libro bastante grande de tapas brillantes.

—Si quieres probar algo distinto, geniecilla, compré este hace unos días —dice Albert—. No es para tu edad. De hecho, ni yo mismo lo entiendo, pero puedes echarle un vistazo.

—¿Cómo se titula? —pregunta Berta, entusiasmada—. ¡Déjamelo ver!

—*Una breve historia del tiempo.* Es de un científico muy famoso llamado Stephen Hawking.

La llegada de un par de clientes interrumpe la conversación. Albert deja el trapo y se acerca a atenderlos mientras su madre acaba de fregar. La niña ya tiene el libro en sus manos y su mente se evade. Sus ojos oscuros y profundos se desplazan por las líneas, parecen tener hambre por adentrarse en los secretos del Universo.

Berta no olvidará nunca esa tarde.

Al hacerse mayor, pondrá en su justo valor el gran regalo que fueron sus padres. Será consciente de que, de haber tenido otra vida, otras oportunidades, habrían logrado grandes cosas. O quizás no, quién sabe. Tal vez fueron felices con aquella vida sencilla.

Esa misma noche, cuando sus padres se disponen a acostarse, agotados por un largo día, la luz de la habitación de Berta continúa encendida.

Su padre entreabre la puerta y observa a su hija absorta en la lectura. Siente una mezcla de orgullo y tristeza. Su niña, que escapó de la muerte de milagro, apenas ocupa un tercio de su pequeña cama y lee con las rodillas dobladas y el ceño fruncido. El pelo negro y lacio le cae a ambos lados de la cara y tiene la boca entreabierta, ajena a todo lo que no sea ese libro que marcará su futuro.

VI

Estrada hurga en la carpeta azul. Finalmente, saca una hoja de papel impresa y se la entrega a Berta Fernández. De cerca, su estrabismo es más evidente. Ella percibe además su olor a café, menta y colonia cara. Eso la hace removerse incómoda en la silla. Aún no se ha lavado los dientes y teme que él pueda olerle el aliento.

—Antes de enseñarle la nota, necesito que lea este documento. Es un acuerdo de confidencialidad. Me temo que la prensa no tardará en divulgar la desaparición de Sara Pons. Todavía no saben quién es, ni la existencia de esta nota, pero es solo cuestión de tiempo. Aun así, debo advertirle que todo lo que hablemos sobre este caso es estrictamente confidencial. No podrá comentarlo con nadie ni hacerlo público de ninguna manera.

Berta no entiende por qué le dice que no saben quién es, dado que en la nota que ha viralizado sale su nombre y apellido, pero no hace preguntas. Se limita a leer el documento mientras los policías esperan en un silencio tenso.

Cuando acaba, toma el bolígrafo y firma decidida.

—Gracias. —Estrada le alarga una funda de plástico que contiene otro papel—. Es una fotocopia de la nota que encontramos en casa de Sara Pons. El original está custodiado, para buscar huellas o cualquier otro indicio.

Berta coge el papel y lee con atención:

Estimada colega Quark:

Una paradoja es una espiral, un desafío. Su solución implica entender el mundo de una manera radicalmente diferente.

Sin quererlo, te has convertido en mi oponente, aunque yo prefiero pensar que somos partes de un todo.

Tu mente sería una perfecta contraparte en otro universo, donde las cartas del destino hubiesen sido repartidas de otra forma. Quizás, en un universo paralelo, nuestras vidas están entrelazadas, tal vez incluso invertidas. En este mundo, sin embargo, hemos tomado caminos diferentes, aunque nuestro objetivo sea el mismo: la ciencia. Con todo, tú, mi observadora, harás que nuestras trayectorias se crucen.

Si tus habilidades científicas están a la altura de las mías, puede que encuentres a Sara Pons, mi gatita de Schrödinger, con vida. Tómatelo como un desafío, una oportunidad para medir tu genialidad.

El tiempo corre y mi paciencia no es infinita.

$$\Psi\ (x, t)$$

$$\Psi\ (\mathrm{Ag8}, 216\mathrm{ks})$$

Squark

Cuando acaba de leer, Berta pasea sus ojos azorados por los dos agentes. Ambos la miran fijamente. Esperan que ella pueda aclararles qué significa, pero está completamente descolocada.

Cuando vuelve a leer la nota, tiene la sensación de que un gigante exhala el aliento contra su cuerpo y le pone la piel de gallina. De pronto, le parece que la calefacción está demasiado alta. Tiene esa sensación de calor, la misma que suele tener cuando su instinto le advierte de algún peligro.

—¿Entiende qué quiere decir con esta nota? ¿Tiene alguna idea de quién podría ser ese Squark? —pregunta Estrada.

Berta mira al detective tratando de concentrarse.

—No se me ocurre quién puede ser. Ni tampoco entiendo esa nota. Miren, me estoy agobiando un poco, la verdad. ¿No será una broma?

—Berta —Nadia le clava la mirada, hablando despacio—, entendemos que esto es extraño, pero necesitamos su ayuda. Quien quiera que sea ese Squark, ha secuestrado a una mujer. Por algún motivo, quiere llamar su atención. Hemos descartado que sea una broma macabra o una estrategia publicitaria para vender cuadros. Alguien ha secuestrado a Sara Pons.

Berta toma aire y lo retiene en los pulmones mientras se recoge el pelo con una goma que lleva en la muñeca. Cuando acaba, exhala el aire muy despacio.

—Discúlpenme... —dice—. Los ayudaré en lo que pueda. Es solo que ver esa nota, que parece dirigida a mí, bueno, me asusta un poco.

—Lo comprendemos perfectamente —dice Estrada— y por eso hemos acudido a su casa. Intentemos centrarnos en la nota. ¿El nombre de Squark no le sugiere nada?

Berta busca una manera sencilla de responder a su pregunta:

—No en este contexto, aunque conozco el significado de Squark, por supuesto. Según la teoría de la supersimetría, es una partícula subatómica hipotética, el supercompañero bosónico de los quarks. —Los dos agentes intercambian una mirada de confusión. Berta deja escapar otro suspiro y empieza de nuevo—: Imaginen que cada partícula de materia que conocemos en el universo tiene un reflejo con características distintas, pero intrínsecamente conectada a ella. El quark es una partícula elemental y un componente fundamental de la materia. El squark sería la contraparte supersimétrica hipotética del quark.

David Estrada tiene una expresión confundida. Nadia trata de bromear:

—Me encantaría decirle que lo he entendido, pero se me da mal mentir. ¿Puede explicarlo para que lo comprendamos dos agentes que no tienen ni idea de física?

—Lo intentaré, aunque debe comprender que nadie entiende la mecánica cuántica, ni siquiera los que nos dedicamos a su estudio. ¿Saben qué es un quark?

—Vagamente... —contesta Estrada.

—Un quark es la pieza central en el rompecabezas de la materia ordinaria. Y el squark sería, digamos, su antagonista. Una especie de *alter ego* de la partícula que conocemos, esperando ser descubierto. Nunca se ha observado en un experimento, pero la existencia de los squarks ofrecería respuestas a enigmas profundos del cosmos, como la materia oscura y la unificación de las fuerzas fundamentales.

—¡Ahh! Ahora lo entiendo mucho mejor. —Nadia sonríe y su compañero le lanza una mirada sorprendida—. Obviamente es broma, sigo sin entender nada. Vale, está claro que con diez minutos de conversación no entenderemos el concepto.

—Si le sirve de consuelo —dice Berta—, Richard Feynman declaró que, si crees que has entendido algo de mecánica cuántica, significa que no entiendes nada.

—Planteemos la pregunta de otro modo —interviene Estrada, muy serio—. ¿Por qué cree que escogería un secuestrador ese apodo?

Berta piensa un momento y se deja llevar por su lado más fantasioso:

—Si yo fuese un asesino, escogería ese nombre porque aún no se ha demostrado la existencia del squark. Es una figura que se desliza por los corredores ocultos del universo. Adoptaría un apodo así alguien que aspirara a revelar los secretos del cosmos y cambiar nuestra comprensión de la realidad.

—Entiendo, entonces, que estamos hablando del típico científico chiflado —apunta Nadia.

—Disculpe a mi compañera. —Estrada lanza a Nadia una mirada entre severa y risueña—. Es joven, y al igual que el robot de *Interestelar*, a alguien se le fue la mano con la regulación de su sentido del humor.

—No se preocupe... —sonríe Berta—. No le falta razón. Se necesita cierto grado de locura para dedicarse a la física cuántica.

—Quizás podría tratarse de alguien de su trabajo, o del círculo de investigadores donde usted se mueve... —apunta Estrada.

—No lo creo. En mi opinión, esta nota no pertenece a un científico. Podría haberla escrito cualquiera. No revela grandes conocimientos en física cuántica.

Estrada hace una pausa, como si no supiera si continuar.

—Hay otro dato sobre Sara Pons que no le hemos revelado... Sara Pons es CorpseArtist. —Berta abre mucho los ojos—. ¿Sabe quién es?

—¡Claro que lo sé! No soy muy fan, pero conozco su obra, como todo el mundo.

—Como comprenderá —añade Nadia—, el caso es bastante complejo. Y la verdad es que no sabemos por dónde empezar. Quizás conozca usted a algún científico obsesionado con CorpseArtist.

—No recuerdo ningún comentario de nadie sobre ese grafitero..., o sea, grafitera. Y ya le he dicho que esa nota no tiene gran base científica.

—Ya nos lo ha dicho, podría haberla escrito cualquiera —recapitula Estrada—. Pero ¿qué hay de la fórmula? ¿Le dice algo?

Berta relee la nota con cierta fatiga.

—La fórmula representa una función de onda en el contexto de mecánica cuántica. Se utiliza para encontrar una partícula. La *x* sería la posición y la *t* el tiempo.

Estrada se anima.

—¡Genial! Eso ya es algo, señora Fernández...

—Llámeme Berta, por favor.

—De acuerdo, Berta. Entonces, ¿puedes aclararme qué quiere decirnos Squark con esta fórmula?

Los agentes esperan en silencio, mientras ella revive una sensación conocida. El mismo silencio opresivo del aula cuando repartían un examen, o la de la sala de conferencias antes de que empiece su discurso.

Sabe que está ante otro tipo de prueba, una de cuyo resultado depende la vida de otra mujer.

Respira hondo y finalmente dice:

—Aún no, pero puedo intentarlo.

«A veces eso es todo cuanto podemos hacer», quiere decirle Estrada, «aunque no sea suficiente para las víctimas». Pero se limita a responder:

—Muchas gracias.

Cuando se despiden en la puerta, el detective le estrecha la mano con firmeza, quizás unos segundos más de lo debido.

Berta nota ese calorcillo extraño y conocido que le recorre la piel cuando se avecina algo importante.

EL CASO
(6 años antes – agosto)

La luz solo consigue atravesar medio metro el agua verduzca y densa del pantano. El submarinista se mueve con cuidado por la cuadrícula que le han asignado; aparta la vegetación con las manos y evita levantar sedimentos. Aun así, su visibilidad es casi nula.

Unos metros a su izquierda, el muro de la presa se alza imponente, una frontera impuesta por el hombre al curso natural del agua que le hace parecer un pez insignificante.

Es su tercera inmersión y apenas le quedan diez minutos de oxígeno antes de volver a la superficie. Llevan cinco días de intensa búsqueda y, aunque todo el equipo está cansado, la dotación acuática de los bomberos sigue haciendo turnos extra. Están a finales de agosto y la visibilidad aún es buena, pero septiembre anuncia lluvias y él sabe que las tareas de búsqueda se complicarán.

De repente, distingue algo delante de él. Casi que puede tocarlo con la punta de los dedos.

—¡Aquí buzo tres! —comunica a sus compañeros—. He localizado un vehículo sumergido, modelo Seat Ibiza, diría que es de color azul. Calculo que se encuentra a seis metros de profundidad. Voy a comprobar que no haya cuerpos en el interior... —Se acerca y enfoca el haz de luz a través de los cristales. Una lata de Coca-Cola flota en el agua estancada y provoca un destello rojizo, pero es todo lo que hay dentro del coche—. Confirmado, el interior del vehículo está vacío. Libero SMB.

El submarinista desenrolla la boya de señalización y la conecta al inflador del chaleco hidrostático. Mientras se hincha, calcula su trayectoria para que el cable no se enrede y el ascenso sea vertical.

Desde su posición en la orilla, el inspector David Estrada observa con tristeza la superficie del lago mientras habla por teléfono.

—Intentaré llegar antes de las ocho para hacer la cena.

—Que llegues pronto a casa sería extraño... —le contesta muy seria Raquel, su esposa—. Y que hagas la cena, aún más.

Hace semanas que apenas le habla y evita mirarlo a los ojos. De hecho, finge dormir cuando él se mete en la cama y se aparta cuando intenta rozarla.

—Tienes razón, pero ya sabes cómo es este trabajo —dice él en un tono conciliador—. Si quieres, después podemos ver una serie juntos.

Se producen unos segundos de silencio.

—¿Crees que todo esto tiene sentido? —pregunta ella con voz quebrada—. Quiero decir, seguir igual que siempre cuando todo es... cada vez peor.

Estrada alza la vista al cielo y descubre una nube de estorninos que dibujan trazos negros y ondulados. Toma aire y lo expulsa sin hacer ruido. Cuando habla, intenta que su voz no refleje lo cansado que está.

—Raquel, lo siento. De verdad. Sé que no es suficiente, pero no se me ocurre qué más hacer. Escucha, en un par de horas estoy ahí y hablamos, ¿vale?

—Ya... No te preocupes, creo que me meteré pronto en la cama.

—Un beso.

Esta última parte ella no la oye porque ha colgado.

El inspector Estrada vuelve a mirar hacia el lago y contempla las ruinas de la ermita que se reflejan en la superficie. Un punto amarillo emerge súbitamente como un grito en una esquina del pantano.

Estrada sabe lo que esa boya significa y nota una punzada de tristeza.

Por esos chicos y sus familias.

Porque, una vez más, no cumplirá la promesa que le ha hecho a su mujer.

Quiere llamarla. Le dirá: «Tú no sabes cómo es esto. Tú no sabes cómo es buscar el cadáver de una chica que había empezado a vivir, de un chico que solo quería montar en su kayak. Tú no sabes cómo es tratar con unos padres hundidos, ver una y otra vez lo que los humanos somos capaces de hacernos».

Pero no la llama porque todo eso ella ya lo sabe. Lo aceptó junto con sus muchos defectos al casarse con él.

Lo que su mujer no puede aceptar, y por eso él solo le manda un mensaje para avisarla, es que la engañara.

VII

Al inspector David Estrada no le gusta especialmente el arte abstracto, y esos cuadros le parecen inquietantes. En cambio, admira las cosas definidas y bien hechas. A él, lo que le entusiasma es la buena arquitectura.

Con todo el dinero que tiene en su cuenta, la casa de Sara Pons podría haber sido un estudio de Nueva York o Londres, o al menos un *loft* de lujo en Poblenou, pero escogió vivir en ese callejón oscuro sin ningún glamur.

El cielo, después de horas de lluvia, está despejado y un sol invernal se filtra por los grandes ventanales. Unas delgadas líneas de hierro dividen los cristales en una cuadrícula, proyectando rectángulos de luz en el suelo; sin embargo, dentro del estudio, reina un frío espantoso.

En medio de la sala hay un caballete vacío y, alrededor, aún pueden verse salpicaduras de pintura de color ocre.

La casa está llena de agentes de la Científica vestidos con monos blancos. Con movimientos suaves esparcen polvo gris sobre la mesa, el marco de la puerta, el caballete. La luz ilumina el baile frenético de miles de minúsculas motas suspendidas en el aire.

Ramon Pons, el hermano de Sara, observa abatido desde una silla. Es muy delgado y lleva el pelo oscuro recogido en un moño alto. Unas ojeras oscuras y una barba de dos días le hacen parecer aún más desolado. Estrada tiene la impresión de que quiere a su hermana, eso se nota. Ya lo ha descartado mentalmente de la lista de sospechosos.

Cuando ve al detective Estrada, reacciona al fin y se acerca a estrecharle la mano.

—¿Han averiguado algo? —le tiembla la voz y parece a punto de llorar.

—No, aún no sabemos nada, señor Pons. Todavía estamos trabajando. No dude de que le mantendremos informado. Por cierto, ¿tenemos alguna novedad del círculo de amigos de su hermana?

Niega con la cabeza antes de decir:

—He llamado a los más cercanos, pero nadie notó nada extraño. Sara no había quedado con nadie, que se sepa. Tampoco la vieron rara. Nada.

—En cuanto hayamos analizado su móvil, tendremos más información.

El hombre asiente y aparta la mirada para que no vea sus lágrimas.

A Estrada le gustaría decirle que todo va a ir bien, que pronto le encontrarán, pero se limita a apretarle el hombro con suavidad y le dedica una sonrisa triste.

El otro se deja caer en la silla, mientras Estrada se dirige a uno de los agentes:

—¿Alguna novedad?

Es un policía joven que Estrada no conoce. Eso le pasa cada vez con más frecuencia; le recuerda que se hace mayor.

—La buena noticia es que, de momento, solo hemos encontrado cuatro huellas de personas distintas. Eso simplificará mucho nuestro trabajo. También hay un par de huellas de zapatos... Alguien entró con los pies mojados. Y la prueba del luminol ha dado negativo: no hay rastro de sangre.

—¿Y la mala noticia?

—No hemos encontrado nada en la nota que nos dé una pista. El libro era de la víctima, el hermano nos ha confirmado que se lo regaló él. De todas formas, lo hemos mandado al laboratorio. Eso sí: tenemos un par de restos de ADN de cabello que analizar. A simple vista, no coinciden con los de la víctima.

—Gracias.

El chico hace un gesto con la cabeza antes de volver a su trabajo.

Estrada se registra los bolsillos, saca una caja de Smint y se mete una pastilla en la boca. Nota una mano en su hombro. Nadia se acerca a su oído y murmura:

—Me han llamado los de Tecnológica. Parece que Squark es un experto, se mueve como un auténtico hacker por la *dark web*. Va a ser muy difícil, por no decir imposible, rastrear el origen del mensaje. Para acabar de empeorarlo, varios periodistas han empezado a echar sus zarpas sobre el asunto.

—En cuanto se publique —murmura Estrada con una mueca de fastidio—, la prensa de medio mundo se nos va a echar encima. Este caso es demasiado goloso para que lo pasen por alto.

—Esto se va a poner muy feo, sí... Y me temo que el comisario jefe te va a pedir que prepares un comunicado.

—Ella le da una suave palmadita en el brazo y con media sonrisa le suelta—: Bueno, ya sabes lo que dicen: si no puedes evitarlo, relájate y disfruta.

Estrada emite un gruñido por toda respuesta.

VIII

Nadia no es tímida. Al menos, no en apariencia. De puertas afuera, es graciosa, despreocupada e inteligente. De puertas adentro, sin embargo, es insegura y miedosa. Y sensible. Lo son sus ojos claros, propensos al llanto; su piel, demasiado blanca y pecosa; su alma, frágil y delicada como papel de arroz.

Ella oculta esa sensibilidad tras su sentido del humor, igual que una rana inofensiva motea su piel con colores vistosos para parecer venenosa y engañar a los depredadores.

Lo hace desde niña.

Tiene dos hermanos mayores, un padre ausente y una madre a la que adora y que limpia pisos por horas. Su madre no soporta tirar comida, encender luces de más, ni desaprovechar la ropa. La buena mujer no soporta la idea de que Nadia tenga la misma vida que ella.

—Tú estudia, hija —le dice agarrándola de la mano, camino de la escuela, mientras fuma un cigarrillo—. Ser madre y ama de casa es maravilloso, pero nadie lo valora. Todo lo que haces se da por supuesto; no se espera otra cosa de ti.

Nadia no se queja por llevar al colegio chaquetas de chico, ni por ayudar más que sus hermanos en casa. Bastante tiene su madre preocupándose por todos, como un marinero que se pasa la vida achicando agua para que el barco flote.

Y ella estudia, estudia mucho.

Es lo que se espera de Nadia.

Sus hermanos se ríen de su madre y le dicen que es una dramática, aunque la mayoría de las veces tiene razón. Ellos son jóvenes, y creen que todo lo que vale la pena en la vida sucede fuera de ese piso pequeño, de ese edificio de quince plantas, de esas calles sucias y llenas de gritos y bares. Sueñan con otra vida, con otro barrio que no sea aquel en el que no ven ninguna oportunidad. Así que salen y beben y cogen el coche. O se juntan en algún garaje y fuman porros mientras juegan a la Play hasta la madrugada. Llaman poco y explican menos.

Su madre les espera, les advierte y se preocupa. Y reza para que pase pronto esa etapa y sus hijos lleguen a ser adultos sin haber sufrido grandes calamidades.

Esa espera, que se alarga durante años, ocupa toda la infancia y la adolescencia de Nadia. Ella ayuda a su madre, la cuida, la acompaña al médico, le carga las bolsas de la compra. La madre le repite que tiene suerte de tenerla a ella, que es la única persona en el mundo que le hace caso y la comprende.

Así que Nadia se traga su propia rebeldía, sus deseos, la curiosidad, las ganas de gritar. Se traga la rabia cuando ve que su madre llega a casa rota de limpiar y pone lavadoras mientras prepara la cena. Prefiere hacerlo ella antes que discutir, necesita toda la calma para creer que tanto sacrificio vale la pena.

Y estudia mucho, y consigue entrar becada en la Facultad de Psicología.

Nadia también sabe que, si reprocha su actitud a sus hermanos, no le harán puñetero caso. Para ellos no es más que su hermana pequeña, una niñata aplicada que no sabe nada de la vida.

Y entonces ella descubre que hay una forma de decir lo que piensa sin ofender a nadie, de que la escuchen sin despreciar lo que dice: el humor. Se da cuenta de que, con un chiste, puede decir lo que sea. Lo ha aprendido de Freud, el padre del psicoanálisis, quien afirmaba: «En broma se puede decir todo... Incluso la verdad».

Nadia le dice, por ejemplo, a su hermano mayor: «Llama a mamá, antes de que ponga carteles con tu foto por el barrio».

Y su hermano la llama.

Pronto, las salidas ingeniosas se convierten en parte de su personalidad. No tiene que pensarlas, le salen solas. Cuando conversa con alguien, siempre le viene a la mente una respuesta graciosa. Da igual que esté hablando con un profesor, con su jefe o con un familiar en el tanatorio. Dentro de su cerebro, el humor es un toro siempre dispuesto a embestir un trapo rojo.

No sabe decir que no, defender un argumento de forma asertiva o enfadarse.

Solo sabe ser graciosa.

Y con una broma, como decía Freud, se pueden soltar muchas verdades.

IX

Cuando Estrada y Nadia salen del *loft* de Sara, el asfalto apenas está mojado. Aunque dijeron que llovería todo el día, el sol vuelve a lucir implacable una vez más. La temperatura es fría, pero más agradable que dentro del estudio.

Los comercios ya están abiertos y un montón de curiosos intentan averiguar qué ha pasado. Murmuran excitados mientras se esfuerzan por captar alguna imagen a través de las ventanas altas. A Nadia no deja de sorprenderle la insaciable curiosidad de la gente. Esquivan, evitando el contacto visual, a varias personas que los miran descaradamente. Saben por experiencia que les harán preguntas a la menor oportunidad, así que caminan con paso rápido hasta girar la esquina.

—¡Qué puto frío hacía ahí dentro! —exclama Nadia sacudiendo las manos—. No entiendo que, siendo rica, tu casa parezca el iglú de Pingu. ¡Todo este asunto es condenadamente raro!

—*Raro* no es la palabra. Esto pertenece a otra categoría. Por cierto, el comisario jefe está nervioso —dice Estrada mientras marca su número para informarle de cómo va el caso.

Salta el buzón de voz y decide escribirle un mensaje. La voz de Nadia le obliga a levantar la vista de la pantalla.

—¿Has visto lo que pintaba Sara Pons fuera de su estudio? Dan grima esos murales de cadáveres, ¿verdad? ¡Aún estoy flipando que ella sea CorpseArtist!

—Y yo... Es normal que nos cueste apreciar su obra. En nuestro mundo ya vemos suficientes muertos. Acabo de llamar al jefe —cambia de tema—, pero no me lo ha cogido. Debe de haber un buen lío en la central.

—¡No lo dudes! Hay zafarrancho de combate. Un caso como este puede darle publicidad o hundirlo definitivamente.

Estrada la mira con una expresión que quiere decir: «exacto».

De repente, Nadia da una palmada, como si se le hubiese ocurrido una gran idea.

—¿Te parece que vayamos a comer? Estoy hambrienta. Y quizás, mientras llenas ese estómago de gorila, a nuestra amiga científica se le ocurra algo sobre la nota y nos llame.

Si algo le gusta al inspector David Estrada es comer. Más que gustarle, lo necesita, le hace feliz. Aun así, niega con la cabeza:

—Antes debemos comprobar si ya tenemos autorización judicial para desbloquear el móvil de la desaparecida y su registro de llamadas.

—¿Recuerdas la canción de Chenoa? —salta Nadia.

—¿Cómo dices?

—Esa de *Cuando tú vas, yo vuelvo*... —tararea la detective sonriendo—. Ya lo he comprobado hace un momento, mientras hablabas con los de la Científica. Está desbloqueado y los de tecnología ya están inspeccionando el móvil y el ordenador.

—Genial —sonríe David Estrada a su pesar—. Aunque, decididamente, esos chistes tuyos son como un jodido castigo bíblico.

—Algo habrás hecho para merecerlo... —replica ella—. Me juego el cuello a que el comisario jefe mete en esto a los de mi futura unidad.

Llevan un año trabajando juntos y a David le gustaría que siguieran así mucho tiempo, pero es consciente de que ella tiene otras aspiraciones. Su sueño, lo que Nadia llama su «futura unidad», es un departamento de élite que investiga menos del uno por ciento de las desapariciones registradas en Cataluña. Aquellas en las que no hay cadáver, ni testigos, ni arma homicida, ni escenario del crimen o confesión. Son un grupo de seis agentes, con formación dispar, dentro de la División de Investigación Criminal. Y está convencida de que, aunque es un grupo reducido, necesitan un número siete. Alguien como ella: una psicóloga que se sacó la carrera con becas y con un máster en criminología y análisis de patrones de comportamiento delictivo.

El jefe de ese departamento es Eduard Borrell, un hombre brillante con quien Estrada mantiene una relación estrictamente profesional. Es un buen hombre y podrían ser amigos, pero hay cosas que no pueden ser.

Que no deben ser.

—La verdad es que tengo hambre —concede Estrada— y el jefe no va a tardar en montar una reunión general. Con tu futura unidad y media central. Vamos a comer algo rápido... —Estrada hace una mueca de fastidio—. Me temo que en los próximos días no vamos a probar otra comida decente; ni a ver a nuestras familias.

—Mira la parte positiva —dice Nadia con mirada maliciosa—: para un patético divorciado como tú, casi es un regalo huir de tu triste vida.

—De verdad, tu sensibilidad es exquisita. Me cuesta entender cómo no tienes pareja...

—Ya sabes. No se ha hecho la miel para la boca del asno.

Estrada no puede ocultar una sonrisa mientras siguen caminando hacia el bar. Sin mirarla, le pregunta:

—¿Qué te ha parecido Berta Fernández?

—¿Te refieres a si haríais buena pareja?

Nadia lo suelta con retintín, pero Estrada se da cuenta que, detrás de la broma, realmente quiere saberlo.

—Me refiero a si crees que puede descifrar esa nota, ceporra.

—*Sorry, sorry...* —Nadia suelta una risita—. Es que me lo has dejado a huevo. Pues no tengo ni idea, pero seguro que tendrá más facilidad que nosotros. Me ha parecido una tía inteligente. Nos irá bien tenerla a mano. Cada vez tengo más claro que estamos ante un caso que puede ser muy gordo. No quiero parecer mezquina, quiero decir que es una mierda que hayan secuestrado a una mujer y tal y cual, pero a nivel profesional, es, no sé, es...

—Una oportunidad —la ayuda Estrada, sacándola del apuro—. Sé lo que quieres decir. Es un caso que te dispara la adrenalina, de esos que no puedes dejar.

—Exacto.

Los dos caminan en silencio. Estrada piensa que, por su rareza, este caso supera todo lo que ha vivido. Si sus presentimientos fueran físicos, ahora mismo estaría cargando un gran peso.

Nota un tic en el ojo y le duele la cabeza.

Por algún motivo que no puede explicar, este caso, distinto a cualquier otro, le hace pensar en *aquel* caso.

X

Siguiendo las instrucciones de la policía, Berta ha enviado un mensaje a Pavel, su compañero en el ICFO (Instituto de Ciencias Fotónicas) para decirle que tiene un virus y no irá a trabajar. No suele faltar nunca al trabajo y él le ha deseado que se mejore.

Lo primero que hace cuando se marchan los agentes es buscar información sobre Sara Pons. Teclea en Google CorpseArtist y escoge el primer resultado de la lista:

> CorpseArtist es un artista callejero cuya identidad sigue siendo un misterio. Se ha convertido en una figura icónica en el arte contemporáneo y es conocido por su estilo urbano provocativo. El trabajo de CorpseArtist se caracteriza por convertir en cadáveres personajes de dibujos animados clásicos. Su primera obra, una Blancanieves momificada, fue arrancada del muro por los propietarios de la finca y subastada por un millón de dólares.
>
> Aunque sus obras adornan paredes de ciudades de todo el mundo, desde Londres hasta Nueva York, ha mantenido un perfil anónimo, evitando la fama personal...

Al buscar imágenes, descubre una serie de grafitis macabros: cadáveres con vestidos de princesa hechos jirones. Hay incluso una Cenicienta a la que le salen gusanos de los ojos.

—Qué asco... —murmura con una mueca de repulsión—. ¿Existe alguna relación entre lo que pintas y ese Squark?

Si la hay, es incapaz de verla.

Una hora más tarde, no ha sido capaz de descifrar la nota y se levanta para estirar las piernas. La mesa está llena de papeles, algunos arrugados y otros llenos de cifras, pero sigue sin entender la fórmula. Por fuerza debe haberla escrito alguien que no es un as de la física, se dice.

Entre el desorden, encuentra la tarjeta de Estrada. Ha prometido que lo llamaría en cuanto descubriese algo, pero lo cierto es que no se le ocurre nada. La toma entre sus dedos y juguetea con ella mientras piensa que el policía era muy guapo.

Vuelve a dejarla sobre la mesa con gesto avergonzado mientras se regaña por ser tan frívola cuando está en juego la vida de una mujer. Para quitarse presión, se dice que podría tratarse de una broma pesada, una idea macabra para vender cuadros. O tal vez la desaparición, con toda esa parafernalia, sea fruto de una crisis existencial. Por lo que ella sabe, los artistas suelen ser temperamentales.

Pero algo le dice que no. Cuando leyó la nota por primera vez se le erizó el vello de la nuca.

Con paso decidido, rodea la mesa y el sofá para ir al baño. El piso es pequeño y tarda exactamente quince segundos en dar una vuelta completa al mismo. A veces, piensa mejor en movimiento.

Después de repetir ese recorrido más de diez veces, se sienta de nuevo y vuelve a observar la nota firmada como Squark. La parte manuscrita es algo que podría escribir cualquiera que googlee: *física cuántica*, pero la fórmula, en cambio, resulta intrigante. Es una función de onda que ha utilizado muchas veces, pero no logra ver la conexión con la desaparición de una chica.

Quizás no tiene ningún sentido, se dice. Al fin y al cabo, puede que sea obra de una pintora algo chiflada.

Escribe en el papel: *La x representa la posición espacial. La t representa el tiempo.*

Y entonces, como si ese pequeño paseo por el comedor le hubiese despejado la mente, se da cuenta.

Se palmea la frente mientras se regaña. ¿Cómo ha sido tan torpe? Era tan obvio que debió descubrirlo enseguida, antes de que se marcharan los agentes.

Agarra una calculadora y comprueba que tiene razón. ¿Cuándo le dijo el policía que había desaparecido la chica? Tal vez haga ya 40 horas.

«Madre mía», se dice, «no nos queda mucho tiempo».

XI

Sara es incapaz de calcular cuánto tiempo lleva encerrada en la caja. Diría que han pasado varios días, pero, en realidad, solo han transcurrido cuarenta y seis horas.

Al principio, el terror y la oscuridad le impedían pensar, solo notaba un vacío en el vientre que parecía tirar de sus costillas; pero después no ha hecho otra cosa. Durante las primeras horas ha revivido su pasado. La experiencia no ha sido como imaginaba que pasaría su vida ante sus ojos al borde de la muerte. No ha sido un desfile de *flashes* felices, sino un recorrido doloroso por todos sus errores.

Ha recordado a sus padres. Le regalaron una infancia feliz, con cumpleaños en «chiquiparques» y vestidos de princesa. El divorcio durante su adolescencia supuso el final de las fiestas. Tuvo que acostumbrarse a que se odiaran, a estar siempre triste, a evitar hablar del uno cuando estaba con el otro. Ha pensado mucho en su hermano. Es cinco años mayor que ella, aunque su espíritu parece un siglo más evolucionado. Como si hubiese entrenado en otras vidas para llegar a ser el mejor hombre que podía ser.

Si estuviera aquí le diría: «Sara, para amar a alguien no hacía falta perderte».

Su paso por la carrera de Bellas Artes. Le parecía que todo el mundo tenía más talento, que era más creativo que ella. Le dolían las críticas, la dejaban paralizada. Ante un mal comentario, olvidaba todo lo bueno que le habían dicho y se sumía en la tristeza. Al segundo año, la ansiedad le hizo abandonar la carrera.

En la estrecha y angustiosa soledad del ataúd de metal, ha recordado a todos los chicos a los que ha amado. La forma en que cada una de esas historias se fue pudriendo hasta convertirse en un cadáver, igual que sus grafitis, igual que el matrimonio de sus padres.

Ha rememorado el vértigo que sintió cuando, contra todo pronóstico, le llegó el éxito. No esperaba alcanzarlo, empezó a pintar aquellas princesas putrefactas por despecho, una pequeña venganza por haberle llenado la cabeza de sueños imposibles. Lo hacía de madrugada.

Y, sorprendentemente, triunfó.

Podría haberse hecho rica y famosa, pero prefirió permanecer en el anonimato. Sabía que tarde o temprano alguien la criticaría. Alguien se daría cuenta de que aquello no era arte, solo el grito de una niña resentida.

Ha pensado en todo eso, pero ahora hay otra cosa que monopoliza su mente: necesita beber. La sed es una especie de sirena que aúlla por todo su ser y ahoga cualquier otro pensamiento.

Nota la boca y los bronquios resecos y ha empezado a respirar como un perro enfermo, con jadeos cortos y muy seguidos. La piel le escuece, parece encogerse sobre los músculos y le duele mucho la cabeza y las articulaciones. A ratos, llega a dudar de dónde se encuentra o qué le ha pasado. Cuando se duerme (o pierde el conocimiento) sueña con fuentes, con ríos, con miles de litros de agua.

—¡Aguaaaa! —grita otra vez. Sus palabras suenan ásperas, como si su garganta fuese papel de lija. Espera unos segundos, pero, como en las anteriores veces, no obtiene respuesta—. Por favor, por favor, agua... —suplica.

Tiene muchísimo calor, a pesar de que es diciembre y las paredes de su celda están frías. Presiona la mejilla y el pecho contra el metal para combatir su alta temperatura corporal. Un hormigueo eléctrico recorre sus extremidades dormidas.

De repente, el pánico se convierte en rabia, en unas ganas furiosas de matar al hombre que la ha encerrado ahí y la hace sufrir de esa manera. De nuevo, golpea las paredes con los puños y les da unas cuantas patadas, pero pronto se agota y se da por vencida.

Él no la ha matado, y ese hecho le hace mantener la esperanza. No le habla, no le da de beber, no la alimenta. La ha dejado encerrada en esa caja oscura como si estuviese en medio del espacio.

Hasta que, de repente, comprende que él no la ha matado, pero va a dejarla morir.

Vuelve a llorar, pero solo emite gemidos; sus ojos siguen secos y sin lágrimas. Y, aunque nota que la piel agrietada le arde, tampoco puede sudar. Si pudiera orinar, se bebería su propio orín, si encontrara la manera. Pero su cuerpo está economizando cada gota de líquido. Ha empezado a extraer el agua de las células y la envía al sistema circulatorio en un intento desesperado de mantener en funcionamiento los vasos sanguíneos.

Ella conoce la regla del 333 de la supervivencia:

No sobrevives más de tres minutos sin aire.

Ni tres días sin agua.

Ni más de tres semanas sin comida.

«Ya no quiero respirar, ni comer, ni sobrevivir...», murmura delirando. «Solo quiero beber».

Recuerda un episodio de las crónicas de la historia de la guerra del Peloponeso que leyó en el instituto. La voz del viejo profesor explicando la derrota de los atenienses en Sicilia vuelve a ella como si volviera a estar allí, adormecida en el aula.

> Desde lo alto disparaban sobre los atenienses, que en su mayor parte bebían con avidez y se estorbaban unos a otros en el encajonado lecho del río. Y los peloponesios bajaron contra ellos y comenzaron la degollina. El agua enseguida se volvió turbia, pero, aún mezclada con sangre y barro, no dejaban de beberla y en muchos casos incluso combatían por ella.

Solo ahora lo comprende. Si él le ofreciese un vaso de agua y le dijera que después la degollaría, se lo bebería sin pensar.

Haría cualquier cosa, cualquier cosa, por un vaso de agua.

XII

Berta marca el número de David Estrada y, cuando él coge el teléfono, de fondo se oye un rumor de vasos y conversaciones; el sonido inconfundible de un bar.

—Hola, inspector...

—¡Berta! ¿Ha podido descifrar la nota?

—Creo que, en parte, sí. ¿Y usted? ¿Avanza en la investigación?

A través del teléfono, a Estrada le parece captar un deje de sarcasmo.

—Bueno, hemos parado a comer... Con el estómago vacío no se puede pensar. ¿Qué ha averiguado?

—¿Recuerda que le dije que la *t* era el tiempo?

—Sí.

Berta se da cuenta de que él habla con la boca llena.

—Pues creo que no nos queda mucho. 216 ks, eso decía la fórmula. No sé cómo no me di cuenta antes. Estoy convencida de que *ks* son kilosegundos, una unidad que equivale a mil segundos, era obvio, pero...

Oye como Estrada traga de golpe. Su voz suena algo gangosa.

—Eso quiere decir sesenta horas.

—¡Vaya! —se sorprende Berta—. Es bueno con las matemáticas.

—No se me dan mal. ¿Y la *x*? Dijo que era la ubicación. ¿Podrían ser unas coordenadas?

—No lo creo. Yo, al menos, no he sabido verlo. Se trata de otra cosa. Eso no está relacionado con ningún concepto de física cuántica. He buscado las siglas AG8 en internet y, aunque hay muchos resultados, no he encontrado ninguno que me diese una pista. Pensaba que podría ser un acrónimo, o un código utilizado en una base de datos o de clasificación. Quizás, incluso, el nombre de un servidor.

—Si puede seguir un rato más dándole vueltas, se lo agradeceré —comenta Estrada, socarrón—. Lo más probable es que en unas pocas horas salgamos de dudas. Es posible que Sara Pons reaparezca y nos diga que todo este embrollo era parte de una *performance* conceptual que marida arte y ciencia.

—Eso sería, sin duda, lo mejor... —contesta ella.

—Sí, sería lo mejor.

Aunque a Berta algo le dice que no.

Que esa mujer está en peligro y su tiempo se agota.

XIII

En ese sótano hay radón, un gas incoloro, inodoro e insípido que se funde con el aire que Sara Pons respira. Muchos metros por debajo del suelo, el uranio se desintegra poco a poco y se desliza sigilosamente entre las grietas y los poros del pavimento. Las diminutas partículas radiactivas, al ser inhaladas, se asientan en su revestimiento pulmonar y, con los años, puede causar cáncer de pulmón.

El radón es un mensajero siniestro, piensa Squark, pero sabe que su prisionera no tiene nada que temer de él. El nivel de radiación, al igual que en otras casas y edificios de la zona, no es mortal.

Tardaría años en matarla y a ella se le agota el tiempo.

Squark acaba de conectar la manguera de goma, desde la pequeña bombona de butano, a la caja donde está encerrada su gatita. Comprueba que el detector Geiser funciona. Dentro de una hora lo usará para medir la radiación y, dependiendo del resultado, abrirá o no la válvula del gas.

Es solo una formalidad, pero debe hacer bien las cosas.

Se lo enseñó su padre cuando era un niño. «Las cosas deben hacerse bien, cueste lo que cueste», le decía. Aunque eso significase no poder jugar, o que se le hiciese de día sin haber resuelto un problema matemático. O que se mordiese las uñas hasta sangrar cuando le ponía uno de sus exámenes sorpresa.

Comprueba el reloj de nuevo.

Está nervioso y atento a los ruidos que suenan por el callejón. Aunque existe la posibilidad de que lo capturen, la sensación de peligro le provoca cierta euforia y nota la entrepierna abultada.

Y eso no es bueno. La excitación es lo contrario al control.

Hace mucho rato que no oye gritar a su gatita, parece adormilada y eso le inquieta.

Le preocupa que le haya pasado algo: un paro cardiaco o un shock circulatorio por falta de agua. Calcula que puede sobrevivir unas horas más, las suficientes para que puedan encontrarla. Por un momento, imagina que está muerta y siente el deseo intenso de abrir la caja y mirar dentro.

Coloca la oreja contra el metal. Apenas el frío lo roza, se aparta con brusquedad. Ha estado a punto de echarlo todo a perder y eso lo pone furioso. Cualquier tipo de observación determinaría el resultado y le obligaría a repetir todo el proceso.

Y no tiene tiempo para eso.

Respira profundamente hasta que recupera cierta calma y su pene vuelve a una posición neutral. «El autocontrol», decía su padre, «es la mayor de las virtudes. De ella dependen todas las demás».

Y su progenitor, por lo que a control se refiere, había conseguido la perfección.

Incluso cuando le ponía un problema y él era incapaz de resolverlo, no se enfadaba ni se alteraba. Esperaba pacientemente durante días. Lo obligaba a intentarlo a la hora del patio, en el colegio donde era maestro y él estudiaba.

Sentado en una esquina, Squark veía a los otros niños correr tras un balón o intercambiar cromos y las lágrimas le caían por las mejillas.

—¿Acaso te crees que yo no quiero que juegues? —le explicaba su padre—. Nada me gustaría más, pero es mucho más importante que cultives tu mente, que aprendas a resolver ese problema.

Al llegar a casa, directos del colegio, lo sentaba a la mesa de la cocina para que siguiera intentándolo. Del piso de abajo le llegaba el sonido de una televisión encendida, la conocida musiquilla de su serie de dibujos favorita. Él le suplicaba que le dejase verlos, solo un rato, por favor, pero su padre no se rendía.

—¿Quieres ser un retrasado mental como los hijos de nuestros vecinos?

Él quería decirle que sí, que le encantaría ser igual de retrasado que esos niños que jugaban en el parque y podían ver los dibujos.

Pero sabía que no era buena idea contestar eso y negaba con la cabeza. Continuaba allí sentado hasta la hora de cenar. La libreta abierta era un pozo negro y el hambre le provocaba calambres en el estómago.

El hecho de que solo tuviera siete u ocho años no es relevante. Tal y como decía su padre, el árbol se endereza desde pequeño.

Unas voces fuera del local le despiertan de ese viaje al pasado. Un grupo de chicos que ríen y hacen bromas. Una de esas pandillas de retrasados que tanto odia. Espera sin hacer ruido, hasta que las risas se desvanecen.

«Debería ir y abrir el gas», piensa. «Esto es demasiado arriesgado».

Coloca la mano sobre la válvula de la bombona y permanece inmóvil unos segundos. Si la abre, todo habrá acabado. Sara Pons estará muerta y él no correrá ningún riesgo.

En su cabeza suena la voz ronca de su padre: si quieres estar a la altura de tu plan, debes ser capaz de controlarte.

Tiene razón, como siempre. Debe seguir su plan, hacer las cosas bien.

Él no es el observador.

Él es la incertidumbre.

Y sus otros experimentos son igual de importantes.

XIV

Berta ha cambiado los paseos por el piso por algunos ejercicios de yoga, pero no acaba de descifrar la nota. Cuando se cansa de hacer el perro boca abajo, va a la cocina a buscar un café aguado.

A través de los calcetines nota el suelo frío. Solo se oye el ruido de la calle que se filtra por las ventanas y el llanto de un bebé que sube desde el piso de abajo. Espera unos segundos a que acabe el microondas; luego, vuelve al comedor y se sienta con una pierna doblada debajo de la otra.

Hace una mueca de disgusto cuando prueba el café y, con la taza entre las manos, relee la nota otra vez. Le parece obvio que *t* sea el tiempo, pero no encuentra la coordenada de espacio.

«Ag8», murmura. «A-g-8».

Distraída, da otro sorbo y el gusto de café recalentado se le hace, de repente, insoportable.

Necesita cambiar de perspectiva, salir de ese piso vacío.

Necesita andar y comer algo.

Necesita, por encima de todo, un café denso y con espuma.

Cinco minutos después se encamina hacia la cafetería que hay en la esquina. Hoy todo le parece extraño, como si no fuera ella misma. No para de dar vueltas a la mujer desaparecida y a la nota. «Para entender el significado», se dice, «debo pensar como lo haría la persona loca que la escribió».

«¿Y si la ha escrito ella misma?», se pregunta. «Entonces tendrás una anécdota buenísima para contar en tu primera cita. Si alguna vez tienes una».

Intenta ponerse en la piel de quien escribió la carta.

Observa sin detenerse a las personas que pasan por la calle, que se mueven en todas direcciones. «Para Squark», piensa ella, «son partículas enloquecidas, átomos que forman parte de su experimento. Para él, Sara Pons no es más que un gato».

Cuando llega la cafetería, está abarrotada.

El local es pequeño, con una barra minúscula y una especie de biombo que lo separa en dos zonas. En total hay unas diez mesas para dos personas que, si hace falta, se pueden juntar. Tiene un aire anticuado y decadente, le recuerda al bar que tenían sus padres. Siempre que va a ese lugar, se siente más cerca de ellos. Lo regenta una mujer oriental menuda y delgada llamada Yumi que sonríe todo el tiempo mientras sirve.

—Buenos días, Yumi. ¿Me puedes poner un café con leche? Y un trozo de ese pastel de té matcha.

Por toda respuesta, Yumi sonríe y asiente. Se mueve por el restaurante como si bailara, con pasos cortos y rápidos y una sonrisa dibujada en la cara.

Un minuto después, Berta moja un trozo de bizcocho verde en el café con leche.

«Qué bueno», se dice, mientras despliega sobre la mesa el papel donde ha escrito la fórmula. Por más vueltas que le dé, no encuentra sentido a esos tres caracteres.

Ag8

«Adoro el café de este bar», piensa mientras contiene un bostezo. «Me recuerda al que hacía mi padre, te ayuda a pensar...».

Ag8

El café es su propia magdalena de Proust y la hace retroceder en el tiempo.

Berta está ahora en el mismo bar donde creció. Oye la voz de su padre: «No puedes solucionar los problemas de la gente. Basta con que les prepares una bebida y los escuches de verdad. A veces, la solución es tan obvia que, a medida que hablan, ellos mismos se dan cuenta».

Ag8

Su padre, que había dejado la escuela a los catorce años, le enseñó muchas cosas. Si estuviera aquí, ahora le mostraría esa nota. Pero su padre murió hace años y su bar se convirtió en una panadería-cafetería de una cadena comercial.

Da otro sorbo al café: «¿Qué me aconsejarías, papá?».

Ella misma se responde: «Si no puedes solucionar un problema, divídelo en partes más pequeñas...».

Ag / 8

«A veces, hija, la solución es tan evidente que no somos capaces de verla».

Ag

Desde algún lugar o dimensión del universo, Berta siente que su padre le sigue hablando: «Lo estás enfocando mal, olvida la física cuántica. Olvídate de todo y aplica la navaja de Ockham. Recuerda: "en igualdad de condiciones, la explicación más simple suele ser la más probable" ¿Cuál es aquí el significado?».

Ag

La idea irrumpe en su cabeza como un disparo.

Abre el Google Maps y comprueba que podría ser.

«Qué estúpida», se dice mientras marca, con mano temblorosa, el teléfono de David.

«Qué estúpida. Qué estúpida. Qué estúpida», se repite con cada tono de llamada.

XV

Cuando David Estrada le coge el teléfono, Berta intenta hablar calmada, pero está tan ansiosa que las palabras le salen a borbotones. Levanta el tono de voz y algunos clientes del bar se giran a mirarla.

—¡Inspector! Creo que tengo algo... —Yumi se detiene a escuchar con un café en cada mano. Su sonrisa ha menguado un poco y Berta baja la voz—. ¿En qué calle está el estudio de Sara Pons?

—En la calle Mercurio. Número 26.

—Mercurio es Hg —murmura Berta mientras introduce la dirección en el Maps—, puede que el escondite esté a diez minutos. Escuche, Ag es el símbolo químico de la plata, y 8 podría ser simplemente el número. Calle de la Plata, número 8.

—¡No me joda! —dice Estrada a la vez que se levanta.

Nadia lo mira sorprendida.

—Es solo una idea, pero vale la pena comprobarlo.

—Vamos hacia allí. —Nadia ya se ha puesto en pie, impaciente por saber, y apura su café de un trago—. Gracias, Berta, le diré algo cuando comprobemos si tiene razón.

Estrada guarda el teléfono y se acerca al oído de su compañera:

—Mientras pago, llama a central y que te digan quién vive en calle de la Plata número 8. Diles que vamos a hacer una comprobación, que es posible que necesitemos refuerzos y una unidad médica a esa dirección.

—Voy. —Nadia saca el teléfono y, en cuanto sale del local, llama.

Mientras Estrada espera la cuenta, aprovecha para introducir la dirección que le ha dado Berta en el Google Maps de su móvil.

Están a diez minutos andando. Cinco si corren.

«Si esto sale mal, vamos a ser el hazmerreír de la unidad», piensa.

XVI

En el viejo rótulo se puede leer el nombre de una empresa de reformas, aunque la pintura antes brillante ha saltado y la herrumbre ha borrado algunas letras. El letrero está un poco torcido, pero resiste, como testigo silencioso de la crisis de 2008 que acabó con miles de constructoras e inmobiliarias.

Un candado robusto muerde la cadena que une los barrotes metálicos de la puerta.

—Calle de la Plata número 8 —dice Nadia, jadeando por la carrera—. Esto está más abandonado que tu nevera de divorciado.

—Eso parece... —Estrada suda a mares, con la respiración entrecortada. Trastea el cerrojo de la puerta que cede con sorprendente facilidad—. Aunque cualquiera podría entrar, mira... —le muestra la cadena abierta—. Alguien la ha partido en dos y la ha colocado como si estuviera cerrada.

Cada uno levanta la persiana metálica de un lado, que también está abierta. Detrás hay una puerta de cristal. Está tan sucia que no se ve el interior. Estrada empuja con ambas manos y se abre con un quejido.

De lejos, se oyen algunas sirenas que se aproximan.

Dentro huele a moho y abandono, a años sin ventilación ni vida humana.

El inspector pasea la vista por el local desierto. Luego saca la pistola y dice a su compañera:

—Espera aquí, por si tenemos que pedir refuerzos.

—¡Ni hablar! Tú y yo vamos juntos, como los yogures.

La luz de la calle ilumina el suelo cubierto de papeles, restos de yeso y de trozos de madera. Los dos caminan despacio y la basura cruje a su paso.

—¡Policía! —grita David Estrada—. ¡Salgan con las manos en alto!

Silencio.

No se oye un solo ruido, solo su voz amplificada por el vacío.

El almacén es alargado. Hay un mostrador cubierto de polvo, un par de expositores de azulejos medio rotos, así como plásticos y cartones tirados por el suelo. Al fondo, como una especie de monolito, destaca un contenedor de plancha metálica.

Nadia comprueba el mostrador y Estrada los expositores, pero todo parece llevar años abandonado.

Rodean la caja metálica, cada uno por un lado, y se encuentran en la parte posterior de aquel extraño objeto. Cuando descubren la botella de butano con una goma que sube hasta lo alto del contenedor, se quedan lívidos. Sobre aquel extraño ataúd metálico, hay un mando a distancia de color amarillo.

—¡Mierda! ¡Salgamos de aquí! —grita Nadia.

Corren hacia la entrada, mientras la detective vuelve a llamar a central.

Quince minutos más tarde, el callejón se llena del alarido de las sirenas y destellos intermitentes azules y rojos. De una furgoneta negra bajan varios agentes vestidos con uniformes tácticos y ocupan posiciones.

Estrada distingue a su compañero Paco Fuentes, jefe operativo del GEI (Grupo Especial de Intervención), y se dirige hacia él.

Incluso debajo del traje operativo negro y el chaleco antibalas, se adivina la fuerza física del hombre. Estrada sabe además que, debajo del casco, hay un cráneo rapado al cero, una mandíbula fuerte y un cerebro brillante.

—Paco, no podemos entrar. Hay una botella de butano pequeña, de las que se usan para cocinas de camping, conectada a una caja metálica.

El jefe del GEI asiente y grita a uno de sus hombres:

—¡Martí! Establece un perímetro de seguridad y evacúa a cualquiera que esté en la zona. Avisad a los TEDAX y a los bomberos. —Se vuelve de nuevo hacia Estrada—. Ahora dime todo lo que has visto ahí dentro.

Si bajo el traje se intuye la fuerza física, la voz de Fuentes proyecta el temple emocional que le ayudó a superar las pruebas de acceso al GEI, que solo superan el tres por ciento de los candidatos.

—El local está abandonado, no hemos visto a nadie ni evidencias que indiquen que esté ocupado. Tampoco hemos oído un suspiro.

A continuación, le describe con detalle aquella insólita caja metálica, con la bombona y el mando, que les ha impulsado a salir de allí.

—¿Podría ser un explosivo con su detonador?

—No lo sé. También podría ser que dentro de la caja esté la desaparecida, es solo una hipótesis. Tiene el tamaño... —Estrada no termina la frase—. Aunque lo más probable es que sea una trampa. No podemos estar seguros de nada.

—De acuerdo. Ahora abandonad el perímetro de seguridad. En cuanto lleguen los TEDAX y nos den el visto bueno, os aviso.

David Estrada y Nadia Mateo caminan hasta traspasar el cordón de cinta plástica con el que los agentes han acordonado la zona. Los gritos del jefe del GEI llenan el callejón de instrucciones.

—Madre mía... —dice Nadia—. Si tu amiga científica está equivocada, vamos a ser la «pareja bombona» hasta que nos jubilemos. Espero que Robocop abra pronto la caja y esa mujer esté ahí dentro, sana y salva.

El inspector David Estrada no sonríe.

—Si esa bombona está abierta, me temo que Sara Pons ya esté muerta.

XVII

Berta contesta el teléfono al primer tono de llamada.

—Gracias por llamarme, inspector —dice casi sin aliento—. ¿Han encontrado a Sara Pons?

—Aún no estamos seguros. Hemos ido a la dirección que nos sugirió. Es un antiguo almacén de materiales de construcción. La empresa quebró en 2009 y el inmueble pertenece a un banco.

—Pero ¿aún no han entrado?

—Entramos, pero tuvimos que salir. El local estaba vacío, pero había una especie de caja metálica en el interior. Era suficientemente grande para que cupiese una persona, pero no había ninguna abertura por la que pudiésemos ver. Aún no sabemos si Sara Pons está dentro, y, si lo está, tampoco sabemos si está viva o muerta. Había una botella de butano conectada a la caja y los artificieros están trabajando para abrirla sin provocar una explosión de gas. ¿Eso le dice algo?

—Una caja cerrada y una botella de butano... —Berta piensa unos segundos—. En su experimento mental, Schrödinger encerraba un gato en una caja con un mecanismo que podía liberar veneno en función del estado de una partícula subatómica, ¿recuerda? El veneno podría ser el butano. Si lo ha liberado, Sara Pons estaría muerta, y si no, tal vez aún esté viva.

—¿Y qué activaría el butano? Sobre el techo de la caja había una especie de mando a distancia, no identificamos qué clase de aparato es...

—Schrödinger imaginó que un contador Geiger determinaría cuándo se liberaba el veneno. Podría ser eso, un contador Geiger.

—¿Y cómo se consigue un contador como ese? La gente no va por ahí midiendo la radioactividad.

—Que yo sepa, cualquiera puede comprarlo en Amazon.

—¿En serio la gente compra esas cosas?

—No tengo ni idea, pero imagino que sí.

David Estrada se queda mudo unos instantes. Piensa en la nota, en la caja cerrada, en que la vida de Sara Pons depende de un aparato del que apenas ha oído hablar. Nota el tic insistente en el ojo, un síntoma de que está superado por la situación. Finalmente dice:

—Gracias, Berta. La llamaré cuando consigamos entrar.

—¡Inspector! Quería decirle...

—¿Sí?

—Gracias por llamarme —la científica lo dice bajito, un poco avergonzada.

A Estrada, ese «gracias» le conmueve más de lo que debería. Piensa en añadir algo más, pero, como siempre que alguien le gusta, no encuentra las palabras. Desde su divorcio, es la primera vez que piensa en una mujer de esa manera. Se da cuenta de lo raro que podría parecerle a ella que le lanzara alguna indirecta, así que se limita a responder:

—De nada. Es lo menos que podía hacer.

XVIII

Paco Fuentes se ha quitado el casco y los guantes y camina deprisa. En la piel del cráneo se le marcan miles de puntitos negros, señales de que, si no se rapara cada mañana, tendría una tupida cabellera.

—La botella de butano estaba cerrada y la caja no tiene ninguna apertura —explica mientras acompaña a Estrada y Nadia al interior del almacén—. El aparato que visteis es alguna clase de detector, lo están analizando. Alguien soldó el techo de esa caja y dejó una pequeña abertura para que entrase aire. Ahí es donde colocaron la goma de la bombona, pero no basta para mirar en el interior. Hemos probado con una cámara, pero está completamente oscuro ahí dentro.

—¿Y cómo la abriréis? —pregunta Nadia.

—Los bomberos han hecho un pequeño corte con una sierra eléctrica y ahora usan una cizalla hidráulica para crear una abertura en la parte superior. Es la zona más segura, por si la mujer estuviese apoyada en alguna pared.

El inspector Estrada, Nadia y el jefe del GEI aguardan, ansiosos, delante del contenedor.

Dos bomberos, cubiertos con máscaras de soldadura, trabajan en el techo de la caja, propagando un zumbido grave y constante. Huele a quemado y algunas chispas metálicas vuelan enloquecidas un segundo antes de apagarse. Han dibujado un cuadrado por el que cabe una persona del que ya han cortado dos lados y están a punto de acabar el tercero. El cuarto lado hará de bisagra.

—¿Habéis oído algo dentro de la caja? —pregunta el inspector.

—Nada. Si está dentro, podría ser que estuviese inconsciente o amordazada o... ya sabes.

David Estrada y Nadia Mateo intercambian una mirada. No dicen nada, pero les viene a la cabeza la nota: viva y muerta a la vez.

En el techo, uno de los bomberos se incorpora y grita:

—¡Vamos a levantar el trozo de plancha!

Se oye un quejido metálico cuando colocan ganchos de agarre en los bordes cortados. Los dos hombres tiran con fuerza y el quejido se transforma en un grito agudo y chirriante, como si abriesen una lata de sardinas gigante.

La abertura arroja algo de luz en el interior del contenedor, pero no es suficiente. Uno de los bomberos se quita la máscara y enfoca su linterna hacia la oscuridad de la caja. El hombre arruga la nariz cuando nota una vaharada de aire viciado, a sudor y orina, y algo más. Un olor desagradable que no se asemeja a nada que haya olido antes.

El haz de luz ilumina un pie cubierto por una zapatilla vieja, sube por un pantalón y una sudadera manchada de pintura y llega hasta el rostro de Sara Pons.

—¡Dios Santo! ¿Qué coño...?

El entrelazamiento cuántico es una conexión muy profunda que ocurre entre las partículas cuánticas: una conexión tan fuerte que dos partículas pueden permanecer en contacto instantáneo entre sí, independientemente de la distancia que las separa.

ANTON ZEILINGER,
Premio Nobel de Física

XIX

Joan Torres conduce distraído y feliz. Tiene pinta de hípster: barba algo larga y cuidada. Cejas perfectamente depiladas, pero sin que se note. Gafas negras de pasta último modelo y una combinación de americana, camiseta *vintage* y pantalón ajustado que deja al descubierto sus tobillos y le hace pasar frío.

Bajo esa apariencia delicada hay un cuerpo musculado que le cuesta muchas horas de gimnasio, además de comer proteína hasta decir basta. Esa es la parte más difícil, porque a él lo que le gusta son la fruta y los dulces.

En su niñez ya comió todos los dónuts que podía permitirse y le ha costado sudor y lágrimas sepultar el niño gordo y acomplejado que fue bajo su actual cuidada imagen.

Suena su lista romántica de Spotify, de la que se sabe todas las canciones, porque este encuentro le hace especial ilusión. Tras unos años de adicción a Grindr, de intercambiar fotos en calzoncillos reflejado en el espejo del baño, de ver selfis de genitales y culos, una velada tradicional le parece un milagro.

Está harto de citas que empiezan con sexo y acaban en decepción.

Además, el hecho de que aquel psicópata de Bilbao utilizara Grindr para captar a sus víctimas le ha generado cierta psicosis. Ocho homosexuales asesinados sin que nadie vinculara sus muertes al principio. Cuando lo piensa, siente escalofríos. Por eso, una cita con alguien conocido, a la antigua usanza, le provoca una mezcla de nervios y esperanza.

En el mundo de la informática no hay muchas opciones de conocer perfiles como el suyo. Digamos que no es un sector donde abunden los hombres seductores. Los que son buenos especialistas no suelen preocuparse por su aspecto. Y, sin duda, el hombre con el que ha quedado es brillante, le ha ayudado en un par de trabajos que parecían irresolubles.

Brillante, guapo, educado. Y lo más importante de todo: gay.

Joan no es de fantasear, pero tiene el presentimiento de que él podría ser *the right one*.

—¡Qué lejos está esto! —protesta mientras comprueba otra vez el GPS—. ¿A quién se le ocurrió esto del *urbex*?

Aunque le ha dicho a su cita que le encanta el *urbex*, la verdad es que ha tenido que buscar en internet en qué consiste. Por lo visto, los aficionados exploran edificios abandonados, hospitales, catatumbas, estaciones de tren... Por suerte, lo ha citado en un antiguo hotel y no en el Hospital del Tórax, famoso por sus fenómenos paranormales.

No es supersticioso ni cree en fantasmas, pero...

Cuando llega a su destino, la niebla se derrama desde la montaña de Montserrat y desdibuja los pinos y el hotel

Colonia Puig, que, con sus ventanas rotas, parece aún más fantasmagórico.

Él le ha dicho que suele haber mucha gente, pero cuando aparca apenas hay luz y solo ve un par de coches. No sabe si eso lo alegra o le da un poco de grima.

Toma una fotografía de la fachada y se la envía a su hermano. «Listo para mi primera experiencia de *urbex*». Añade una cara sonriente y una manita con el pulgar alzado.

En Barcelona son las siete de la tarde y calcula que en Nueva York debe ser la una de la madrugada, así que, seguramente, no la verá hasta dentro de seis horas. Para entonces, espera tener muchas cosas que contarle.

El plan, según le ha explicado su cita, es ver el hotel abandonado y después ir a cenar a un restaurante cercano. Joan ha reservado una habitación en un precioso hostal. Por si acaso. Aunque le ha seguido la corriente con lo de la exploración urbana, lo cierto es que hubiera preferido ir directamente a cenar. O pasar de cenar e ir directamente a la habitación.

«No seas primitivo», se dice. «Esto es parte del proceso de desintoxicación, de superar tu adicción al sexo compulsivo».

Cuando aparca el coche, distingue su figura esperando en la puerta. El corazón le da un vuelco y toma aire. No es solo que sea guapo; sus ojos irradian un azul especial. Diría que son hipnóticos y revelan muchas cosas: inteligencia, un espíritu gentil, magnetismo.

Joan no es ningún crío y examina el lugar antes de bajar. Hay un par de coches aparcados, uno tiene el maletero abierto y tres chicos, con la música muy alta, beben y fuman sin prestarles atención. El otro está vacío, pero dentro del hotel se mueve el haz de luz de un par de linternas. Calcula que deben ser los ocupantes.

El hombre levanta la mano enguantada para saludarlo y sonríe como un niño que ve acercarse la cabalgata de Reyes.

Joan nota cientos de burbujas en la barriga, como si el contenido de su estómago se hubiese puesto a hervir de repente.

Hace un gesto con la mano y, con una sonrisa inocente, se dirige a su trágico destino.

XX

Berta Fernández lleva dos horas sentada en el sofá con un libro en las manos que no consigue leer. Varias veces ha pensado en desplazarse hasta la calle de la Plata número ocho, pero ha descartado la idea. No quiere parecer morbosa y, mucho menos, ser un estorbo.

Sin embargo, la imagen de Sara Pons en aquella fotografía le viene una y otra vez a la mente. Y la nota manuscrita por Squark.

Se pregunta si se ha equivocado en su interpretación y esa mujer está secuestrada en otro lugar. Es la única pista que ha sabido deducir.

Todo es tan extraño que, a ratos, le parece que está soñando, que se despertará en cualquier momento y serán las cinco de la mañana.

Y entonces le pasa.

Nota una vaharada en la nuca, como si un ser le susurrase algo a su espalda, y se le eriza el vello de los brazos.

El tono de llamada le hace dar un respingo; el móvil se le escapa de los dedos y se zambulle entre los cojines del sofá. Berta mete las manos entre los almohadones y las mueve desesperada buscando el aparato. La melodía del móvil suena amortiguada mientras trata de adivinar de dónde proviene el sonido.

—¡Aquí estás! —exclama cuando sus dedos tocan la pantalla y lo agarran por fin. Pulsa el botón de contestar y casi grita al hablar—. ¡Hola, inspector!

—Hola, Berta, solo te llamaba para decirte que tenías razón. La hemos encontrado.

Ella contiene el aliento mientras David Estrada le explica qué le ha pasado a Sara Pons.

XXI

En el hotel Colonia Puig, Joan Torres se aferra a la mano del hombre. Los guantes de piel son suaves y ve que llevan un triangulito metálico donde, a pesar de la oscuridad, sabe que pone Prada. Sus dedos están entrelazados y, a pesar del cuero, nota la corriente que pasa de una mano a la otra y se le acelera el corazón.

Rodean la fachada para encontrar un acceso seguro. Dentro, en algún lugar, se oyen risas. Descubren una ventana sin cristal y su acompañante pasa primero una pierna y después la otra. Luego se gira para ayudarlo.

Sin soltarle la mano, ilumina con la linterna una estancia amplia con algunos arcos y columnas labradas. Las paredes están llenas de grafitis y el suelo hidráulico sembrado de escombros y basura. Sin embargo, el techo aún conserva las vigas de madera noble y restos de pintura, últimos vestigios de esplendor del comedor del hotel.

—Esto da un poco de miedo y asco —dice Joan, pero en seguida rectifica para no molestar a su cita—, aunque tiene su encanto. Debía de ser impresionante cuando estaba abierto.

Su acompañante, lejos de molestarse, sonríe y le suelta la mano para acariciarle el rostro. Es un gesto tan suave, tan tierno, que a Joan le tiembla el labio. En comparación, sus otras citas le parecen vulgares, atracones de comida basura para calmar el hambre. Ahora tiene delante otra cosa, un plato exquisito para saciar su alma.

Quiere besarle, pero se resiste. «Espera», se dice. «No lo estropees».

—Lo era —dice mientras se gira y desplaza el haz de luz por el espacio vacío—. Se construyó a principios del siglo pasado para alojar a los visitantes ricos que venían a Montserrat. Durante la guerra civil se habilitó como hospital y se atendía a los soldados heridos; lo llamaban el Hospital de la Sangre. Luego volvió a ser un hotel de lujo, hasta que cerró hace cuarenta años. Es un clásico de la exploración urbana en Barcelona.

—Vale, ahora me da más miedo... —susurra Joan con una risita nerviosa.

—¿Miedo? Esa es la última emoción que querría despertar en ti. Intento que sea fascinante, por si solo dispongo de una oportunidad contigo.

—No creo que sea tu única oportunidad... —contesta Joan, conmovido.

Y el hombre, que sabe perfectamente que nunca habrá una próxima vez, le coge de nuevo la mano, se la aprieta solo un poco, y le susurra:

—Además, tengo una sorpresa para ti.

Lo obliga a seguirlo por un camino que traza con el haz de la linterna. Atraviesan una sala alargada que está en peor estado que el comedor. Los hierbajos han crecido entre las baldosas rotas y hay latas, botellas y algunos cristales rotos.

Llegan a un patio interior descubierto donde la luna llena proyecta una luz tenue. La parte baja de las paredes estaba decorada con azulejos de intrincados dibujos, pero ahora la mayoría se han caído o han sido arrancados y, los que quedan, están pintarrajeados.

Joan intenta mantener el equilibrio entre los escombros sin mancharse las Converse.

—¿Ves eso? —le pregunta el otro mientras alumbra la entrada de un pasadizo estrecho y oscuro.

—Sí... —contesta flojito mientras, por dentro, Joan maldice su suerte.

Con lo que prometía la cita y resulta que este hombre tan atractivo es un friki de manual. Claro que lo conoce del trabajo y su profesión tiene una ratio muy alta de perfiles raros. «Da igual», se consuela; le gusta tanto que se lo puede perdonar.

Su cita parece adivinarle el pensamiento.

—Tranquilo, no te voy a pedir que entremos. Esa no es la sorpresa. Alúmbrame un segundo —le pide mientras le pasa la linterna.

Joan alumbra su figura oscura y él camina con la mirada en los pies mientras se mete dentro del túnel, agachando un poco la cabeza. Las nubes cubren la luna.

De repente, le parece oír un ruido. Pasea la vista a su alrededor, cada vez más asustado. La luz de la linterna distorsiona las formas y proyecta la sombra alargada del hombre. «Dios, no permitas que salga una rata de ahí», ruega por dentro, a pesar de que no es creyente.

Detrás de él, escucha el sonido de unos pasos y la linterna le tiembla en las manos. Oye la voz de una pareja que deshace el camino. El chico le dice «cuidado, pisa detrás de mí». «Ya lo hago, no soy tonta», replica ella.

Las voces se alejan y, un minuto después, escucha el sonido de un motor.

Joan intenta que su tono parezca despreocupado mientras habla al interior del túnel.

—Oye, creo que mi *outfit* no es el adecuado. Te propongo que vayamos al restaurante...

—¡Aquí está! —exclama su cita, que aún está dentro en cuclillas.

Cuando se gira, sonríe con una botella de vino en una mano y dos copas en la otra. A Joan se le ilumina el rostro con una sonrisa de felicidad. En solo dos segundos piensa que algún día les explicarán a sus hijos (serán dos: un niño y una niña) cómo fue su primera cita.

—Esta botella de Vega Sicilia la guardaba desde hace mucho tiempo... —le dice mientras se acerca a él—. Empezaba a temer que nunca conocería a nadie con quien quisiera compartirla. Te propongo un brindis: por la primera de muchas citas.

Acto seguido, llena las dos copas de un vino granate y denso.

—¡Por la primera de muchas citas! —exclama Joan mientras entrechocan las copas.

Joan está nervioso y emocionado, así que da un largo trago. El vino está realmente bueno.

—Quería que esta noche fuese especial —le dice el otro acariciándole la mejilla—, algo que pudiésemos recordar y nos hiciera reír los próximos años. —Joan se estremece de felicidad mientras apura el resto de su vino. Ni siquiera es consciente de que la música que se oía fuera se aleja hasta desaparecer—. Pero creo que ya hemos tenido suficiente misterio. Te propongo que tomemos una copa más y nos vayamos a cenar. ¿Te parece?

Joan puede ver un océano entero en su mirada.

—Me encanta la idea, pero no sé yo... Tengo que conducir.

Él vuelve a llenarle la copa y, deliberadamente, roza su mano. Con este gesto suave y dulce, un escalofrío recorre la columna de Joan. Se le humedecen las manos ante la perspectiva de una noche de sexo.

—Yo conduzco. Mañana volvemos a buscar tu coche.

Con una sonrisa provocadora, Joan murmura:

—Pero solo una más. No quiero que me emborraches para aprovecharte de mí.

Sus ojos azules refulgen con picardía mientras Joan bebe y él simula beber. El viento es frío y fuera ya solo se oye el grito de alguna ave nocturna. La luz de la linterna yace olvidada en el suelo y traza sombras siniestras sobre sus rostros.

Joan quiere besarlo y lo mira a los ojos. El azul parece electrificarse cuando él habla, y su voz reverbera entre las ruinas:

—¿Alguna vez has tenido una conexión especial con alguien? Quiero decir, sentir lo que siente otra persona, aunque no estuvieses junto a ella.

Joan asiente con la cabeza y sonríe.

—Pues no te lo vas a creer, pero sí. Y bastante a menudo. Resulta que yo tengo... tengo... —De pronto, el otro se vuelve borroso, mientras nota que el cuerpo se le desvía hacia un lado—. ¿Tú... tú... me has puesto algo en la bebida?

—Sí. —La copa se hace añicos contra el suelo mientras el hombre sostiene a Joan antes de que caiga—. Ahora cierra el pico. —Su voz ha cambiado, parece morder cada palabra—. Sé perfectamente lo que tienes.

Y Joan, entre sus brazos, obedece y calla.

XXII

El despacho del comisario jefe no es muy grande y da a la calle, pero hoy tiene las cortinas cerradas porque la luz del sol le molesta. Esta mañana, antes de salir, Pol Salas ha tenido una discusión con su mujer. Otra más. Hace un año que acabaron la casa y, tras unas obras de pesadilla, todo debería ir mejor, pero no es así en absoluto. La hipoteca es más alta que en sus peores previsiones, el jardín está sin terminar y aún les faltan muebles.

Y cada mes acaban con la cuenta en negativo.

Si su mujer estuviera en esa sala, con su habilidad innata para sacar trapos sucios, sabría decir si alguna vez se ha cometido un crimen como el que tiene ahora entre las manos. Pero, afortunadamente, el siguiente *round* no será hasta la noche y, con un poco de suerte, ella estará tan agotada como él.

La mesa está llena de papeles y fotos impresas. Pol Salas vuelve a leer fragmentos del informe forense con el ceño fruncido. Tiene la cara redonda, el pelo muy corto con entradas y una sonrisa que, cuando es sincera, le achina los ojos oscuros. No obstante, ahora está muy serio y su mirada es de incredulidad.

—Este informe es surrealista: vasos sanguíneos rotos, disminución del tamaño del cerebro, piel agrietada, riñones concentrados... y estas fotos. —Deja encima de la mesa una foto del cadáver de Sara Pons—. Parece una de esas momias que dibujaba CorpseArtist —dice paseando la mirada de uno a otro.

La foto muestra a la pintora tendida en una mesa de autopsias, pero cuesta reconocerla. La piel adherida a los huesos parece un pergamino agrietado. Debajo se adivinan las costillas y las articulaciones, como si hubiese pasado meses sin comer.

—Según la forense —interviene David Estrada—, son síntomas compatibles con la deshidratación. Aún está pendiente el análisis toxicológico y patológico, pero parece ser que la causa de la muerte fue la falta de agua. El hecho de que parezca una momia es porque perdió el veinticinco por ciento de su peso corporal. Cuando la secuestraron pesaba unos sesenta kilos, pero su cadáver no llega a los cuarenta y cinco. Ya sabes, por eso de que estamos hechos mayoritariamente de agua.

—¡Hay que joderse! Así que, de momento, todo lo que sabemos es que alguien la encerró en esa caja y la dejó morir de sed. ¿Podría ser que quisieran imitar uno de esos cuadros raros suyos? Coño, ¿a quién se le ocurre pintar a la Sirenita con el cuerpo convertido en una raspa?

—Podría ser, pero no concuerda con la nota que dejaron. A lo mejor el asesino no conocía su identidad de grafitera famosa. De momento, no descartamos ninguna hipótesis.

Con el pulgar y el índice, el comisario se hace una pinza sobre los ojos, como si quisiera detener el dolor de cabeza que empieza a irradiar desde las sienes.

—Dime lo que sabemos hasta ahora.

—Según el forense, la muerte se produjo sobre las 17 horas. Es un dato bastante exacto. Cuando accedimos, a las 18:30 horas, aún no había comenzado el *rigor mortis*. —David Estrada hace una pausa para tomar aire. Ninguno de los tres dice nada, pero en el ambiente planea la frustración por lo cerca que han estado de salvar a la mujer—. Si se confirma la muerte por deshidratación, Sara Pons habría sido secuestrada la noche del martes. Lo sabemos porque el día anterior habló con su hermano y con su agente, y se necesitan al menos tres días para morir por falta de agua. Calculamos que estuvo encerrada en esa caja setenta horas y se deshidrató rápidamente. Quizás cuando la secuestraron llevaba horas sin beber.

Estrada se pasa la mano por la nuca empapada. Siente remordimientos por no haber sido más inteligente, por no haber llegado antes. Luego prosigue:

—El asesino dejó en su estudio la nota que has visto en el expediente. No hemos encontrado ninguna huella, ni cámaras que grabaran nada. Tampoco hay testigos. Como te he dicho, desconocemos si era alguien que sabía la verdadera identidad de la víctima o si era algún conocido. Ya tenemos autorización judicial y hemos destinado un par de agentes a analizar los datos del móvil de las últimas semanas: llamadas, mensajes, redes sociales. Los de la Científica siguen trabajando en el escenario del crimen, pero de momento no han encontrado nada relevante. El almacén de construcción lleva años cerrado y se repite lo mismo: no hay cámaras ni hubo testigos por la zona. La caja se debió construir allí dentro, con planchas metálicas.

—¿Y el cacharro que encontraron? ¿El contador Geiser o como se llame?

—De momento, todo lo que sabemos es que se puede comprar por Amazon y que cuesta 59,90 euros. Hemos exigido a la compañía un listado de los aparatos vendidos en Barcelona. Si no son muchos, ampliaremos la búsqueda a una zona más extensa.

—Y tú, Nadia, ¿qué me dices sobre el perfil del asesino? ¿Has hablado con los de la UCAC?

La Unidad Central de Análisis Criminal es la encargada de elaborar los perfiles criminales. David Estrada lanza una mirada de advertencia a su compañera. Sé seria, le suplica con los ojos.

—Sí, están en ello. Aún es un poco pronto, pero con los datos de los que disponemos, creen que podría tratarse de un varón de entre veinticinco y cincuenta años.

—¿Por qué? —pregunta el comisario jefe.

—La sofisticación y planificación del secuestro requieren experiencia y fuerza. Alguien no muy joven, pero aún en buena forma física. El encierro revela un deseo de control extremo y manipulación. También una fascinación distorsionada por la ciencia, particularmente por la física cuántica. Pero creo que eso es solo la excusa para justificar y enmascarar su verdadera pasión: matar. Aunque sin duda, se trata de alguien muy inteligente, necesita que lo veamos así, que lo admiremos por sus conocimientos. El hecho de someter a otro ser humano a un experimento revela una grave falta de empatía. No es necesario que los de la UCAC confirmen que el individuo presenta un cuadro de psicopatía grave.

—¿Podría haber matado antes? —pregunta el comisario—. ¿Quizás algún caso sin resolver en otra comunidad? ¿O ha brotado de repente como una seta?

—Bueno, un asesino de estas características suele comenzar con fantasías. Con el tiempo, si se dan determinadas circunstancias, la barrera entre la fantasía y la realidad se rompe. Cuando el psicópata lo prueba una vez, a partir de ahí siente la necesidad de matar. Sin embargo, en este caso no hay nada dejado al azar. Squark planeó el crimen meticulosamente. La elección de la víctima, el método de asesinato y la forma en que lo vinculó con el experimento nos indica que estudió cada detalle. Probablemente, la planificación era parte del placer. Aunque tuviera instintos asesinos desde hace mucho tiempo, es controlador y no se arriesgaría a que lo pillaran por una muerte, digamos, improvisada. Ha debido planear esto durante meses o años. Por eso creo... —Nadia piensa unos segundos—. Lo que le voy a decir ahora no es ciencia exacta, se trata solo de lo que me dicta mi intuición.

—Adelante —la anima el comisario jefe—. De momento, tu intuición es todo lo que tenemos.

—Creo que todo esto... —los dos hombres la miran fijamente—... que todo esto podría ser parte de un plan mucho mayor.

XXIII

El ICFO se encuentra en el Parque Mediterráneo de la Tecnología, o PMT, un campus donde las instituciones académicas y las empresas conviven en un ecosistema que favorece la innovación. Es un edificio moderno, rectangular, con fachada de cristal para aprovechar la luz natural. Simboliza la transparencia y apertura características de la ciencia. Visto desde lejos, parece el equivalente arquitectónico de un cubo de Rubik con todas las caras negras.

Berta Fernández está trabajando en el laboratorio. Lleva tiempo en un proyecto de nanoóptica y física cuántica de muchos cuerpos, concretamente, en el acoplamiento de luz-materia y las interacciones a largo alcance entre los átomos. Es un trabajo que le apasiona, pero hoy está ausente.

—La tierra llamando a Berta —le dice su compañero Pavel Sowinski—. ¿Seguro que te has recuperado del virus?

Pavel es un hombre joven, especialmente para el cargo que ocupa. Su metro noventa y el pelo largo y ondulado color trigo le confieren un aspecto vikingo. Una imagen alejada del estereotipo de un científico. Nacido en Varsovia, no deja de maravillarse del clima mediterráneo y aprovecha los ratos libres para ir a Castelldefels. La playa le confiere un bronceado de guiri que resalta sus ojos azules del color del Powerade. Por lo que ella sabe, un buen número de compañeras pierden el trasero por ese aspecto eslavo tostado. Si a eso le sumas que cada día recorre en piragua tres veces los mil doscientos metros del Canal Olímpico, comprendes la tirantez de la bata en la parte de los bíceps.

—Disculpa, Pavel, hoy estoy un poco espesa. Déjame ir a por un café y vuelvo enseguida. ¿Quieres algo?

—No, gracias. Te espero aquí. Pero vuelve... ¡y trae tu mente contigo! —le dice guiñándole un ojo y con las manos juntas como si rezara.

—Mi mente se empeña en montar una *rave*, pero lo intentaré.

Pavel busca en las profundidades de su cerebro algo ocurrente que decir, cualquier cosa. Es extraño, normalmente es agudo y lanzado con las mujeres, pero con Berta siente como si volviera a ser un adolescente. Lo único que puede hacer es sonreír como un bobo.

Ella le devuelve la sonrisa y sale del laboratorio hacia la zona de descanso. Pavel la sigue con la mirada hasta que gira por el pasillo. Si Berta sospechara lo que le pasa a él por la cabeza, si descubriese la forma en que desliza los ojos desde el pelo hasta las piernas, se pondría nerviosa, cuidaría la forma en que camina. Pero, para ella, Pavel, a sus veintisiete años, no es más que un crío.

Y está pensando en Estrada.

El interior del edificio está diseñado con espacios abiertos y áreas comunes para fomentar la colaboración, pero Berta camina distraída y no saluda a nadie. Mientras extrae un café de la máquina, aprovecha para mirar el móvil y ve que tiene tres llamadas perdidas del inspector.

El corazón se le acelera mientras espera que el policía conteste.

—¡Berta! Te he estado llamando. Siento volver a molestarte, pero tenemos otra...

La voz suena entrecortada, así que Berta se tapa la oreja libre con el dedo índice.

—Perdona, no te oigo bien. ¿Otra qué? ¿Otra mujer secuestrada?

—No, otra nota. La hemos encontrado dentro del coche de un desaparecido. Puedo enviarte una copia por correo. —El inspector Estrada hace una pausa larga.

—Sí, perfecto.

—Gracias. Lo que quería decirte es que, si te va bien, o sea, si tienes que comer y eso, podríamos quedar en algún sitio para comentarla. Claro que no es necesario, solo si...

—Iré a comer contigo encantada —acepta Berta—. Mándame la nota a mi correo personal y... —mira su reloj y ve que son las doce y media—... y quedamos dentro de una hora. ¿Te va bien en el japonés que hay al lado de mi casa?

—Perfecto. Nos vemos allí.

Unos segundos después, Berta abre su portátil y entra en el buzón de correo. En su bandeja de entrada destaca en primera línea el mensaje electrónico que le ha enviado Estrada. Con cierta aprensión abre el archivo adjunto:

Apreciada Quark:

La conciencia, esa frontera final de la comprensión humana, está a punto de ser desvelada. No en laboratorios estériles, sino en el crisol de la realidad misma.

Joan Torras ahora es parte de algo mucho mayor que él mismo o cualquiera de nosotros. Está al servicio de la verdad última, de la ciencia como herramienta para desvelar los secretos del universo. Secretos que solo se despliegan ante aquellos valientes capaces de buscar.

Faltan veinticuatro horas para que pueda demostrar que el estado de un ser puede estar directamente relacionado con el estado de otro, sin importar la distancia que los separe.

Pero aún hay tiempo para que, si sois capaces de comprender como yo el entrelazamiento cuántico, a través de uno podáis encontrar al otro.

$$/\Phi+\rangle=1/\sqrt{2}\ (/00\rangle+/11\rangle)$$

$$/\Phi+\rangle=\#(/12\rangle+/284\rangle)$$

Squark

—¿Qué es esta fórmula? —se pregunta Berta—. ¿Qué coño quieres decir?

XXIV

Joan Torres, en el asiento del copiloto, tiene algunos atisbos de consciencia, pero son breves y con visión borrosa. De vez en cuando, abre los ojos y ve las aureolas azules que envuelven los faros de los coches con los que se cruzan. A ratos, sueña que quien conduce es su hermano.

Después de no sabe cuánto tiempo, siente un golpe de aire frío en la cara y una mano enguantada le tira del brazo. Apenas puede abrir los ojos mientras recorre un camino irregular entre tambaleos, con su brazo sobre los hombros de él y esa mano enguantada sujetándolo por la cintura. Todo está oscuro y solo se oye el crujido de la hierba seca bajo sus pies.

Tropieza con algo blando y cae de rodillas. Quiere quedarse allí mismo, dormir sobre la fría hierba, pero la voz es tajante.

—Levántate.

No puede pensar, solo obedecer. Se pone de pie con dificultad y da unos cuantos pasos. Se golpea los dedos del pie con algo, una piedra o una raíz, pero no se detiene. Entran en algo parecido a unas ruinas y el hombre lo coge con fuerza por los hombros y lo obliga a girar.

Le cuelgan los brazos y nota las piernas gomosas. Se le cierran los ojos.

—Siéntate.

Se deja caer, exhausto, y él le coloca la mano en la nuca y lo ayuda a recostarse. No es un colchón. Parece una piedra fría y nota el helor del musgo en los tobillos.

—¿Dónde estoy? —balbucea.

—Shhht... Tranquilo.

No puede recordar a quién pertenece esa voz, qué hora es o qué estaba haciendo antes de que lo trajesen hasta aquí. No se puede mover. Intenta enfocar las pupilas dilatadas y ve que sus piernas tiemblan con pequeños espasmos. A pesar de que ese hombre se las está atando con bridas.

Curiosamente, ese hecho le parece algo lejano, algo que le pasa a otra persona.

Hace mucho frío y tiene las manos y los pies entumecidos. En un estado de sopor, intenta por última vez enfocar la vista antes de sumergirse de nuevo en la oscuridad.

Tal vez ha pasado una hora, quizá mucho más tiempo, cuando alguien lo sacude.

Joan quiere abrir los ojos, que parecen pegados con Loctite, pero tarda mucho rato en conseguirlo.

Una lámpara de camping ilumina un trozo de pared ennegrecida por el humo, mientras unos ojos azules flotan cerca de su cara. Puede notar el calor de su aliento en la oreja helada.

—No te preocupes, los efectos de la burundanga pasarán en un par de horas. Ahora descansa. Empezaremos dentro de un rato y necesito que estés preparado y lúcido.

«¿Empezar? ¿El qué?», se pregunta Joan, que hasta ese momento no se había dado cuenta de cuánto cuesta estar consciente, de qué agradable resulta que alguien te diga lo que tienes que hacer. Le viene a la mente la palabra sumisión química junto a una imagen difusa del asesino de Bilbao. Pero es un recuerdo lejano, algo que ya no le parece tan terrible.

—Vale... —murmura—, solo necesito un descanso.

Sin voluntad, cierra los ojos y vuelve a caer en un sueño intranquilo.

De alguna manera sabe que, cuando despierte, ese sueño se convertirá en una pesadilla.

XXV

El inspector Estrada se levanta de golpe cuando ve entrar a Berta y, sin querer, da un golpe a la mesa y derrama parte de su agua. Disimula con una sonrisa nerviosa mientras empapa un par de servilletas de papel y la mira de reojo.

Va vestida de negro y lleva un bolso marrón que podría superar la medida del equipaje de mano de Vueling. Cuando llega a la mesa, duda si darle dos besos, pero Berta le estrecha la mano y se sienta.

—Gracias por venir, Berta. Aún no tenemos ninguna pista del caso anterior y ya estamos ante otra desaparición.

—Si te soy sincera, esto empieza a parecer *El silencio de los corderos*. ¿Se trata de un asesino en serie?

—Eso parece. La muerte de Sara Pons saldrá hoy en las noticias y, cuando la prensa se entere de que hay una nueva víctima, habrá tertulias de televisión y artículos en todos los diarios.

—¿Quién ha desaparecido?

—Joan Torres: treinta y cuatro años, nacido en Manresa, soltero, homosexual, informático autónomo. Unos excursionistas encontraron su coche al pie de la montaña de Montserrat, cerca de un hotel abandonado. Les llamó la atención porque la puerta del acompañante estaba abierta. Alguien dejó una nota en el asiento, debajo de su móvil. Querían que la encontraran.

—¿Y qué hacía en Montserrat?

—Aún no lo sabemos. Vivía en Gracia y quizá tuviese una cita, o pensó en dar un paseo. Puede que lo sepamos en las próximas horas, cuando accedamos a su móvil. Mi compañera Nadia ha ido a comunicarlo a la familia mientras yo...

Yumi interrumpe la conversación y Sara la saluda con una sonrisa forzada:

—Hola, Yumi. Yo tomaré *naruto* y para beber, agua.

—Lo mismo —pide Estrada, aunque no tiene ni idea de qué es el *naruto*.

Cuando la camarera se aleja, Berta continúa:

—Pobre familia. ¿Habéis averiguado algo más sobre Sara Pons?

Estrada niega con la cabeza.

—Aún nada. Estamos trabajando contra reloj. Hemos destinado más agentes y medios, pero no hay mucho de dónde tirar. Era una mujer bastante introvertida. Apenas utilizaba las redes sociales y muy pocas personas conocían su verdadera identidad. No hemos encontrado ninguna pista en su móvil. —Estrada parece abrumado—. Tampoco comentó nada fuera de lo normal a su hermano o a su entorno. Pero aún es pronto, los próximos días podríamos descubrir alguna información relevante. Y faltan las pruebas de ADN y parte del informe forense. Este nuevo caso podría darnos más pistas, nos ayuda a conocer mejor a ese Squark. ¿Qué opinas de la nota? Te la he enviado enseguida por si se te ocurría algo.

Berta niega con la cabeza.

—No he podido dedicarle tiempo, pero, a bote pronto, no he sabido entenderla. Ese loco, Squark, utiliza conceptos de física cuántica como quien lee un libro del revés. La fórmula de esta segunda nota representa uno de los estados de Bell. Sirve para demostrar que dos partículas están entrelazadas y ha mezclado esa idea con la consciencia humana. ¡Es absurdo!

Estrada la mira con cara de no entender nada.

—Me cuesta un poco seguirte. ¿Qué es el entrelazamiento cuántico?

Berta se calla cuando Yumi les trae sus cuencos. El *naruto* es un ramen con carne de cerdo, huevo, algas y cebolla verde. Huele de maravilla. En medio del cuenco flotan unas rodajas rosadas de *narutomaki*, un pastel gelatinoso inspirado en los remolinos de la ciudad de Naruto, donde nació Yumi.

En cuanto se aleja la japonesa, Berta continúa hablando mientras Estrada come con apetito.

—Contestando a tu pregunta sobre el entrelazamiento cuántico, se ha comprobado que las partículas pueden tener estados cuánticos armonizados independientemente de la distancia que las separe. Imagina que separamos dos partículas y las enviamos a estaciones de medición muy distantes entre sí. Los datos que se obtienen están más correlacionados de lo que permiten las leyes de la física clásica. Es decir, las propiedades de una afectan instantáneamente a la otra, a pesar de la distancia. Einstein llamó a este fenómeno «acción espeluznante a distancia».

—A ver, todo esto es fascinante, pero no entiendo qué tiene que ver con la consciencia... ¿Cómo pretende mezclar las dos teorías? ¿Y cómo lo haría con un ser humano?

—Pues no tengo ni idea... La posibilidad de aplicar esas teorías en seres vivos es completamente absurda, puesto que la física cuántica actúa a nivel de las partículas. Hay alguna teoría que defiende que la consciencia está entrelazada con la física cuántica, pero no veo la relación, la verdad. Lo que pretende Squark quizá entraría más en el terreno de la parapsicología: casos de telepatía, percepciones extrasensoriales, cosas así.

—¿Y qué quiere decir con esa fórmula?

—¡Ni idea! No tiene ningún sentido. Squark utiliza las fórmulas como jeroglíficos, como un juego de pistas. No sigue ningún tipo de criterio científico.

—Eso nos lo pone muy difícil. He visto que en tu libro —Berta sonríe al saber que lo ha leído— también hablas del experimento del entrelazamiento cuántico.

—Hablo de muchos experimentos y conceptos, pero no soy capaz de imaginar cómo alguien los puede vincular a person...

El teléfono de Estrada suena y Berta calla mientras él comprueba la pantalla.

—Disculpa, es mi compañera —dice mientras acepta la llamada—. Nadia, dime.

Berta observa cómo abre mucho los ojos.

—No me jodas... ¡Voy para allá!

Cuelga el teléfono y se levanta. Mientras se pone el abrigo, le dice:

—Perdona, Berta, tengo que marcharme. Squark ha colgado otro mensaje en la *dark web* y me han convocado a una reunión urgente. —Deja un billete de veinte euros encima de la mesa—. Sigue trabajando en la nota, por favor. Cuando me haya reunido con mi equipo y tenga más información, te llamaré.

Berta se encoge de hombros y murmura:

—De acuerdo. Me comeré este *naruto* sola mientras estudio la nota. Si se me ocurre algo, te escribo un mensaje.

—Siento dejarte a media comida. Una cosa... —Estrada hace una pausa larga. Parece un poco cohibido y traga saliva—, si te apeteciese, podría compensarte. Es decir, podríamos ir un día a cenar, no por trabajo... solo a cenar. Es decir, que no por el caso, y solo si no estás muy...

—Me encantará —lo ayuda ella, como si hubiera estado esperando que le preguntase algo así.

Él le aprieta suavemente el hombro antes de salir. Es un gesto suave, comedido, como si el hecho de que ella haya aceptado su invitación no le hubiese provocado un tsunami en el estómago.

XXVI

Cuando Estrada entra en la sala de reuniones, el comisario jefe aún no ha aparecido. Nadia le hace una señal para que vaya a sentarse a su lado. Se dirige hacia ella, aunque antes se detiene a leer un mensaje escrito en letras mayúsculas en la pizarra blanca.

El entrelazamiento cuántico desafía la distancia.
¿Sentirás su angustia, su desesperación?
Comparte sensaciones en tu indomable programa.
SQUARK

Deduce que es otro mensaje colgado en la *dark web* y se sienta sin hacer ruido. Nadia se inclina hacia él y le susurra al oído:

—Esto empieza a tomar una dimensión surrealista. El jefe me ha avisado de que también vendrá alguien de la Policía Nacional. De la UCIC, creo.

—¿Qué coño es eso de *indomable programa*?

—Pues vas a flipar. Hace un rato, he ido a informar a los padres de Joan Torres y...

Nadia se calla. Pol Salas entra en la habitación con paso enérgico. Detrás de él, un joven vestido con vaqueros y una sudadera de color negro carga con un portátil.

—Buenos días —dice paseando la vista por los dos agentes—. Esta reunión es para que nos conozcamos todos y coordinemos esfuerzos. Os presento al oficial Álvaro Goya, técnico de la UCIC de la Policía Nacional. Ha venido desde Madrid para darnos soporte. Es analista de inteligencia y experto en *software* avanzado y, corrígeme si me equivoco, nos ayudará a identificar patrones, tendencias y correlaciones.

Álvaro Goya es alto, delgado y con el pelo pelirrojo y ondulado. Luce una barba descuidada de tonos rojizos y una sonrisa tímida, como si dudara de si debe estar allí. Nadia tiene la sensación de que ese chico se ha pasado media vida jugando a videojuegos y la otra media entre ordenadores.

El comisario jefe señala a David.

—El inspector Estrada está a cargo de la investigación. —Álvaro le estrecha la mano—. La detective Nadia Mateo es la segunda al mando y experta en perfiles criminales.

Tras estrecharle la mano a ella, Álvaro se sienta al lado de Pol Salas, feliz de dejar de ser el centro de atención.

—Me hubiera gustado presentarte también a Borrell, pero hoy no podía venir —prosigue el comisario jefe—. Es el responsable de la Unidad Especial de Personas Desaparecidas. Se ocupan de los casos más complicados y raros, y este, sin duda, lo es. Bien, en nuestro *drive* tenéis todo lo que hemos averiguado hasta la fecha, así que, aunque creáis que ya lo sabéis todo, comprobadlo regularmente. Todos los agentes que trabajan en el caso colgarán cualquier información en tiempo real, a medida que avancemos en la investigación. Nosotros nos reuniremos cada mañana a las ocho en esta sala, o antes si descubrimos cualquier dato relevante. David, ¿algo que añadir?

La voz grave de Estrada se proyecta por toda la sala:

—Solo quería recordar que encontramos a Sara Pons gracias a la colaboración de una civil, una científica llamada Berta Fernández, experta en física cuántica. Dada la obsesión de Squark con el tema, es vital que nos asesore en el análisis de las notas. Este mediodía me he reunido con ella para comentar la que encontramos en Montserrat y entender qué pretende Squark con este nuevo secuestro. Berta Fernández cree que podríamos estar ante otro experimento en el que Squark trata de mezclar consciencia y entrelazamiento cuántico. Es un tema complejo para explicarlo ahora, así que redactaré un informe y lo colgaré en el *drive*. Creo que sería conveniente que ella asistiera a las reuniones, en calidad de experta. Descifrar esas notas a tiempo podría ser la clave para atrapar a Squark.

—Me parece bien. Proporciónale un pase de seguridad, Estrada. Diré a personal que le preparen un contrato como asesora externa. Nadia, explica qué has averiguado en la visita a los padres de Joan Torres.

—Esta mañana les he comunicado la desaparición y, como es lógico, se han mostrado muy afectados. Desconocían qué hacía su hijo en esa zona, pero me han proporcionado un dato muy interesante. Aunque Joan Torres parece un tipo de lo más normal, su hermano gemelo es

Jordi Untamed. —Álvaro se muestra sorprendido y Estrada la mira sin comprender—. Se trata de un *youtuber* con más de once millones de suscriptores. Tiene un programa muy famoso: *The Untamed Project.* En el momento del secuestro se encontraba en Nueva York. Los padres lo han llamado y ahora mismo está volando para regresar al país.

El comisario cruza los brazos por detrás de la cabeza y deja caer la barbilla hacia el pecho. Expulsa el aliento con un bufido largo y después mira a Estrada con aire compungido:

—Más publicidad, justo lo que necesitábamos.

Nadia asiente y continúa:

—Hace un rato, los padres me han informado que Jordi Untamed llegará a Barcelona dentro de cinco horas.

—Dentro de cinco horas esto será un auténtico circo.

Éramos gemelos mi hermano Billy y yo, hasta que un día, en la tina, se ahogó uno de los dos. Y desde entonces no he sabido nunca si el muerto era Billy o era yo.

Minicuento de MARK TWAIN

XXVII

Jordi Torres, alias Jordi Untamed, no puede dormir, a pesar de estar agotado y viajar en primera clase. Sus padres no le han dado demasiados detalles, pero en lo más profundo de su ser, *siente* que su hermano está en peligro. Nota la cabeza embotada y le duelen las articulaciones. Además, no consigue entrar en calor, aunque lleva puesta la chaqueta y ha pedido otra manta a la azafata.

—Jordi —le pregunta su asistente—, ¿quieres que te dé algo para dormir? Nos quedan cuatro horas de vuelo y es mejor que, cuando lleguemos a Barcelona, estés fresco.

Mira a la mujer que se inclina sobre su asiento. El maquillaje le oscurece el óvalo de la cara y parece cansada. Justo debajo del mentón, se puede apreciar la frontera entre la piel más blanca y la capa de cosméticos. Se llama Mariela, aunque en el equipo todos la llaman Malecón. Tiene treinta años, y sus mofletes enmarcados por el pelo largo y moreno dan ganas de pellizcarlos. Aunque ella siempre se queja de su peso, tiene unas curvas bonitas que la hacen destacar. Hace ocho años que trabaja para él y se ocupa de que su ajetreada vida sea más fácil. Detiene y filtra las oleadas de peticiones y asuntos que lo ahogan.

De ahí que su equipo le pusiera ese apodo cariñoso: Malecón.

—Gracias, Malecón —contesta Jordi—. Dentro de un rato te lo acepto. Ahora necesito pensar.

Ella le acaricia el pelo y vuelve a su asiento.

«Pensar», se repite él, «necesito pensar».

Lleva cinco horas dándole vueltas a lo que le ha dicho la policía. Todo lo que sabe es que se trata de un secuestro, pero ha comprobado su teléfono y el correo y no ha recibido ninguna petición de dinero. Solo los muy allegados saben que tiene un hermano gemelo, y no quiere pensar que se ha enredado en algún tema sexual. Sin poder evitarlo, le viene a la mente el asesino en serie de Bilbao. ¿Y si Joan...? Se obliga a apartar ese pensamiento.

Su hermano le prometió que extremaría las precauciones antes de quedar con desconocidos.

De forma irracional, le asalta una súbita sensación de pánico. Está aterrorizado. Empieza a sudar y nota que le falta el aliento. Pasea la vista a su alrededor y ve a Malecón, enfrascada en su libro, y algunos pasajeros que duermen con antifaz.

Y entonces le sucede.

Nota un dolor agudo en la mano izquierda; le sube como una descarga eléctrica por el brazo y lo obliga a exhalar un quejido gutural. Instintivamente, se agarra los dedos y cierra los ojos con fuerza. Boquea para coger aire hasta que el dolor se difumina.

Alguien coloca una mano en su hombro y lo sobresalta.

Malecón está a su lado y observa su cara brillante por el sudor. Su voz suena preocupada, aunque intenta no parecerlo:

—Jordi, ¿estás bien? ¿Te pasa algo?

Él se mira la mano y la gira un poco aturdido. Mueve los dedos para deshacerse del hormigueo mientras niega con la cabeza.

—Sí, estoy bien. No sé qué me ha pasado, quizás era un calambre. Escucha, creo que sí necesito una de esas pastillas.

Mientras Malecón va a buscar una dormidina, Jordi vuelve a mirar su mano con estupor y cierra los ojos.

XXVIII

Joan Torres tiene tanto frío que le castañean los dientes. Y le duele la mano. Le duele tanto que las lágrimas le caen por las mejillas y le mojan la barba. Sabe lo que él le ha hecho, pero no quiere mirársela. Intuye que se volvería loco y eso no va a ayudarle en nada.

Burundanga. Sabe que es el nombre común para la escopolamina, la droga de sumisión química. Se pregunta qué habrá hecho ese loco durante las horas que no recuerda. Antes de que le hiciera *eso* y lo arrancase brutalmente de su sueño.

Tratando de aferrarse a una esperanza, piensa si alguien se habrá dado cuenta de su desaparición, pero teme que la respuesta sea no. Le envió una foto a su hermano del Hotel Colonia-Puig, pero, para cuando él regrese, probablemente estará muerto.

No le dijo a nadie que quedaba con ese hombre, no quería gafarlo. Si Jordi hubiese estado en la ciudad, quizás se lo habría explicado, pero su hermano está en Nueva York y a sus padres solo les habla de sus parejas cuando puede decirse que lo son. Nunca de sus numerosas primeras citas.

Una parte de él ha asumido que no va a salir de esta. Y en parte siente que se lo merece. «¿Cómo fue tan estúpido de quedar con él y beber lo que le daba en un sitio tan apartado?», se pregunta. Porque lo conocía del trabajo y parecía buen tipo. Y porque Joan mide metro ochenta y es un tipo fuerte. No podía imaginar la amenaza a la que se enfrentaba.

Y porque era muy guapo y encantador y, admitámoslo, a sus treinta y ocho años, tenía ganas de encontrar a alguien con quien compartir la vida.

«Pues puede que lo hayas conseguido», se dice con amargura. «Quizá pases con este psicópata el resto de lo poco que te queda de vida».

Apenas recuerda nada de las últimas horas: un soplo de aire frío al bajar de un coche, algún tropiezo mientras caminaba a oscuras, el contacto metálico de unas bridas. Ahora ve que está entre las ruinas de una iglesia abandonada, pero no recuerda cómo llegó aquí. Falta un trozo de pared y por el agujero se cuela una niebla baja que lo hace tiritar. Dentro, las paredes están ennegrecidas, como si alguien hubiese provocado un incendio hace años.

Cuando oye el eco de unos pasos que se acercan, todo su cuerpo se estremece. Sin poderlo evitar, empieza a llorar otra vez. El hombre ya no le parece atractivo y sus ojos azules solo le inspiran un terror reverencial. Lleva una libreta en una mano y un bolígrafo en la otra. Se acerca decidido.

—Buenos días, Joan. ¿Cómo te encuentras?

Quiere decirle: «Mal, hijo de puta. Muy mal, porque me has drogado y me has cortado el puto meñique». Pero en vez de eso contesta:

—Algo mejor, aunque tengo mucho frío.

—Bueno, luego solucionaremos eso. ¿Te duele el dedo?

—Sí.

—¿Crees que tu gemelo sabrá que te he hecho daño?

—No lo sé... —Se le quiebra la voz, pero consigue recuperar el ánimo—. Escucha, Jordi podría pagarte mucho dinero, si se lo pides...

—Céntrate en lo que te pregunto. ¿Crees que ha sentido tu dolor?

—No lo sé. Nunca me han hecho algo así. —Siente la cabeza a punto de estallar—. Además, él está en Nueva York y...

—¿Sabías que en 2017 China consiguió mantener dos fotones entrelazados a una distancia de mil doscientos kilómetros?

Joan se esfuerza para que su voz suene mínimamente serena.

—No lo sabía... Parece muy interesante.

—Lo es. Pero nosotros, tú y yo, vamos a demostrar que podemos superar esa distancia.

—Escucha, si lo que quieres es investigar, mi hermano puede ayudarte. Podríamos financiar...

El hombre le hace un gesto impaciente para que se calle y le pregunta:

—¿Has experimentado alguna vez un suceso en el que supieras algo sobre tu gemelo antes de que se diera cualquier comunicación convencional?

Joan niega con la cabeza mientras un desfile de lágrimas calientes le resbalan hacia las sienes. No le ha comprendido bien, así que pregunta a la desesperada:

—¿Te refieres a antes de que mi hermano me lo dijera? —El hombre asiente y Joan sorbe por la nariz. La voz le sale gangosa y temblorosa—: A veces adivino lo que me va a decir, y sé si le pasa algo nada más verlo. Pero no creo que eso...

—Lo que tú creas no importa. Limítate a los hechos. ¿Crees que él ha percibido que te he cortado el dedo?

Joan querría gritarle: «¡¿Qué putos hechos?! ¡Somos gemelos, no telépatas!». Intenta pensar qué respuesta le gustará más, pero tiene tanto miedo que es incapaz de escoger una opción.

—Yo, no sé, no estoy seguro...

—Necesito que hagamos otra prueba. Te va a doler, pero es la única forma de que la información sea fiable...

El hombre deja la libreta y el bolígrafo y coge unas tijeras de podar. A Joan las lágrimas le corren a raudales y se le meten dentro de las orejas. Está temblando como un edificio a punto de desmoronarse. Comienza a balbucear:

—Escúchame, no me hagas daño, podemos hacerlo de otra manera. Mi hermano... —El hombre le coge el dedo anular y lo coloca entre las hojas de metal. Un dolor intenso le recorre el brazo cuando toca el muñón del meñique, que empieza a sangrar de nuevo—. No, no lo hagas. ¡Espera! —Joan tiembla incontrolablemente y empieza a aullar—: ¡Para! ¡Paraaaaa, por favor! ¡Por favor, te lo ruego! ¡Puto Mengele de mierda! Te mataré, te...

El dolor es tan intenso que pierde el conocimiento.

XXIX

En la sala de reuniones, el ambiente está cargado y hace calor. Pol Salas se quita la americana mientras habla y, más que sentarse, parece desparramarse sobre la silla. Tiene dos bolsas hinchadas bajo los ojos y cara de sufrir un nuevo dolor de cabeza.

Estrada y Nadia han ido a por cafés y todos tienen un vaso de papel humeante entre las manos. El comisario jefe engulle un ibuprofeno de un trago y dice:

—Álvaro, explícanos las posibilidades del programa informático que nos ayudará a atrapar ese cabrón.

El aludido se limita a abrir su portátil y les muestra la pantalla.

—De momento, he empezado a introducir todo lo que sabemos en nuestro *software* de análisis predictivo. Este programa analiza una cantidad ingente de datos: llamadas, redes sociales, contactos, todo lo que se sepa de las víctimas. Busca conexiones entre ellas o personas de su entorno. En cuanto desbloqueemos el teléfono de Joan Torres, también podremos mapear sus movimientos y compararlos con los de Sara Pons para buscar coincidencias. Estudiaremos sus desplazamientos de los últimos meses, los contactos comunes, las llamadas o mensajes de un mismo número, en fin, cualquier cosa que las vincule.

—Tengo a dos agentes trabajando en el portátil y el móvil de Sara Pons —declara Estrada— y creo que en un par de horas podremos acceder a los datos de Joan Torres. Pero si un programa puede hacer ese trabajo, nos permitirá avanzar más rápido. Espero que, con tanta inteligencia artificial, sigamos siendo necesarios y no nos jubilen anticipadamente.

—Tú no tienes problema, que ya estás mayor... —dice Nadia guiñándole el ojo—, somos los jóvenes los que lo tendremos jodido.

Álvaro sonríe, titubeante, y dice:

—Bueno, si hay suerte, tal vez encontremos algunos datos que nos den una pista, pero tendrán que investigarse y descartar las simples coincidencias. La IA es muy buena en pensamiento lógico, pero los humanos seguimos siendo mejores en pensamiento lateral, en buscar patrones menos obvios —les lanza una sonrisa tímida—, así que, de momento, nuestros puestos siguen siendo necesarios.

—Bien, aprovechemos en lo que nos pueda ayudar esa ciber-sabelotodo, pues. Toda ayuda es bienvenida —interviene Nadia—. ¿Hay algo más que pueda hacer ese programa?

Álvaro asiente y accede a otra aplicación.

—Hay una interfaz que busca crímenes pasados que puedan tener alguna correlación. Hemos introducido lo que sabemos hasta ahora de los dos casos, relacionándolo con otros casos sin resolver, por si ese Squark hubiese actuado antes con el mismo *modus operandi* en algún otro lugar. De momento, no hay coincidencias.

—Creo que si hubiese habido un crimen que simulara un experimento de física cuántica, nos acordaríamos —señala Nadia.

—Por supuesto, pero el programa también busca coincidencias menos obvias.

A David Estrada le asalta la imagen de *su* caso. Por un momento, visualiza el coche emergiendo del pantano; puede incluso oír el agua verduzca que se escapa por las ventanas abiertas. La voz de Nadia lo devuelve a la sala:

—Cuando hice el máster, mi profesor de Análisis de conducta violenta nos explicaba que, en el negocio inmobiliario, hay tres cosas que se deben tener en cuenta a la hora de comprar: ubicación, ubicación y ubicación. Y que debíamos aplicar el mismo criterio a los asesinos en serie. Solo que las tres cosas eran: patrón, patrón y patrón. La mayoría de los psicópatas suelen elegir una y otra vez el mismo tipo de víctimas. Este parece actuar desde un prisma diferente, pero estoy seguro de que las víctimas tienen algo en común. Podemos descartar que las escoja por el físico o la orientación sexual, pero a Sara Pons y Joan Torres les une algo, solo que no es obvio. O eso, o se trata de otro Keyes y estaremos jodidos.

—¿Keyes? —pregunta el comisario jefe.

—Un asesino en serie estadounidense capturado en 2012. Mató a más de una decena de personas durante una década sin seguir ningún tipo de patrón. Las escogía al azar, por lo que no conseguían vincular las muertes. Lo atraparon porque cometió un fallo con la última mujer que asesinó. Fue la única vez que se dejó llevar por sus impulsos.

—En este caso, tenemos la coincidencia de que una de las víctimas era secretamente una artista famosa y el otro, hermano de un *youtuber* famoso —dice el comisario jefe.

—Esa podría ser la conexión, aunque, si ese fuese un patrón, la víctima más probable habría sido el hermano famoso —reflexiona Nadia.

—¿Podría haberse confundido? Son gemelos, ¿no? —pregunta el comisario jefe.

—Difícilmente —contesta Nadia—. No son idénticos. Joan lleva barba, pelo muy corto y gafas. Jordi tiene el pelo más largo, no lleva barba y se operó la vista hace años. Además, lleva el cuerpo lleno de tatuajes y su estilo es más bien de motero. Ni siquiera los vecinos de Joan sabían que eran hermanos.

—Quizás el vínculo solo sea la idoneidad de las víctimas —apunta Estrada—. Sara tenía una exitosa identidad secreta y Joan un hermano gemelo famoso. ¿Entendéis? Ese psicópata podría pensar que están «entrelazados», a diferencia del resto de personas.

El comisario jefe mira a Álvaro y carraspea antes de hablar:

—Esa científica, ¿cómo se llamaba? —pregunta.

—Berta Fernández... —contesta Estrada.

—Perdón, Berta Fernández. ¿Podrías pedirle que asista cuanto antes a las reuniones como asesora externa? Asegúrate de que hable con alguien de la UCA. Podría ayudarnos a crear un perfil más detallado.

—Creo que es una gran idea y seguro que cooperará —contesta Estrada con entusiasmo. Nadia le lanza una mirada maliciosa que él ignora—. Su interpretación de la nota fue clave para encontrar a Sara Pons, aunque fuera demasiado tarde. Compartiré con ella la información de que disponemos sobre Joan Torres para ver si podemos avanzar.

—¡Manos a la obra! —El comisario jefe da una palmada y se levanta de golpe, como si la pastilla le hubiese permitido recuperar la energía—. Quiero que me informéis de cualquier progreso o dato nuevo, por insignificante que sea.

Álvaro asiente y empieza a guardar su portátil mientras el comisario revisa sus mensajes en el móvil.

David y Nadia caminan hacia la salida. Ella sonríe y le suelta bajito:

—Espero que con Berta Fernández solo compartas información sobre el caso...

—¿Y qué más quieres que comparta?

—Por el brillo de tus ojillos, yo diría que, más que información, quieres compartir fluidos...

Nadia quiere mostrarse despreocupada, pero la traicionan los ojos. Estrada, que finge no darse cuenta de sus sentimientos, piensa que es mejor seguir así, que todo quede entre bromas.

—Nunca deja de sorprenderme lo ceporra que eres.

Nadia le empuja suavemente con el hombro y salen de la sala.

Bajando por las escaleras, se cruzan con algún agente que los saluda con un movimiento de cabeza. Cuando salen a la calle, luce un sol más propio de abril que de enero y ese calor, en vez de resultar agradable, casi causa desazón.

Caminan hacia el coche sin hablar, cada uno sumido en sus propios pensamientos.

—Squark es alguien muy precavido —comenta Estrada, resoplando—. No ha dejado ninguna huella en la casa o en el coche, y ninguno de los chicos que localizamos en la zona pudo describirlo. Y, sin embargo, a pesar de tener tanto cuidado, deja notas con las que podríamos atraparle. Hace todo esto porque ansía reconocimiento, eso está claro.

—No sé si busca reconocimiento académico o quiere demostrar que es más listo que nosotros o que esa científica —replica Nadia, que se resiste a llamar a Berta por su nombre.

—Quizá todo a la vez. Los de la Tecnológica dicen que, por cómo se mueve por la *dark web*, debe de ser muy buen informático. Más que bueno, brillante. Esa podría ser una pista.

Los cuatro intermitentes del coche parpadean a la vez y, antes de abrir la puerta, Nadia mira a Estrada por encima del coche y dice:

—Sí, el problema es que hay miles de buenos informáticos. Squark deja pistas porque desea que descubramos algo... Quiere que reconozcamos su trabajo, pero el muy cabrón no nos lo pone fácil.

—Hay crímenes que no son nada fáciles —dice Estrada.

Y que vuelven a ti, aunque no sepas por qué.

Pero esto último solo lo piensa.

EL CASO
(6 años antes – septiembre)

Debido a la sequía que asola Cataluña, un lodo seco y cuarteado rodea al pantano de Susqueda. Su capacidad se ha visto reducida en un cuarenta por ciento y el agua tiene un aspecto verduzco y turbio. Es un día gris de inicios de otoño, pero, a pesar de las nubes oscuras, la ansiada lluvia no aparece.

Estrada ha dormido en el sofá y la espalda lo está matando, pero intenta no pensar en Raquel. Salió de casa antes de que ella se despertase y dejó las sábanas dobladas. Antes de bajar del coche, le envía un mensaje por WhatsApp: «Buenos días, no he querido despertarte. Te veo esta noche».

Piensa en si añadir «te quiero», o «un beso», pero lo descarta y lo envía tal cual.

Sabe que no recibirá respuesta.

Los dos cuerpos descansan en la orilla sobre una lona de color azul. Un cordón de cinta plástica rotulada con «NO PASSEU. POLICIA. MOSSOS D'ESQUADRA» rodea la escena. Algunos agentes observan desde la valla improvisada. La única parte visible que dejan ver las mascarillas son los ojos, y estos reflejan una mezcla de emociones: pena, incredulidad, asco.

En la otra orilla del lago, una nube de periodistas espera a que alguien haga alguna declaración. Estrada es conocido en los medios por haber resuelto algunos casos complejos en los últimos años, pero, a pesar de su buena fama, odia esa parte de su trabajo.

Dentro del perímetro, un par de técnicos de la Científica se mueven alrededor de los cadáveres. El agua y lo escarpado de la zona dificultan su trabajo. Recogen muestras e inspeccionan cada detalle, como avispas vestidas con monos blancos. Un antropólogo forense saca fotografías desde diferentes ángulos con una cámara réflex de alta resolución.

David Estrada y el comisario jefe Lluís Tarrer observan desde su posición los dos cadáveres hinchados y oscuros. Los cabellos largos y enredados de la mujer se extienden alrededor del cráneo como algas flotantes, y ambos muestran signos de una avanzada descomposición. Los dos policías llevan puestas mascarillas, pero, incluso con esa protección, perciben el olor fétido que flota en el aire.

Lluís Tarrer, un hombre serio con el pelo negro y la barba moteada de gris, lleva semanas durmiendo poco y mal. Los recientes atentados yihadistas en Barcelona han colapsado su agenda y lo han colocado en una posición que odia: su fotografía aparece en las noticias, en artículos de prensa. Lo último que necesita es un asesinato mediático, pero Estrada le ha asegurado que este caso va a ser complicado, y se ha desplazado hasta el pantano para el levantamiento de los cadáveres.

Los dos hombres son buenos amigos. Estrada es disciplinado e inteligente, capaz de relacionar conceptos con rapidez. Juntos pusieron en marcha la División de Investigación Criminal y han conseguido que funcione al nivel de la UDEV, la Unidad de Delincuencia Especializada y Violenta de la policía nacional.

Estrada, que sabe que su jefe no dispone de mucho tiempo, intenta resumirle la cronología de los hechos. La mascarilla amortigua su voz, así que se esfuerza por hablar alto y vocalizar bien.

—Lo que sabemos hasta ahora es que, a las 9:43 de la mañana del 24 de agosto, la pareja sacó e ingresó dinero en un cajero de La Cellera de Ter. Luego siguieron su ruta. A las 10:27, Martina envió un mensaje a su madre y la mujer le respondió. Martina no volvió a contestarle y, a las 12:30, su teléfono dejó de estar operativo. El kayak de Pau se encontró el 27 de agosto en la laguna, medio desinflado. Le habían quitado los tapones y estaba rajado. La prueba del luminol reveló dos manchas de sangre, creemos que probablemente se usó para trasladar los cuerpos por la laguna y hundirlos. El coche, un Seat Ibiza propiedad del padre de Martina, lo encontramos al día siguiente. Tenía una marcha puesta, las ventanillas bajadas y habían colocado una piedra en el acelerador.

—Pobres chicos. ¿Podría ser que sorprendieran a alguien cometiendo algún tipo de delito? —pregunta Luis Tarrer.

—Podría ser, no descarto nada... —dice Estrada, pensativo—. Estamos siguiendo varias pistas. Había unos belgas que vivían relativamente cerca, en una caravana. Oyeron tiros, lo que no les pareció excepcional, ya que suele haber cazadores en esta zona. Lo que sí les llamó la atención fue que, un poco antes, escucharon gritos o una discusión. Con ellos también había un hombre francés que tenía un corte en la mano. Encontramos restos de sangre en una barca y en la orilla. El hombre asegura que se cortó con una bomba de agua, le hemos tomado muestras de ADN y lo estamos comprobando. Personalmente, creo que estamos ante un asesino meticuloso y calculador, alguien que conocía la zona y actuó con calma.

—¿Y qué sabemos de los cuerpos?

—Aparecieron flotando hace una hora. La sequía, unido a la que los cadáveres se llenan de gas por la descomposición, ha facilitado que subieran a la superficie. El de la chica flotaba en el agua, y el del chico había encallado en una pared lateral. Estaban desnudos y él tenía puesta una mochila llena de piedras. Ella nada, pero es posible que también llevara un contrapeso del que la corriente la ha liberado. Estamos esperando al juez para que autorice el levantamiento. Oficialmente, aún no podemos confirmar que sean ellos, pero...

—¡Madre mía! Manda a un agente con un psicólogo a informar a los padres —le pide el comisario jefe—. Que sea prudente y les diga solo que hemos encontrado dos cuerpos. Que probablemente son ellos, pero que no podremos confirmarlo hasta que se haga la autopsia.

—Ha sido lo primero que he hecho —confirma el inspector—. No quisiera que se enteraran por los medios. La prensa está encima del caso y no nos deja respirar.

Uno de los agentes de la Científica camina hacia ellos. Por la manera de andar, Estrada reconoce a Ivanka. Lleva una máscara completa, como una escafandra, y el traje de protección blanco que le cubre todo el cuerpo. A través de la pantalla de policarbonato, Estrada ve que le brilla la piel por el sudor. La voz del intercomunicador suena nasal y distorsionada, algo robótica.

—Comisario jefe —saluda Ivanka—, Estrada... —Al pronunciar su nombre le clava los ojos y Estrada desvía los suyos—. Los cuerpos están en avanzado estado de descomposición. Es imposible identificarlos sin un análisis forense. No hay ropa, pero la chica lleva una pulsera y un collar que se corresponden con los de Martina. Aparte de eso, nada que nos dé una pista sobre el arma del crimen. Ambos presentan signos claros de violencia. El hombre sufrió lesiones en el tórax, aún no puedo deciros si de arma blanca o de fuego, y la mujer... apostaría a que es un disparo en la cabeza, pero no lo sé con certeza. Es todo lo que puedo deciros hasta que hagamos la autopsia.

Un Audi negro llega al pantano y bajan varias personas. Estrada reconoce al juez Diego Barreda y a la fiscal Victoria Moreno. Los acompaña la secretaria judicial, a quien ya han visto en alguna otra ocasión.

Los policías y la comitiva judicial intercambian breves saludos. Luego, los dos hombres y la secretaria se dirigen hacia los cuerpos para proceder al levantamiento de los cadáveres.

—¿Te ocupas de la prensa?

La pregunta del comisario jefe es retórica y Estrada lo sabe. Mira hacia el otro lado del pantano, donde numerosos periodistas esperan. Es lo último que querría, pero asiente con la cabeza.

Lluís le estrecha la mano y se dirige al coche patrulla que lo espera. Antes de que pueda dar un paso para ir hacia la otra orilla para enfrentarse a la prensa, alguien lo llama.

—¡David!

Ivanka se acerca y Estrada advierte que, dentro de la escafandra, la mujer aprieta los labios.

—¿Cómo estás? —le pregunta ella.

—Bien, voy tirando...

—Escucha, lo siento. Siento mucho cómo ha ido todo. Si quieres hablar algún día, fuera del trabajo, yo...

No acaba la frase y lo mira con esperanza. Es una mirada que dice: «sigo aquí, dispuesta». Pero él piensa en su mujer y contesta:

—No es buena idea, Ivanka.

La forense sonríe con ojos tristes y vuelve a su trabajo. Estrada la sigue con la mirada.

La secretaria judicial ha empezado a redactar el acta de levantamiento de los cadáveres. Ivanka se suma a la comitiva y le da algunos datos.

En el suelo, los cuerpos de los chicos, hinchados y con la piel ennegrecida, rezuman una humedad viscosa encima del plástico. Estrada lanza una última mirada a esos pies descalzos mientras camina hacia la orilla, donde esperan los periodistas.

Al descubrir que va en su dirección, se agitan como un ejército que, ante el sonido de la corneta, ocupa posiciones.

«¿Qué visteis? ¿Quién os ha hecho esto?», le gustaría preguntar a los jóvenes difuntos.

Como única respuesta, escucha el murmullo del agua y el zumbido de los insectos. Un viento cálido agita las copas de los árboles y transporta las voces de los reporteros. Estrada toma aire.

Repasa mentalmente su declaración mientras se dispone a enfrentarse a esa jauría ávida de detalles.

XXX

Una agente joven, con un moño de bailarina, acompaña a Berta Fernández a través de los pasillos de la Unidad Central de los Mossos d'Esquadra. Cuando abre la puerta del despacho, se encuentra a Nadia y Estrada hablando de pie. Por un momento, tiene la impresión de vivir un *déjà vu*, como si el tiempo hubiese retrocedido y volvieran al mismo punto en que se conocieron. Pero la sensación se esfuma cuando descubre al otro hombre que espera en la sala.

—Gracias, agente —dice Estrada a la mujer que la ha acompañado, y ella murmura un «de nada» y cierra la puerta al salir—. ¡Berta! Gracias por venir. —Se acerca con una leve sonrisa y le estrecha la mano calurosamente—. Ya conoces a Nadia —otro apretón de manos—, y permíteme presentarte al comisario jefe Pol Salas.

Este último se levanta y extiende la mano desde detrás de su escritorio. Berta encaja la suya con firmeza.

—Señora Fernández, siéntese por favor. —El comisario jefe señala una silla entre Estrada y Nadia—. Agradecemos enormemente su colaboración. Como ya sabe, estamos ante un caso complicado, por muchos motivos. También sabemos que es usted una mujer ocupada y no queremos robarle más tiempo del necesario.

—Lo cierto es que... —Berta lanza una mirada de reojo a Estrada— me he cogido unos días de vacaciones. Me costaba concentrarme en el trabajo, todo esto es demasiado... no sé; es demasiado.

El comisario le da la razón con un gesto afirmativo y ella toma asiento.

—La prensa ya ha hecho pública la muerte de Sara Pons. Aún no saben que es CorpseArtist, la familia ha pedido que no se revele ese dato. Tampoco saben que dejaron una nota y que usted nos está ayudando, pero es solo cuestión de tiempo. En cuanto se enteren de que ha desaparecido Joan Torres y que hay otra nota, las cosas se van a poner muy difíciles. Aunque, obviamente, nuestra prioridad es evitar que haya más víctimas, la prensa es algo que debemos tener en cuenta.

—Por supuesto —dice Berta mientras se reclina contra el respaldo.

—Como le digo, es probable que descubran que usted nos está ayudando. Eso podría atraer a los periodistas y causarle algunas molestias. Intentamos siempre mantener el secreto, pero siempre lo acaban sabiendo de un modo u otro. No hace falta que le recuerde que ha firmado un contrato y un acuerdo de confidencialidad.

—No. No hace falta.

El comisario prosigue:

—También le pondremos protección. Estrada le dará después los detalles.

—Se lo agradezco.

—Bien, dicho esto, ya sabe que ha desaparecido otra persona, un hombre llamado Joan Torres. Este es el mensaje que Squark ha colgado en la *dark web* —le alargan una hoja impresa y Berta la lee un par de veces—. Queremos que trabaje en la nota que hallaron en su coche y, además, nos gustaría que ayudase a nuestro experto en *software*. La idea es introducir datos en nuestro programa que puedan ser útiles para la investigación.

—¿Qué tipo de datos?

—No tengo ni idea —reconoce el comisario jefe—. Conceptos de mecánica cuántica que podrían aplicarse a experimentos con humanos.

—La física cuántica no puede aplicarse a seres vivos. Trabaja a nivel de las partículas.

—Sin embargo, Squark lo está haciendo.

—Squark está loco —dice Berta, muy tensa.

—Cierto, pero es inteligente y aplica una cierta lógica a sus crímenes, aunque sea absurda. Entiendo que lo que le pido es como decirle que aplique lógica al País de las Maravillas o, en este caso, de las Pesadillas. Aun así, queremos agotar todas las posibilidades.

—Haré lo que pueda, comisario, pero no sé ni por dónde empezar.

—Podemos empezar por los dos casos que ya conocemos —interviene Estrada—. Introducir datos sobre cómo se vinculan esas dos víctimas con los experimentos.

—Sobre eso puedo darles algunas ideas...

Berta parece aliviada y Estrada le sonríe. Pol Salas retoma la palabra:

—Perfecto. La citaremos con nuestro experto. Creo que ahora lo más importante es centrarnos en descifrar esa fórmula. —Berta mueve la cabeza con gesto triste, como si fuera culpa suya—. Tenemos información que podría darle alguna pista. Joan Torres, el hombre que han secuestrado, es el hermano gemelo de Jordi Untamed. Un *youtuber* famoso —añade el comisario, como si Berta no supiera quién es.

—Primero una pintora famosa y ahora el hermano de un *youtuber*... —Berta pasea la vista de uno a otro—. Parece que hay una conexión clara, ¿no?

—Es muy probable —opina Estrada—, pero muy pocas personas de su entorno conocían sus identidades. Sara Pons era una artista anónima, solo su familia sabía que era CorpseArtist. Y Joan Torres era el hermano gemelo de Jordi Untamed, pero ese dato tampoco era público. Así que estamos buscando a alguien que tuviera acceso a ambos. De momento, no hemos tenido éxito, pero aún estamos analizando sus teléfonos y ordenadores en busca de coincidencias. Los dispositivos de Sara Pons han sido fáciles de desbloquear, pero Joan era... es informático y nos está costando un poco más.

Berta vuelve a leer el mensaje de la *dark web*.

—*Untamed* significa indomable. Por eso lo menciona en este mensaje.

—Sí —dice Nadia—, creemos que Squark pretende que su hermano hable en su programa sobre cómo se siente. Eso podría ser parte del experimento.

—¿Y qué puede decir él? —pregunta Berta—. Que yo sepa, todo eso de la conexión entre gemelos no es más que pseudociencia...

—La UCAC, la Unidad Central de Análisis de Conducta, tiene algunas ideas —continúa Nadia—. Hemos preparado algunas notas para incluir en su pódcast. Se trata de que Squark crea que el experimento funciona y tengamos tiempo de avanzar en la investigación. Usted podría darle a esas notas una pátina, digamos, científica. Necesitamos que Squark quiera mantener a ese hombre con vida el tiempo suficiente para que lo localicemos.

—Haré lo que pueda.

—Berta... —dice Estrada—, Jordi Untamed llegará dentro de un par de horas e iremos a recogerlo al aeropuerto. La idea es traerlo a él a la central para que preste declaración y, de paso, explicarle el plan. Sería interesante que estuvieses presente. Esa nota tiene relación directa con él y podría ser que, juntos, vieseis alguna conexión.

Berta recuerda la fórmula y cómo encontró la respuesta a la primera.

«La solución más obvia», se dice, «pero ¿cuál es?».

XXXI

Jordi Torres, alias Jordi Untamed, camina por la pasarela de desembarque que une su avión con el aeropuerto de El Prat. El vuelo ha sido el peor de su vida, pero por fin ha conseguido sacudirse el frío y se siente un poco mejor.

Lleva un abrigo largo, gorra y gafas oscuras para no ser reconocido. Por algún motivo, no deja de abrir y cerrar la mano. Es un gesto involuntario, tiene la impresión de que se le duermen los dedos. Una sensación parecida a cuando, con quince años, le quitaron el yeso de la mano que se había roto.

Malecón, que tampoco ha descansado demasiado, intenta seguir su paso. Sus tacones resuenan por el pasillo en forma de túnel.

—Un coche policial te espera a la salida —le dice jadeando por el esfuerzo—. Te llevará directo a la comisaría. Te espera el comisario encargado del caso y...

—¿Cómo se llamaba? —interrumpe Jordi sin aminorar el ritmo.

—Estrada. Inspector David Estrada.

—Eso.

—Como te decía, ha llamado y te estará esperando. No ha querido dar más detalles.

—Hay que joderse.

Malecón tuerce el gesto. Sabe que su jefe, cuando está bajo presión, puede explotar en cualquier momento. Jordi no baja el ritmo y ella nota el sudor en las axilas y la cara. Caminan hacia la puerta de salida, sorteando gente y maletas, y a ambos les parece que el aeropuerto se ha expandido en su ausencia.

—Puedo pasar la entrevista que tenías esta tarde para la semana que viene. ¿Quieres que llame ahora?

—Esperemos a ver qué dicen en comisaría.

—Vale. Jordi, ¿de verdad no quieres que te acompañe?

—No. —Eso ha sonado muy seco. Se da cuenta de que ella solo intenta ayudarlo, así que añade—: Perdona, estoy un poco desquiciado.

—Lo entiendo, no pasa nada. Iré a darme una ducha y luego estaré en el despacho.

—Gracias. Te llamaré en cuanto pueda. —Hace una pausa—. ¿Sabes lo que más me mosquea?

—No.

—Que ese inspector Estrada venga a buscarme en persona.

—Imagino que es porque eres alguien famoso.

—¿Tú crees? —Jordi niega con la cabeza—. No sé... Tengo la sensación de que esto es más que una desaparición. Nunca te he hablado mucho de mi hermano. Aunque somos gemelos, Joan y yo somos muy distintos. —Malecón puede notar la congoja en su tono de voz—. Cuando éramos pequeños, él era más gordito. Le gustaban los dulces y los ordenadores. Y a mí me chiflaban los deportes. Así que, aunque somos gemelos monocigóticos, ya sabes, idénticos, era fácil distinguirnos. Pero, a pesar de las diferencias, siempre hemos estado muy unidos. Cuando tenía quince años me rompí el brazo izquierdo en un partido de fútbol. En esa época, mi hermano se pasaba el día con el ordenador y no vino a verme jugar. Cuando llegué a casa y vio el yeso, su rostro se iluminó. Me explicó que aquella tarde había un fuerte calambre en el mismo brazo... —Se detienen a unos metros de la puerta de salidas y se gira para mirarla—. Lo que quiero decir es que, de alguna manera, sé con toda certeza que alguien está haciendo daño a mi hermano.

—Oh, Jordi... Lo siento mucho.

Malecón le abraza y, cuando se separan, ambos tienen los ojos vidriosos.

—Te llamaré —le promete él.

Cuando Jordi Untamed traspasa la puerta y desaparece de su vista, Malecón vuelve sobre sus pasos para ir a recoger las maletas a la cinta transportadora.

Una vez fuera, Jordi se sorprende de la buena temperatura. En Nueva York el frío era rabioso, como si quisiera morderte la piel. El invierno en Barcelona, en comparación, parece más propio de las Canarias.

Enseguida distingue el coche policial y se dirige hacia allí con paso rápido.

Dentro lo esperan Estrada y Nadia.

—Señor Torres —se disculpa Estrada—, le esperábamos dentro del coche. No le habíamos reconocido.

—No se preocupen, era lo que pretendía. —Jordi le estrecha la mano a Estrada.

—Yo soy la detective Nadia Mateo.

Otro encaje de manos sin mirar a los ojos.

Mientras conducen por los atascos de la autopista hasta la Unidad Central en Sabadell, Estrada le explica los detalles de la desaparición.

Jordi Untamed escucha con atención y, a pesar de que el miedo se ha instalado en su estómago y le provoca mareos, no puede evitar pensar que podría hacer un fantástico programa con esos datos. Lleva demasiados años creando contenido y es algo que no puede evitar. Cuando acaban de ponerlo al día, ya están llegando a la central y Estrada le explica su idea.

Jordi Untamed parece descolocado.

—Contará con el asesoramiento de una doctora en física y con el nuestro, por supuesto.

—No hay mucho que pensar. ¿Le parece bien empezar dentro de cuatro horas?

—No tenemos tanto tiempo.

—Entiendo.

Inmediatamente, Jordi manda un mensaje a Malecón:

> Llama a Javier Santaolalla. Dile que necesito que emitamos una entrevista dentro de dos horas, en directo. Que es cuestión de vida o muerte.
>
> Prepáralo todo.

—Listos —dice Jordi Untamed—. En dos horas, emitiré ese programa especial.

XXXII

Sentada en una salita, Berta aprovecha la espera para proporcionar a Álvaro todos los datos posibles. Ha enviado correos con sus dudas a colegas; también a antiguos profesores. Ha recurrido incluso a algunos de los trabajos que le ayudaron a aprobar la carrera, a los cientos de libros que tiene en su ordenador.

Mientras espera que llegue Jordi Untamed con un café en la mano, siente un cóctel de emociones. Miedo, pena, ansiedad. Y también vergüenza.

Como si fuese una charlatana que, de algún modo, contribuye a validar la locura de Squark.

Cuando el *youtuber* entra en la sala, Berta ve que es muy alto, mucho más de lo que parece en pantalla. Tiene los ojos claros y el pelo corto, aunque ella no lo recordaba así. Al quitarse el abrigo, debajo de la camiseta ceñida se marcan los músculos del pecho y los brazos.

Tras las presentaciones, Berta le pasa el texto que han validado para distraer a Squark y Jordi Untamed lo lee con detenimiento. Cuando acaba, pasea la vista para los presentes.

—Me parece bien. —Su voz, que en el programa suena grave y profunda, parece cansada—. ¿Cuánto tiempo queda para que expire el plazo?

—Tres horas —contesta Estrada mirando su reloj—. Pero si la estrategia funciona, ganaremos un par de horas más con la emisión del programa.

—Dios...

Jordi Untamed se inclina hacia delante y se cubre la cara con las manos, después las pasa por el pelo y se sujeta la nuca con ellas.

—Señor Torres. —Nadia habla despacio y él alza la mirada sin cambiar de posición—. Quisiéramos que le echase un vistazo a la nota que encontramos en el coche de su hermano. Quizá haya algo que le resulte familiar.

El hombre se incorpora e intenta recomponer una expresión menos abatida, pero no le sale demasiado bien. Berta le alarga la nota, impresa en grandes letras.

—He oído algunos de tus programas y sé que te interesa la física cuántica —lo dice por romper el hielo, pero Jordi Untamed la mira tan intensamente que se siente incómoda.

Al cabo de unos segundos, dice:

—¿Creen que ese psicópata ha secuestrado a mi hermano porque escuchó alguno de mis programas sobre física cuántica?

Berta niega con la cabeza.

—Lo siento, yo no creo que... No quería decir que tuviese rela...

—Señor Torres —interviene Nadia—. Aún no sabemos cuál es el patrón con el que Squark escoge a sus víctimas. Creo que lo que la doctora Fernández quiere decir es que, como le interesa la física cuántica, tal vez haya algo en esa nota que pueda ayudarnos.

Berta le lanza una mirada de agradecimiento y explica:

—La fórmula que utiliza Squark, tal y como está escrita, no tiene ningún sentido, pero quizás alguno de esos números le resulte familiar.

Jordi lee el texto con atención y, durante un rato, mira la fórmula fijamente. De repente, recupera la misma expresión abatida, como si le agotase fingir por más tiempo. Levanta los ojos y niega con la cabeza.

—Si me enseñaras algo escrito en alfabeto chino, me resultaría más familiar.

—Te entiendo. —Berta habla con el tono que utilizaba su padre cuando intentaba que algún cliente desesperado dejara de beber—. Pero no te fijes en el conjunto, Jordi. Mira cada dato por separado. Quizás sea algo que tú y tu hermano tenéis en común: el número de una casa en la que hayáis vivido, una cifra que fuera especial para vosotros por algún motivo, una fecha...

Jordi Untamed vuelve a estudiar la fórmula con atención:

$$|\Phi+\rangle=1/\sqrt{2}\ (|00\rangle+|11\rangle)$$

$$|\Phi+\rangle=\#(|12\rangle+|284\rangle)$$

—Olvídate de esta parte. —Berta cubre con el dedo la primera línea—. Es la fórmula original. Fíjate solo en la segunda línea. ¿El doce o el doscientos ochenta y cuatro te dicen algo?

Jordi no es capaz de ver ninguna conexión. ¿Cuál era el número de su primer piso de soltero? No lo recuerda exactamente, pero sabe que era ciento y algo. ¿Y los números de las direcciones de los pisos en los que ha vivido su hermano? Tampoco los recuerda, pero está convencido de que no es ninguno de esos dos.

—Lo siento, no se me ocurre nada.

Berta le sonríe con una mezcla de miedo y comprensión.

—Tranquilo, es muy difícil ver una pista en ese galimatías —dice—. Seguiremos trabajando en ello.

Estrada le da a Jordi Untamed un ligero toque en el brazo para llamar su atención y él lo mira. Parece algo aturdido.

—Señor Torres, lo mejor que puede hacer por su hermano es emitir ese programa. Repase las notas que hemos preparado mientras un coche patrulla le lleva a su estudio. Necesitamos ganar tiempo, el plazo expira dentro de tres horas. ¿Cuándo cree que podrá empezar?

Jordi Untamed consulta sus mensajes. Malecón le confirma que Javier Santaolalla, su científico invitado, llegará dentro de una hora. El *youtuber* calcula que, en un coche patrulla, puede estar en su estudio en media hora.

—En cuanto lleguemos, empezaremos a emitir. Máximo una hora.

XXXIII

La iglesia construida en el siglo XI estaba dedicada a San Miguel y parte de ella se excavó en la roca. Hubo incluso un cura residente hasta el comienzo de la Guerra Civil que, como todos los habitantes del pueblo, utilizaba candiles y velas para leer. Era un pueblo de vida tranquila, como tantos, al que el progreso nunca llegó y quedó abandonado en los cincuenta. La gente ha olvidado todo eso e incluso ha olvidado su nombre: Marmellar.

Ahora lo llaman el pueblo maldito y hablan de apariciones, ritos satánicos y asesinatos entre las ruinas del templo.

A través del techo roto se filtran los rayos de sol y se oye el canto de algunos pájaros. El frío es intenso, así que Squark mueve los pies. Tiene el ordenador conectado al canal de YouTube de Jordi Untamed, pero no hay ningún directo y eso empieza a molestarle. Faltan dos horas para que expire el plazo y le fastidiaría finalizar el experimento sin haber recabado ningún dato.

A Squark no le gusta hacerle daño a Joan Torres. No puede negar que le produce cierto placer, pero lo hace solo porque es parte del experimento. «¿Acaso los hombres que envían un chimpancé a la luna disfrutan enviándolo a una muerte segura?», se pregunta. Por supuesto que no. Solo hacen lo que tienen que hacer.

Eso también se lo enseñó su padre: «Si quieres ser un científico, si quieres ser el mejor, haz lo que tengas que hacer. Y hazlo sin perder el control».

No recuerda que su padre perdiera nunca el control.

Por más que lo piense, eso nunca pasó.

Solo le hacía daño para enseñarle algún concepto que se le resistía. ¿Qué material es el mejor conductor térmico? Es fácil que lo recuerdes cuando lo sientes en tu propia piel. En las piernas tiene decenas de cicatrices que atestiguan cómo le costó entender la ley de Ohm, la relación entre el voltaje, la corriente y la resistencia.

Para su padre, el dolor solo era un medio para fijar conceptos que de otra forma ya habría olvidado. Un medio para que no acabara siendo un puto retrasado.

Ese dolor, lejos de traumatizarle, lo ha convertido en alguien meticuloso y paciente. Aunque, siendo honesto, él no es un hombre tan extraordinario como su padre. Conforme avanzan los minutos, aumenta su enfado.

Más que eso, está furioso.

Está seguro de que Jordi Untamed siente algo, pero se niega a compartirlo. Sabe que los médicos opinan que los gemelos no tienen mayor conexión que cualquier otro tipo de hermanos. Pero los médicos no son físicos.

Ese pensamiento le lleva, como en una regla de tres, a su propio fracaso.

Un fracaso que tiene la voz de su padre.

«Tú tampoco eres físico», puede oír en su cabeza. «Ni siquiera aprobaste el primer año de carrera. Después de todos mis esfuerzos, solo eres un triste informático».

Squark deja escapar un suspiro mientras siente cómo la rabia convierte su estómago en una bola densa y compacta.

«Así debía de ser el universo antes de explotar con el Big Bang», piensa.

Coge las tijeras de podar con un movimiento brusco y se dirige con paso enérgico hacia Joan Torres. Se le marca la línea de la mandíbula y tiene los nudillos lívidos de apretar con tanta fuerza.

Joan Torres está dormido. Tiene la tez muy pálida por la pérdida de sangre, dos sombras oscuras debajo de los ojos y los labios secos y azulados por el frío. Le ha envuelto la mano herida y, aunque la venda está empapada de sangre, la hemorragia se ha detenido.

Nota un martilleo en las sienes, como si la rabia condensada le diese toquecitos para hacerle pensar.

—Un dedo no es suficiente... —murmura como si pudiera oírle—. Parece que con eso tu hermano no siente nada. O no piensa decir nada.

Vuelve para atrás y cambia las tenazas por una sierra pequeña.

Cuando le agarra la pierna, Joan se despierta atontado por el dolor y la fiebre. Tiene la sensación de que son *esos dedos* los que le duelen, aunque sabe que ya no están ahí.

—¿Qué haces? —pregunta, aterrorizado. Cuando ve la sierra abre mucho los ojos—. ¡¡¡¿Qué haces?!!! —Su grito resuena entre las ruinas.

Con un movimiento felino, Squark le clava el brazo en la garganta y le susurra al oído:

—Calla. CÁ-LLA-TE, o te corto la puta cabeza.

Aunque el pueblo está abandonado, podría oírle algún cazador o un excursionista.

Joan no puede respirar. Se ahoga y nota un dolor agudo en la nuez. Quiere decirle que no chillará más, pero el aire no le pasa. «Así es como voy a morir» piensa a punto de perder el conocimiento. Y, entonces, Squark retira el brazo y él consigue tomar aire y empieza a toser.

Cuando se recupera, suplica con voz ronca:

—No me hagas más daño, por favor.

Squark está cada vez más furioso, pero intenta controlarse.

—Si te callas, sobrevivirás a esto. No tenía que salir así, pero este experimento necesita algunos datos y los voy a obtener.

Coloca la sierra justo por encima del tobillo.

Joan tiembla compulsivamente mientras los mocos y las lágrimas le empapan la boca y la barba.

Justo entonces, la iglesia abandonada se llena de una voz conocida, como si alguien oficiase una misa. Joan siente que su corazón se detiene unos segundos al reconocer la voz de su hermano.

Squark se queda inmóvil y agudiza el oído.

Escuchar esa voz es más de lo que puede soportar y Joan empieza a llorar. Squark lo mira con severidad y coloca el dedo índice delante de los labios: «shhhht».

Joan hace un esfuerzo por ahogar los gemidos.

—Tengo que anunciaros que hoy hay un pequeño cambio. Tenemos con nosotros, una vez más, a Javier Santaolalla.

Nuestro físico favorito nos hablará sobre mecánica cuántica. Pero, antes, necesito compartir algunas sensaciones con vosotros. —Squark se dirige al ordenador sin soltar la sierra. La luz de la pantalla se refleja en sus ojos azules y les da un tono verdoso—. Hoy, durante mi vuelo, no he podido dormir. Aunque me encontraba perfectamente, noté una serie de emociones de forma muy intensa: angustia, miedo, dolor. Como si pudiese sentir la resonancia de otro sufrimiento en cada una de mis células. Para que me entendáis, era como si estuviesen entrelazadas con las de otra persona. Os parecerá absurdo, pero hoy, en mi cerebro, suceden algunas cosas inexplicables que os iré anunciando a lo largo de este programa especial. Así que estad bien atentos. Porque, según Javier Santaolalla, doctor en física cuántica y amigo de este programa, esas sensaciones podrían ser una especie de conexión cuántica. Es más, dentro de una hora, revelaré algo sorprendente en ese sentido...

Squark, con la sierra aún en la mano, vuelve al lado de Joan, que está rígido en la camilla. La voz de su gemelo le produce una sensación de tristeza tan aguda que se muerde las mejillas para no chillar.

—¿Lo ves? —dice mientras lo zarandea—. Tu hermano ha sentido lo mismo que tú. Vuestras células estuvieron entrelazadas antes de nacer, formaron parte de un todo. ¡Y siguen entrelazadas!

Joan asiente, aliviado, sin dejar de morderse las mejillas.

Hasta que se produce un cambio sustancial en la expresión de Squark. Se queda pensativo y la sonrisa se deshace en su cara. Cierra los ojos y los aprieta, como si quisiera retener algo dentro de su cabeza.

Joan tiembla, consciente de que esos frágiles párpados contienen la fuerza de un mar embravecido.

Transcurre un rato interminable.

Cuando abre los ojos de nuevo, lo único que hay en ellos es una calma extraña, como si por fin hubiese comprendido algo fundamental. Es una calma tan siniestra que Joan empieza a llorar otra vez.

—El único problema es que tu hermano pretende engañarme, y eso me cabrea mucho. Quiere que esté atento a su programa, que dura... ¿Cuánto? ¿Tres horas? —Joan no responde—. ¿Sabes qué me enfurece aún más que un experimento fallido?

Muerto de miedo, Joan Torres mueve la cabeza de un lado a otro sin parar de llorar.

—Que me tomen por un puto retrasado.

XXXIV

Media hora más tarde, en la central de los Mossos d'Esquadra de Sabadell, Berta aún no ha encontrado ninguna pista que les ayude a interpretar la fórmula de la nota. La sala donde trabajan es pequeña y dos de las paredes tienen la parte superior de cristal. Según le han dicho, se utiliza para atender a familiares, pero ahora las persianas están subidas.

Con el portátil abierto y una taza de café en las manos, observa a Álvaro Goya, que está sentado delante de ella. El muchacho escucha algo con los auriculares puestos y tiene una expresión concentrada.

Berta se levanta, coloca sus manos en los riñones y se arquea hacia atrás tanto como le permiten las vértebras. Estrada, que desde su escritorio tiene una vista parcial de la sala, la observa de reojo. Nadia, sentada frente a su compañero, está absorta leyendo los correos de Sara Pons, pero no se le escapa ese detalle y se le agria la expresión.

Tras el estiramiento, Berta se deja caer de nuevo en la silla. Álvaro Goya se quita los auriculares para hablarle:

—No he encontrado nada en la vida de los dos hermanos que encaje con esos números. Ni fechas, ni direcciones. Jordi Untamed sigue emitiendo, así que aún tenemos tiempo. Nos quedan algo menos de dos horas, pero creo que necesitamos contrastar más datos.

Berta lo mira abatida y musita:

—A ver. Olvidemos todo eso... Puede que debamos buscar la pista de otro modo. Squark nos habla de entrelazamiento, así que cada número podría referirse al «estado» de un hermano.

—El problema es que no sabemos qué quieren decir —Álvaro mira la pantalla, pensativo—. Necesitaríamos más tiempo, o un *software* específico que buscara correlaciones con esos números.

—¿Puedes hacer eso? —pregunta ella, esperanzada.

—Puedo intentarlo. No sé si funcionará, pero no se me ocurre qué otra cosa puedo hacer.

Berta reflexiona un momento. Algo le chirría.

¿Cuál es la solución más obvia?

—Creo que lo estamos enfocando mal. Squark quiere parecer un gran científico, pero utiliza fórmulas complicadas como analogías sencillas. Quiere que seamos capaces de resolver lo que propone, aunque no tan rápido como para que se acabe el juego o parecer tonto.

—Entonces tiene que ser algo que podemos relacionar de alguna manera... —responde Álvaro.

Berta vuelve a levantarse, pero se da cuenta de que allí no hay espacio para andar y se sienta de nuevo. Su cabeza gira frenética.

«Piensa. Se trata de una adivinanza, no es ciencia».

Una idea se abre paso en su mente, como si se colara por una rendija.

—Escucha, ¿para qué se utiliza el símbolo de *hashtag*?

—¿Te refieres en redes sociales?

—En general.

—En redes se utiliza para facilitar la búsqueda sobre temas concretos. En programación a veces se usa para marcar comentarios, en foros para encabezados o... —Álvaro la mira fijamente— también para indicar el número de un programa o vídeo.

Álvaro teclea en su ordenador y levanta la vista, muy excitado.

—Jordi Untamed numera sus vídeos con un *hashtag* al inicio.

—Busca el programa número doscientos ochenta y cuatro —le urge Berta.

—¡Voy! —El joven mira la pantalla y abre un vídeo—. La transcripción habla del Mago Pop, que teletransportó a cuatro personas en medio de Nueva York.

—Jordi Untamed estaba en Nueva York. Busquemos el doce. Es la cifra que sale antes en la fórmula.

Berta teclea en el portátil y busca en YouTube los programas antiguos. Cuando lo encuentra, gira la pantalla para mostrársela a Álvaro. La voz de Jordi Untamed, parecida a la de un locutor de radio de los años cincuenta, llena el despacho:

«Hoy voy a hablaros de Marmellar, en el municipio de Montmell, un pueblo abandonado de Tarragona. Es un lugar de difícil acceso, donde quedan una docena de casas en ruinas entre matorrales de un verde salvaje. Quería mostraros este lugar. —En la pantalla aparece una iglesia con la pared rota y un campanario bien conservado—. El sitio parece bonito y solitario, pero no os dejéis engañar. Hace diez años, encontraron aquí el cuerpo quemado de una mujer joven, de entre veinte y treinta años, entre restos de hogueras y cruces invertidas pintadas en las paredes. Parecía obra de una secta satánica. Siniestro, ¿no? ¡Pero eso no es todo! Tres años más tarde, descubrieron el cuerpo de una chica de diecinueve años. Era la empleada de una gasolinera a la que secuestraron durante un atraco. Ambos asesinatos han quedado sin resolver y nadie se acerca de noche a este lugar. Yo desde luego, tampoco lo haría...».

Antes de que se dé cuenta, Álvaro ha salido del despacho y habla con Estrada y Nadia.

La comisaría empieza a hervir, como si alguien hubiese activado una alarma nuclear. La voz del inspector resuena a través de los cristales cuando le grita a una compañera:

—Averigua cuál es la comisaría más cercana a Marmellar y que envíen una patrulla. Adviérteles que Squark podría estar allí y es muy peligroso. Avisa también a los GEI, por si tuviesen que interve...

Las voces se alejan y Berta se deja caer en la silla con un gemido.

De fondo, la voz de Jordi Untamed resuena feliz, muy diferente a la del hombre que ha conocido en persona. Cuando apaga el ordenador, se da cuenta de que le tiemblan las manos.

Y siente calor, ese calor tan característico de cuando presiente una desgracia.

Agotada, recoge sus cosas para irse a casa.

Ya no puede hacer más.

XXXV

Ninguno de los dos agentes que van dentro del jeep patrulla ha estado antes en esa iglesia abandonada, pero en la comisaría de El Vendrell todos han oído hablar de los aquelarres y los asesinatos que se celebran allí. Laura recibió su destino hace poco y por eso aún no conoce la historia. Tiene treinta años y sus ojos saltones y bondadosos expresan asombro. Aprovecha el trayecto para interrogar a su compañero.

—Pero... ¿eso de los ritos satánicos es verdad o se lo inventa la gente?

—A ver, todas las leyendas tienen algo de verdad —explica Pep, un agente joven de la zona que disfruta poniéndola nerviosa; así de paso combate sus propios miedos—. Lo que es del todo cierto, si quieres hojea los expedientes, es que se encontraron ahí arriba los cadáveres de dos mujeres y restos de misas satánicas. Ambos casos quedaron sin resolver.

Laura piensa en su embarazo, del que aún no ha comunicado nada por miedo a que no prospere, y se estremece. Debería haberlo dicho. Es más, piensa comunicarlo en cuanto vuelva.

—Madre mía, cuánto tarado hay por el mundo... Y ahora ese Squark. Todas las televisiones andan como locas. Si el tío este ha pasado por aquí, ya te digo que esto va a dejar de ser un pueblo abandonado.

—Aún no sabemos nada. Igual llegamos allí y no está ni el Tato.

—Puede... Pero ya te digo que no me voy a acercar más de lo necesario.

Cuando aparcan, la luz ha empezado a declinar y no se ve ningún vehículo.

El pueblo es una versión fantasmagórica de lo que un día fue. Quedan una decena de casas en ruinas y alguna masía, pero la mayor parte se las ha tragado la maleza. El bosque ha recuperado terreno y todo está cubierto por matorrales verdes y arbustos, algunos teñidos de marrón y ocre por la sequía.

El objetivo de los policías, una iglesia del siglo XVI con un campanario cubierto de hiedra, destaca sobre una pequeña colina.

Caminando despacio, dejan atrás varias casas sin techo, derruidas por la lluvia y años de abandono.

Cuando atraviesa los restos del cementerio, Laura observa que en los nichos vacíos hay restos de velas encendidas. Experimenta un escalofrío, como si el chaleco antibalas le hubiese soltado una pequeña descarga.

Pep no quiere volver a pensar en lo que ha pasado en esa iglesia. Es consciente de los latidos de su corazón, del viento que silba entre las hojas, de la tensión en las piernas y de la fuerza con que agarra el arma. Se detienen tras los restos de una pared de piedra y sacan los prismáticos.

Desde su posición, Laura puede ver el interior de la iglesia a través de la fachada medio derruida. Hay una pared ennegrecida por el fuego donde alguien ha pintado de rojo tres seises invertidos. El corazón le da un vuelco. Un poco más adelante, entre los restos de lo que fue el altar, hay lo que parece un cuerpo tendido. Está cubierto con una manta térmica.

Le pasa los prismáticos a Pep mientras activa su comunicador:

—Central. Soy Laura, estamos en Marmellar, cerca de la iglesia. Vemos lo que parece un cuerpo. Desde mi posición no detecto a ningún sospechoso.

Pep puede oír su propia respiración y los crujidos de los matojos secos cuando Laura se mueve. La iglesia en ruinas es más pequeña de lo que recordaba. Alguna noche de borrachera había ido con los amigos por el placer insano de pasar miedo.

Pasa junto al cuerpo y se da cuenta de que el altar de piedra está cubierto de sangre.

—Laura, hay un gran charco de sangre. Creo que se trata de un cadáver.

Ella transmite la información y ambos escuchan la respuesta:

—No toquen nada y no se muevan. Llamaremos a Sabadell para pedir la intervención del GEI. No pierdan de vista la iglesia y avisen si ven algún movimiento.

Veinte minutos más tarde, Paco Fuentes, jefe operativo del GEI, da instrucciones a gritos para hacerse oír por encima del ruido del helicóptero:

—¡Atentos! —despliega un mapa de Marmellar—. Vamos a rodear esa iglesia. Tiene el techo y algunas paredes derruidas, así que tendremos buena visibilidad. —Señala con el dedo un punto de la hoja impresa—. Nos desplegaremos como un abanico para cubrir todas las ventanas y salidas. De momento, han localizado ahí lo que podría ser un cuerpo. Nos interesa por encima de todo atrapar a ese cabrón, pero antes hay una víctima a la que podríamos rescatar.

El helicóptero se detiene en un claro y Pep y Laura, desde su posición, se ponen la mano como visera. El piloto se gira y dice a Paco Fuentes:

—Esto es lo más cerca que puedo llegar.

Los agentes bajan del helicóptero en dos filas paralelas y corren en silencio con el cuerpo un poco encorvado.

Llegan al lugar donde Laura y Pep, visiblemente aliviados, les estaban esperando.

—¿Ha habido algún cambio, agentes? —les pregunta Paco Fuentes.

—No... —contesta Laura—. Desde que hemos divisado ese posible cuerpo, no se ha movido nada ahí dentro.

El hombre asiente y hace a sus hombres la señal de avanzar. El equipo se despliega sin hacer ruido, creando un perímetro alrededor de la iglesia. Uno a uno levantan el pulgar para indicar que están listos y esperan instrucciones.

El jefe de operaciones, sin dejar de mirar a través de los prismáticos, habla a través del comunicador:

—Mantened posiciones.

Dicho esto, se coloca el megáfono delante de su boca y la voz retumba entre las ruinas abandonadas:

—Atención a la persona o personas que estén dentro de la iglesia. Les habla el jefe de Operaciones del Grupo Especial de Intervención de los Mossos d'Esquadra. Estamos aquí para facilitar que todos salgan de esta situación de la manera más segura posible. Sabemos que hay una persona en peligro y solo queremos resolver esto de manera pacífica.

Esperan un minuto interminable en el que solo se oye el viento y el graznido de algún pájaro. La luz del atardecer tamiza la dureza de los pinos y los matojos secos. Los agentes mantienen el subfusil listo, atentos a cualquier movimiento.

Paco Fuentes levanta el brazo y hace la señal de avanzar. Los ocho agentes, totalmente vestidos de negro, se mueven al unísono.

Detrás de ellos, el pueblo vuelve a quedar vacío, a excepción de Pep y Laura, que observan junto al piloto cómo sus compañeros sortean las casas en ruinas y acceden a la iglesia.

Unos rayos de sol anaranjados se filtran por el techo roto. En las paredes, con letras negras, pueden leerse mensajes como «De los muertos aprendemos» o «Agonía». También hay pintadas unas cuantas cruces negras.

Los agentes perciben en el aire el olor metálico de la sangre y algo más. Un olor acre a orín y excrementos. Paco Fuentes piensa que este lugar le pone los pelos de punta. Quiere acabar de una vez.

—Asegurado —oye a través del intercomunicador.

Y uno tras otro, el resto de agentes repiten la misma frase.

—Apuntad al cuerpo que hay en el altar, no quiero sorpresas.

El jefe del operativo se acerca y levanta la manta cuidadosamente con dos dedos enguantados.

—¡Joder!

No puede evitar que el horror se refleje en su cara al tapar de nuevo el cadáver de Joan Torres. Lanza una mirada fugaz al charco de sangre, así como a los restos de heces y orina. Resopla para contener una arcada. A pesar de que están en diciembre, le bajan gotas de sudor frío por la espalda y la frente.

Pasa entre dos de sus hombres y les ordena:

—Aseguraos de que nadie se acerque al cadáver.

Los *mossos* asienten.

—Central —el jefe habla por el teléfono mientras sale de la iglesia con pasos apresurados—, hemos encontrado el cadáver de un varón caucásico. Parece ser el desaparecido. Coordinen a la Científica y al juez de instrucción.

Paco sabe que, por muchos años que pasen, nunca olvidará esta imagen.

XXXVI

Seis horas más tarde, Nadia vuelve a casa caminando despacio. Necesita borrar de su mente la imagen del cadáver de Joan Torres.

Ha trabajado siete horas más, después de finalizar su turno, y su madre ya estará durmiendo, así que no tiene prisa por llegar. Vive en el mismo piso en el que nació, en el barrio de La Verneda, tocando a la Mina. Construido en los años sesenta, el edificio ha sufrido un solo cambio: el portal. Ahora está reformado, con buzones nuevos y una rampa para minusválidos. Lo demás sigue siendo exactamente igual: el mismo olor a comida que sube por el patio de luces, los mismos balcones llenos de trastos y ropa tendida, las mismas paredes demasiado delgadas por las que se escuchan los gritos de los vecinos.

Cuando entra en el piso, la golpea el olor a tabaco que impregna cada rincón de la casa. Apestan las cortinas, los muebles, las paredes. A los sesenta, su madre sigue limpiando casas por horas y fumando dos paquetes diarios de Fortuna.

Ese es uno de los motivos por los que Nadia nunca tiene prisa por llegar a casa.

El otro motivo está sentado en el sofá con la tele puesta y tres latas vacías de cerveza en la mesita. La barriga se le marca debajo de un chándal Adidas que ha conocido mejores tiempos. Al verla entrar, su hermano Rafa baja el volumen de la televisión y saluda:

—Buenas noches, hermanita —arrastra un poco las palabras, pero menos que otros días—. He visto las noticias. Parece que tenéis un buen lío...

—Eso parece —contesta Nadia mientras va a la cocina.

Su madre le ha dejado encima del mármol un plato tapado con papel de aluminio. Cuando lo abre, ve que otra vez hay pasta con tomate de bote, la comida preferida de su hermano. Abatida, lo mete en el microondas y programa un minuto.

Rafa, que nunca suele hacerle caso ni se despega del mando a distancia, si no es para coger una cerveza, apaga la televisión. Agarra otra lata del frigorífico y se sienta con ella en la cocina.

—¿Estás en ese caso? El del tío que ha matado a la mujer y al marica.

—Vaya, veo que te ha poseído el espíritu de Torrente...

—Perdona, homosexual. Ya me entiendes, estamos en familia. ¿Lo llevas tú? Me refiero al caso ese.

El microondas hace un «pling» y Nadia saca el plato de pasta.

Se sienta a la mesa.

—Estoy en el equipo de investigación.

—Los programas de la tarde llevan todo el día hablando de eso...

—Vaya, ¿hoy te has perdido la tertulia literaria?

Su hermano la ignora y añade:

—Esa gente de la tele pagaría una buena pasta por información de primera mano. Están deseando entrevistar a quien sea... No sé, lo digo por ti.

—El problema es que tengo algunas manías, como que no me apetece que me echen del trabajo que me ha costado años conseguir. Hay un pacto de confidencialidad.

—Tampoco es que te paguen tanto.

—Ahí tienes razón, pero el caso es que el trabajo me gusta.

Su hermano da un largo trago mientras la mira por encima de la lata. Media cerveza se escurre por su esófago y va a juntarse con las otras cinco. Desde que se divorció y volvió a vivir con su madre y su hermana, Nadia se ha planteado independizarse. Sin embargo, sabe que es incapaz de dejar sola a su madre. Y menos con él.

Su hermano le suelta:

—¿Y ya sabéis quién es?

—Sí, pero no lo hemos detenido porque queremos pillarlo con las manos en la masa.

—¿En serio?

Nadia suspira mientras piensa que su hermano es más corto que el vuelo de un pingüino.

—No, no sabemos quién es.

—Esta tarde han dicho que podría ser un asesino en serie —apunta él.

—Es probable.

—¡Qué pasada! Estarás contenta, ¿no?

Nadia deja el tenedor en el plato y lo mira fijamente.

—Quiero decir... —continúa Rafa— que estuviste todos esos años pringada estudiando para esto.

Nadia sigue mirándolo sin decir nada.

—A ver, no te enfades, pero estudiaste todo eso de los locos y los asesinos. Pues que haya surgido ese tío es como acertar la primitiva.

—Sí, el gordo de Navidad.

Nadia se levanta y tira casi toda la pasta a la basura. Se le ha pasado el hambre. Enjuaga el plato en el fregadero y lo coloca en el lavavajillas que regaló a su madre con su primer sueldo.

—Niña, no te enfades.

—No me enfado, pero estoy cansada y quiero irme a la cama. Buenas noches.

Su hermano está molesto y ni contesta. Mientras se aleja por el pasillo, Nadia oye cómo él murmura «puta niñata». Luego le llega otra vez el sonido de la televisión.

Nadia se desviste en la habitación pensando en Estrada. Es obvio que se siente atraído por Berta y eso la entristece. Lamenta no haber sido más lanzada, no saber hacer nada más que bromas estúpidas que nadie toma en serio. Debería haber sido sincera. Debería haberle dicho que está enamorada de él desde hace mucho tiempo.

Se mete en la cama y repasa la conversación con su hermano. No suele hacerle caso, pero hoy ha saltado. Y ahora se siente culpable. Y no solo por el cuerpo deshidratado de Sara Pons. Ni tampoco porque ese cabrón de Squark haya decapitado a Joan Torres. Eso le duele y le revuelve el estómago, pero sabe que no es culpa suya.

«Qué pasada», le ha dicho su hermano.

Se da cuenta de que eso es lo que le ha dolido.

En realidad, la ha dejado hecha polvo porque una parte de ella también tiene esa sensación. Siente un subidón de adrenalina ante la posibilidad de atrapar a Squark.

Le duele comprobar que, en el fondo, no es tan distinta a su hermano.

En 1965, Feynman popularizó que los electrones podían comportarse como ondas y como partículas, dependiendo de la forma en ser observados. Para ello utilizó el experimento de la doble ranura, en el cual los electrones lograban pasar por dos rendijas al mismo tiempo, demostrando cómo el comportamiento cuántico desafía las leyes de la física clásica. Según el propio Feynman, el experimento contenía «el único misterio» de la mecánica cuántica.

XXXVII

Sergio Miranda mira por la ventana del tren. El cielo gris le recuerda el color de las baldosas con flor típicas del Eixample, donde tiene su piso. Siente unas ganas intensas de llegar a casa. Echa de menos a Bruna, su mujer.

A su lado hay sentada una ejecutiva, rubia y muy maquillada, que por todo equipaje lleva un bonito y caro maletín de trabajo. La mujer, de vez en cuando, le lanza alguna mirada furtiva antes de enfrascarse de nuevo en su portátil.

Con gesto distraído, Sergio se pasa la mano por el pelo gris y después por la barba, un poco larga y del mismo color. Una lluvia fina de caspa le ensucia el traje negro y se la sacude pasando las palmas con cuidado. Sospecha que la dermatitis atópica es el precio que ha de pagar por su estilo de vida, a caballo entre dos ciudades. Repasa la tela con sus ojos azules y un poco tristes para comprobar que no queda rastro de piel muerta y vuelve a perderse en el paisaje.

El hombre que mira por la ventanilla es alto y delgado y el traje de Hugo Boss, negro y entallado, le sienta bien. Lleva una camisa de la misma marca, que hoy es de color azul. Aunque la mayoría de la gente no lo sabe, sus calzoncillos también son todos iguales: Calvin Klein negros tipo bóxer. También son iguales todos sus calcetines. Los fines de semana, invariablemente viste Levi's 501 y camisetas blancas o negras de la misma marca. Sus sudaderas y la ropa de deporte son los mismos modelos de Nike desde hace años.

Con eso va sobre seguro y, además, le resulta muy agradable no tener que pensar qué ha de ponerse.

En su caso, se puede decir sin miedo a faltar a la verdad que tiene medio corazón en cada ciudad. Es un hombre discreto, de pocos amigos, y se lleva bien con los compañeros de las dos delegaciones de la agencia en la que trabaja, CAA (Creative Artists Agency), una gran compañía que representa a gente del cine, arte, moda e *influencers*. Él se encarga de la ingeniería financiera, una manera de decir que asesora sobre la mejor forma de que los famosos eludan impuestos. Es un puesto discreto y muy bien pagado. A pesar de eso, o quizás precisamente por su trabajo, Sergio odia las redes sociales y no hay una sola fotografía suya en internet. Para ello paga a un informático que se encarga, entre otras cosas, de borrar su huella digital cada cierto tiempo.

Por suerte, casi nunca hay nada que borrar.

Se considera, ante todo, un hombre fiel. Conoció a Bruna en el hospital, ocho años atrás. Llevaba un año casado con Candela, después de un noviazgo de siete años, y amaba a su mujer, pero ver a Bruna fue... electrizante.

En aquel entonces, Bruna era la enfermera encargada de la revisión médica de su empresa. A Sergio le pareció que todo en ella era sensual y armonioso. La forma en que le tocaba el brazo antes de pincharlo, la manera en que sonreía mientras le tomaba la tensión, la naturalidad con que la bata se abría y mostraba el nacimiento de un seno.

Al principio se decía a sí mismo que ya se le pasaría. Que solo era un calentón. Pero de eso hace ya ocho años y sigue amándola como el primer día.

Cuando el AVE llega a la Estación de Sants, se sacude algunas motas blancas del pantalón. Se levanta y se coloca bien la americana y el abrigo de paño negro antes de recoger su maleta. La mujer le lanza una última mirada insinuante. Es muy atractiva, pero él tiene muy claro que nunca haría nada que echara a perder su matrimonio. Lo único que le apetece es llegar a casa y abrir una botella de vino con Bruna.

Hoy ella tiene guardia en el hospital. Ya se habrá ido a trabajar, así que, de pie en el pasillo del tren, le manda un mensaje cariñoso para decirle que ha llegado. El fin de semana ha sido agotador y necesita unos días más íntimos y, reconozcámoslo, un poco de sexo.

Sonríe a la mujer y sale del tren arrastrando la Samsonite. La maleta repiquetea contra el suelo del andén hasta que se mezcla con la marea de gente que sube por las escaleras mecánicas.

Quince minutos más tarde, paga el taxi que lo ha llevado a casa y entra en su piso del Eixample. Es antiguo, con techos altos, grandes ventanales y tres habitaciones (antes eran cuatro). Lo alquiló justo después de conocer a Bruna, una de las mejores decisiones de su vida. Cuando abre la puerta, grita:

—¿Hola?

Tal y como esperaba, no obtiene respuesta.

Recorre el pasillo alargado y deja la maleta encima de la cama. La sensación de estar en casa lo pone de buen humor. Empieza a silbar una canción que ha oído en el taxi mientras saca la ropa, perfectamente limpia. Mira bien en los bolsillos antes de hacer una bola con ella y llevarla al cesto de ropa sucia. Luego repasa la maleta antes de guardarla en la parte superior del armario.

Acto seguido, coge las llaves y el portátil y sale de casa.

El coche que comparte con su mujer, un Volkswagen Polo, se pasa la mayor parte del tiempo en el garaje. Ambos suelen desplazarse en metro y solo lo utilizan cuando salen de Barcelona.

Al incorporarse al tráfico, las nubes grises se han disipado sin soltar ni una gota y luce un día radiante. Resulta agradable, pero sabe que la ciudad necesita la lluvia. En Madrid ha llovido dos de los cuatro días que ha pasado allí.

Avanza lentamente hasta que se incorpora a los túneles de Vallvidrera y puede ganar velocidad.

Hoy ha quedado con su informático personal. Un tipo del que nadie, absolutamente nadie, conoce su existencia. Si su empresa descubriese que un programador externo accede a su ordenador, se metería en serios problemas. Están convencidos de que Sergio, que en su juventud estudió ingeniería informática, es quien se encarga de su portátil. No obstante, lo cierto es que acabó harto de ordenadores y paga gustosamente los honorarios de ese hombre.

Se lleva bien con él, aunque es un bicho raro. A simple vista parece simpático, pero a veces lo mira de una manera tan intensa que lo pone un poco nervioso. Aparte de eso, es profesional y discreto, dos cualidades que valora especialmente.

Sergio conduce sin música y aprovecha para hacerle una llamada. Con lo lejos que vive, solo le faltaría llegar allí y tener que esperar. No ha pasado nunca, pero...

El informático contesta al tercer tono de llamada:

—Buenos días, Sergio.

—Buenos días. Estoy yendo hacia tu casa. Solo era para confirmar que te va bien.

—Sí, sí. Ningún problema, pero estoy acabando un trabajo en una empresa. Estoy en medio de un proceso que tardará unas horas. ¿Te parece bien que nos veamos donde estoy ahora? Está cerca de mi despacho.

Sergio agarra con fuerza el volante y, contrariado, se balancea hacia delante y hacia atrás con movimientos rápidos y furiosos, maldiciendo mentalmente, como si estuviese en una película muda.

Sale de la ciudad y se suma a la autopista.

—¿Estás ahí? ¿Sergio?

—Sí, se ha cortado un momento... —intenta que la irritación no se refleje en su voz—. No te preocupes, lo dejamos para otro día.

—Aquí no hay nadie trabajando, estoy solo en el local y lo tuyo será solo un momento.

«¿Y dónde coño es aquí?», piensa Sergio mientras baraja todas las opciones. La empresa le ha instalado un nuevo programa de control y quiere manipularlo antes de volver a Madrid. Por su cabeza pasa espetarle: «Teníamos esta cita programada desde hace una semana, ¿por qué coño has cogido otra?». Pero se contiene.

—¿Sergio? ¿Estás ahí?

—Sí, sí... Estaba pensando. Mándame la ubicación y voy para allá.

—Genial, lo tuyo será cuestión de veinte minutos.

Cuando Sergio llega a Castellterçol, su enfado ha ido en aumento.

El pueblo, rodeado de montañas y bosque, conserva el castillo que le da nombre. Construido diez siglos atrás, aún puede verse parte de la muralla de defensa y el foso. Pero Sergio, que es un urbanita convencido, murmura:

—¿Quién coño quiere vivir en este puto pueblo?

Deja atrás el castillo y se adentra en un polígono pequeño, donde la mayoría de las naves están cerradas desde hace tiempo.

El lugar está lejos de donde suele encontrarse con su informático, y es la primera vez que va por esa zona. No ha podido poner el móvil en modo avión y tendrá que pedirle que borre ese recorrido de su dispositivo. Lo último que quiere es que Bruna pueda ver su ubicación y tener que darle explicaciones.

La empresa, si es que puede llamarse así, es una nave con un portalón de madera y otra puerta más pequeña a un lado. No hay ningún letrero, solo un ventanuco alto, y no se ven luces en el interior. Desde fuera parece que, como la mayoría de los locales vecinos, lleve años cerrado.

A un lado, hay una nave en la que aún puede leerse «Carpintería Enrique»; al otro, un local con algunas ventanas rotas y un letrero ilegible por el paso del tiempo. A Sergio no se le ocurre un lugar peor en el que montar un negocio, aunque sabe que su actividad se hubiese arruinado igualmente tras la aparición de Ikea.

Antes de salir del coche, le manda a su informático un mensaje desde Telegram:

Estoy fuera.

Un minuto después se abre la portezuela y Squark le hace un gesto para que entre.

XXXVIII

David Estrada entra en la central de Sabadell antes de que empiece su turno. En realidad, es su día libre, pero eso le da igual. Dieciséis horas después de encontrar el cuerpo sin vida de Joan Torres, apenas ha podido dormir. Los pocos ratos que caía en un sueño intranquilo, se le aparecía el cadáver decapitado. A las cinco se ha despertado angustiado cuando, en una pesadilla, la cabeza cercenada se había transformado en la de Jordi Untamed.

Sabe por experiencia que Squark también ha matado una parte del hermano y de sus padres. Es lo que hacen los asesinos: matan a sus víctimas y provocan una onda expansiva que daña para siempre a sus familiares. Los convierten en otras personas, en supervivientes traumatizados.

Además, como diría Nadia, él prefiere huir de su triste vida de divorciado, de su piso pequeño lleno de bolsas de Glovo y platos sucios, del cesto de ropa rebosante y la nevera vacía.

Saluda con un movimiento de cabeza a los agentes que están de guardia y se dirige a su despacho, situado en la segunda planta. Aún faltan dos horas para que abran el Instituto de Medicina Legal y Ciencias Forenses, o IMLCF, y aprovecha para repasar los datos que Álvaro ha introducido en el *drive* del caso.

No han encontrado coincidencias entre los móviles de las dos víctimas, aunque los de Tecnológica sospechan que alguien ha reseteado algunos datos. Tampoco hay coincidencias en los desplazamientos ni en los contactos. Joan Torres era muy activo en redes sociales y tardarán días en analizar todas las publicaciones. Acceder a las carpetas de su ordenador está resultando mucho más complicado. Como todos los informáticos, era muy cuidadoso con sus contraseñas y ni siquiera su hermano ha podido ayudarlos.

David trabaja un par de horas y, antes de las nueve, sale del despacho.

Se lava las manos y la cara en el baño y se pasa las manos húmedas por el pelo rizado. Es hora de ir a ver a su antigua amante, y no puede evitar que eso le produzca un cosquilleo en el estómago.

El IMLCF es un edificio de hormigón gris, con ventanas rectangulares como fichas de dominó. En la acera, dos plataneros imponentes se elevan hasta el segundo piso y suavizan las aristas de la fachada.

Estrada traspasa la puerta con paso decidido y saluda con un gesto al guardia de la entrada. Entra en el ascensor y pulsa el botoncito de la planta -3 para bajar a los laboratorios del servicio de Patología Forense. En el espejo, ve que lleva la camisa arrugada y expulsa el aire con un bufido, mientras intenta plancharla con las palmas de las manos.

Cuando entra en el despacho de Ivanka, la mujer se levanta y le da un abrazo muy largo. «Si sigue un poco más», piensa Estrada, «voy a pedirle que nos metamos en el baño».

Ella se separa y lo mira con ojos seductores.

—Hola, David, ¿cómo te va? Aparte de toda esta locura de Squark...

—Bien, ya sabes. Es complicado.

Ella ladea la cabeza con una media sonrisa y él aparta la vista.

La bata blanca no puede disimular que Ivanka es una mujer atractiva. Con los años ha engordado un poco, pero sigue teniendo unos bonitos ojos castaños, un cuerpo sensual y una piel suave que dan ganas de acariciar durante horas. Estrada sabe que, igual que una gata, Ivanka puede frotarse contigo para llamar tu atención, pero en cualquier momento cambiará de opinión y te tratará con frialdad. Su alma felina es independiente e imprevisible.

Que él sepa, solo ha estado casada una vez, con el mismo compañero con quien lleva más de quince años. Eso no es impedimento para que tenga algún que otro escarceo con algún compañero.

Su temperamento apasionado no influye para nada en su buen juicio ni en las relaciones profesionales, al menos, por parte de ella. Tiene muy claro que quiere a su marido y que todo lo demás son aventuras. Mantienen una relación abierta, aunque ambos suelen guardar cierta etiqueta. La única vez que Estrada la ha visto furiosa fue con un agente joven que se dejó un preservativo usado en su casa.

Desde entonces, según ella, no sale con críos que no respeten las reglas del juego.

Con Estrada, el romance, en el sentido literal de la palabra, apenas duró un mes, pero a él le costó el matrimonio porque lo pillaron. Desde entonces, Ivanka lo busca de vez en cuando y comparten unas horas, una noche o, más raramente, un fin de semana. Estrada ha intentado, sin éxito, no volver a quedar con ella. Su relación, si es que puede llamarse así, le ha servido para darse cuenta de que él, al contrario de Ivanka, es más bien un puto perro. Fiel y bonachón.

—Bueno, te comento lo que tenemos... —dice ella señalándole la pantalla del ordenador. Estrada se coloca a su lado y no puede evitar pensar que esa mujer, a pesar de su trabajo, huele de maravilla—. Sabremos más conforme lleguen los análisis del laboratorio. La abundancia de sangrado nos indica que estaba vivo cuando lo decapitaron. La incisión en la base del cuello es irregular, así que seguramente el corte se hizo con una hoja en forma de sierra. También se observa la ausencia de los dedos meñique y anular de la mano derecha. Fueron amputados antes de la decapitación. He realizado un análisis estereoscópico de las heridas y el corte es lineal. Esto nos indica que se efectuó con otro tipo de arma afilada, quizás unas tijeras de podar o unas tenazas. Fíjate en esto, David —le muestra en la pantalla unas fotografías de la espalda—: tiene varias heridas y rozaduras. Probablemente estuvo en posición supina muchas horas. —Acto seguido, clica en el ratón y en la pantalla aparece una fotografía de los pies—. Las extremidades presentan signos de hipotermia y exposición al frío. ¿Y ves esto?

Otro clic da paso a un primer plano del cuello de Joan Torres.

Estrada se obliga a mirar la imagen del cuerpo sin cabeza con cara inexpresiva. Los cortes son desiguales, lo cual muestra la brutalidad con la que fueron hechos. Algunos fragmentos de hueso blanco se mezclan con el tejido desgarrado y restos de sangre seca. Ivanka señala con el dedo un morado en lo que queda de la nuez.

—La víctima tenía graves heridas en el cuero cabelludo —explica Ivanka—, probablemente el asesino lo sujetó por el pelo y utilizó la otra mano para serrar. Este morado del cuello parece anterior, seguramente indica un intento de asfixia previo. De momento es todo lo que puedo decirte. Estamos intentando aislar restos de ADN en la ropa o el cuerpo, pero habrá que esperar los resultados del laboratorio.

—Entonces... ¿tienes una idea aproximada de la hora de la muerte? —pregunta Estrada.

—Sí. Cuando llegamos a la escena del crimen, el cuerpo todavía no mostraba signos de *rigor mortis*. La lividez cadavérica estaba empezando, aún no se había fijado. El *algor mortis* era leve, su temperatura había descendido dos grados. Por lo tanto, calculo que la muerte se produjo de dos a cuatro horas antes de que lo encontráramos.

—Eso quiere decir que Squark se saltó su propio plazo.

—Eso parece.

—Gracias, Ivanka. Avísame cuando lleguen los análisis o descubras algo más. Hay que capturar a ese hijo de puta cuanto antes.

—Por supuesto. Cualquier excusa es buena para volver a verte, ya lo sabes. ¿Haces algo esta noche?

Ivanka se lo dice mientras se muerde el labio inferior. Estrada se maravilla de que, después de esa conversación, pueda seguir resultando tan seductora.

—Podríamos ir a cenar y después a un hotel —insiste ella.

A Estrada le viene a la mente la imagen de Berta y recurre a toda su voluntad para negar con la cabeza.

—Gracias, pero estoy ocupado. Cuídate.

Ella se encoge de hombros y sonríe.

—*Always*. Tú también.

XXXIX

Una hora después de que Sergio Miranda se reúna con Squark, Berta ve el cielo a través de un velo transparente mientras se hunde hasta el fondo. El agua está helada, pero la sensación de pesadez se transforma en otra cosa, en una urgencia por rendirse al agotamiento, a esa calma luminosa que parece abrazarla. Justo cuando se eleva y, separada de sí misma, puede ver su cuerpo sumergiéndose lentamente en el agua verduzca, se despierta.

Empapada de sudor frío, lo primero que piensa es que su piso está inquietantemente tranquilo. No se filtra ninguno de los ruidos habituales de la mañana, lo que le sugiere que, una vez más, se le ha hecho tarde.

La noche anterior le costó mucho dormirse, se sentía incapaz de aceptar lo que le había pasado a Joan Torres. Después, el piso vacío se le hizo insoportable y el recuerdo de Miguel le cruzó el pecho como si fuese un fantasma. No había nadie a quien contarle todo lo que estaba viviendo, nadie en quien reposar la cabeza y abandonarse al llanto. La sensación de tristeza de los últimos meses, que había conseguido olvidar por unas horas, la golpeó como un martillo. Berta lloró hasta quedarse sin lágrimas y, finalmente, se tomó una pastilla a las tres de la mañana.

Ahora, tumbada en la cama, nota la cabeza embotada, las extremidades lentas y la boca pastosa. Los restos de su sueño se diluyen mientras revisa los mensajes del móvil. Espera encontrar alguno de Estrada, pero no es así y nota una punzada de decepción.

Un poco atontada, sale de la cama y mira por la ventana para comprobar si el coche de vigilancia sigue fuera. Suspira con alivio cuando lo ve aparcado en el mismo lugar. Anoche, cuando la acompañaron a casa, le explicaron que la vigilarían veinticuatro horas al día. Ignora si son los mismos agentes, pero le tranquiliza que le hayan puesto escolta.

Squark podría ser cualquiera.

Cierra la cortina y, descalza, va al lavabo y se ducha con calma.

A la luz del día, la ausencia de Miguel apenas duele, casi se convence de que era lo mejor. Mientras se enjabona el pelo, piensa en Estrada. Es un hombre tranquilo e inteligente. Cuando la invitó a comer, le pareció que estaba interesado por ella, pero no ha vuelto a hacerle ninguna insinuación.

Claro que las circunstancias en las que se encuentran no son las ideales para el romanticismo.

Tras salir de la ducha, se prepara un café.

La parte irracional de su cerebro, esa que no controla, le susurra que, en vez de haberse pasado dos horas llorando por Miguel, debería hacerlo por las víctimas. Si hubiese descifrado las notas antes, Sara Pons y Joan Torres aún estarían vivos.

Le contesta a esa parte emocional que no lloraba solo por Miguel, sino por una mezcla de todo. Porque se siente sola, por esas muertes, porque no deja de sorprenderle que existan tantas y tan variadas formas de maldad.

Tiene ganas de llorar otra vez y suelta un gran suspiro para ahuyentarlas. Esa parte de su cerebro no la ayuda en nada, así que la acalla mientras baraja la posibilidad de encender la televisión. Es algo que no suele hacer, pero siente cierta curiosidad. Finalmente decide escuchar la radio, como todas las mañanas, y la voz sensual de una locutora se extiende por la cocina. Hoy su tono revela preocupación. O quizás se trata de ella, que hace efecto espejo.

«Solemos creer que estas cosas solo pasan en las películas, pero, una vez más, la realidad supera a la ficción. Hoy mucha gente se pregunta, y nosotros también, si debemos tomar alguna precaución especial, si ese psicópata cuántico, ese asesino en serie, podría escogernos a nosotros como su próxima víctima...».

La melodía del móvil apaga las palabras. Berta comprueba en la pantalla que se trata de Estrada y exhala el aire. Trata de que su voz suene natural, que no se note que está recién levantada.

—Hola, inspector...

—Buenos días, doctora. ¿Cómo estás?

—La verdad es que he dormido poco y mal, pero después de los últimos días, lo raro sería lo contrario.

—Si te sirve de consuelo, yo tampoco he podido dormir. ¿Te pillo en un buen momento?

El burbujeo de la cafetera italiana se detiene y Berta apaga el fuego. Luego se sirve una taza.

—Sí, claro, dime.

Estrada carraspea.

—Creo que tenemos un nuevo secuestro. —Berta se queda en silencio—. Y otro mensaje en la *dark web*. Si quieres, te lo mando por correo y luego hablamos. En todo caso, vamos a reunirnos con el equipo. Si lo prefieres, los agentes que vigilan tu casa podrían llevarte a la comisaría.

Berta no tiene mucho que pensar, pero tarda unos segundos en calcular cuánto tiempo necesita para estar lista.

—Prefiero ir a la comisaría —reacciona Berta segundos después—. Dame diez minutos.

—Sin prisa. Los agentes te están esperando aparcados delante de tu casa. Nos vemos en un rato.

—Hasta ahora.

Berta da un sorbo distraído al café y hace una mueca. Mira la taza como si no recordara en qué momento la ha preparado.

—¡A la mierda! —exclama mientras tira el café por el fregadero.

EL CASO
(6 años antes – febrero)

El hombre sale de su casa en zapatillas, frotándose los ojos legañosos. Lleva el pelo gris alborotado y aplastado en la zona de la nuca, y su barba descuidada de varios días.

Cuando llega a la calle, se agacha con una mueca de dolor. Sus rodillas no son lo que eran y, a primera hora y con el frío, siempre es peor. En cuclillas, abre la llave de paso del agua y, antes de que vuelva a levantarse, nota una mano en la espalda. Se pone de pie con dificultad y descubre detrás de él a dos *mossos*.

Uno de ellos le dice:

—Señor Aymerich, debe venir con nosotros.

El hombre los mira extrañados, como si hubiesen caído del cielo. Mira a su alrededor y, a unos metros de distancia, descubre al inspector David Estrada y a su compañero. Reconoce a esos hombres, son los que acompañó aquel día al pantano para ayudarlos en la investigación de los chicos asesinados.

A Aymerich lo asaltan viejas sensaciones y, un poco aturdido, balbucea:

—Necesito coger las llaves de casa, por si acaso...

—Tranquilo, Elías, tranquilo. Vamos.

Los agentes lo conducen a un coche y lo obligan a bajar la cabeza y entrar.

Desde su posición, al otro lado de la acera, Estrada observa al hombre con una mueca de disgusto. «Doce años», piensa, «doce años de prisión por matar a tu mujer a tiros en la calle». Mientras enciende un cigarrillo, intenta que el desprecio que siente por el detenido no se refleje en su cara. No obstante, su expresión es tan evidente que ni siquiera cuando aspira el humo se suaviza un poco.

Tras unas cuantas caladas largas y seguidas, lanza la colilla contra el asfalto.

—Vamos a la comisaría —le dice a su compañero entrando al coche—, a ver si hay suerte y ese cabrón confiesa.

En el asiento de atrás del coche policial, Elías Aymerich mira fijamente hacia delante. No lo han esposado, pero tiene un policía a cada lado. Aquel día lejano, veinte años atrás, sí lo esposaron. Se dice para tranquilizarse, que ese detalle significa algo bueno.

En la sala de interrogatorios de Santa Coloma de Farners, Estrada observa a Aymerich con rabia.

—¿Puede darme un cigarrillo? —pregunta el hombre, nervioso.

—No.

Aymerich espera que añada algo más, pero Estrada solo lo mira con desprecio, parece disfrutar del pequeño placer de negarle algo que sabe que quiere.

«¿Qué me pasa?», se pregunta Estrada. Acostumbra a mostrarse más aséptico con los detenidos. De pronto cae en la cuenta: su mujer le dijo anoche que no puede perdonarlo, que quiere el divorcio.

Enseguida aparta ese pensamiento. Por mal que vayan las cosas, no puede permitir que le afecte a su trabajo, a sus decisiones. Con un tono que pretende ser suave, le suelta:

—Has estado en una tienda Decathlon.

El hombre se remueve inquieto.

—¿Cómo lo saben?

—Lo sabemos y punto.

—¿Y qué pasa? ¿Acaso no puedo ir a comprar útiles para la pesca?

—¿Qué hicieron esos chicos para molestarte?

Aymerich mira al otro agente como si buscara su ayuda. El policía permanece reclinado contra la silla con los brazos cruzados contra el pecho y mirada indiferente.

—A mí no me molestaron. Yo ni siquiera los vi...

—¿Ponían la música alta y te asustaban a los peces? ¿Es eso?

El anciano los mira sin comprender y niega con la cabeza.

—¿Te vieron pescar con un cebo vivo? ¿Tenías miedo de que te quitaran la licencia? —insiste Estrada.

—No, ya le he dicho que no he hecho nada.

Estrada se inclina hacia delante y le clava una mirada furiosa.

—No mientas. Lo sabemos todo. Dinos dónde tienes el arma.

—Yo no he hecho nada —repite.

—Ya estuviste en la cárcel por lo de tu mujer. Pero eso es un baile de instituto comparado con un psiquiátrico, que es donde te van a mandar si no colaboras. ¿Sabes lo que es vivir rodeado de locos?

Aymerich palidece y entreabre los labios, pero no sale ninguna palabra. Se coge las manos para controlar el temblor y su mente retrocede veinte años.

Se ve a sí mismo sentado en su antiguo coche. Vigila la calle, esperando el autobús en el que su exmujer suele volver a su nueva casa. Esa casa en la que él no puede entrar.

Ha bebido mucho, pero la adrenalina compensa el alcohol y lo mantiene alerta. Aparcado entre dos furgonetas para no ser visto, acaricia su escopeta semiautomática para cazar jabalíes. Le explica, con voz pausada, como si fuera una amiga, todo lo que juntos le van a hacer a *su mujer*. Esa traidora con la que ha tenido dos hijos y ahora, como si fuese basura, lo ha abandonado. Después de tantos años juntos y a pesar de que, sin él, no es nada. Tampoco se da cuenta de que él, sin ella, no puede vivir.

Llega el autobús y se detiene expulsando unas nubecillas de humo gris por el tubo de escape. Las puertas se abren con un eructo largo. Una anciana con un abrigo gris ajado baja muy lentamente. La sigue un chico joven y Aymerich se remueve inquieto.

Entonces ve aparecer a Paqui, su mujer. Traga la bilis caliente que le sube por la garganta y sale del vehículo con el dedo en el gatillo de la escopeta.

—Paqui...

La mujer se gira y lo mira, primero a los ojos y después a la escopeta. No está sorprendida, sabe que ese día tenía que llegar. Solo siente tristeza por sus hijos pequeños. Muchas madrugadas se ha preguntado cómo afrontarían su muerte, el hecho de que su propio padre la matara. Porque, aunque nadie le haya hecho caso, desde el momento en que lo abandonó, ella sabía que la mataría. Que Elías no es alguien que renuncie a una presa que considera suya.

El hombre aprieta el gatillo tres veces y la mujer nota un dolor profundo y lacerante en el costado izquierdo. Luego se desploma. Una mancha roja se extiende rápidamente por la acera.

Alguien grita. Se oye el chirrido de un coche que acelera. Algunas personas corren.

Él no se inmuta, tiene que acabar lo que ha empezado. Sujeta la escopeta en una mano y con la otra rebusca en el bolsillo.

Malherida, la mujer murmura una oración.

Él extrae un par de cartuchos y vuelve a cargar el arma.

Mirándola fijamente le descerraja un tiro en el corazón.

—¿Dónde tienes el arma, joder? —Estrada da una palmada delante de su cara y el hombre vuelve a la sala.

—Yo no tengo ningún arma. Me quitaron la licencia hace años.

Estrada le sostiene la mirada. Durante un minuto, el silencio es absoluto. Lo apunta con el dedo y dice:

—¿Sentiste placer al tirar los cuerpos ensangrentados al pantano? ¿La misma satisfacción que cuando mataste a tu mujer?

El hombre abre muchos los ojos y se levanta de golpe. Se pone las manos sobre los oídos mientras grita, escupiendo gotitas de saliva.

—No puedo más. ¡Callaos! ¡¡Callaos!!

La puerta se abre y Eduard Borrell, jefe de la unidad especial de desaparecidos, entra en la sala.

Es un hombre de mediana edad, con el pelo muy corto y gafas de montura metálica. Le toca el papel de poli malo y mira al detenido fijamente antes de gritar:

—¡Ya es suficiente! —Aymerich da un respingo y Borrell baja la voz, acercándose a él—. Aymerich, estás en un buen lío... Un lío muy gordo... Estos polis solo tratan de ayudarte, yo habría preferido meterte entre rejas directamente. Piensa que, si colaboras, el juez lo tendrá en cuenta.

—Yo no he hecho nada —dice Aymerich cogiéndose las manos con una voz apenas audible.

Borrell deja escapar un suspiro de decepción.

—Estrada, léele sus derechos.

—Señor Elías Aymerich, queda detenido por el asesinato de Pau González y Martina Amat. Tiene derecho a guardar silencio y no declarar si así lo desea. Tiene derecho a un abogado y si no...

—¡No quiero ningún abogado! No he hecho nada...

—... y si no puede permitirse ninguno, se le asignará uno de oficio. Tiene derecho a comunicar su detención a una persona de su elección. Tiene derecho a atención médica si la necesita y a ser llevado ante un juez en el plazo máximo de setenta y dos horas. ¿Ha comprendido estos derechos?

El hombre asiente aturdido. Un compañero de Estrada lo coge del brazo y lo conduce hacia los calabozos. El inspector aún puede oír como le dice:

—Juro que yo no he hecho nada...

Eduard Borrell se deja caer sobre una silla al lado de Estrada y suspira:

—No va a cooperar.

—Eso parece.

—En fin, buen trabajo, David. Ahora le toca al fiscal.

Estrada sonríe a su jefe sin mirarlo a la cara.

—Con lo que ha ganado vendiendo marihuana, ese cabrón se cogerá un buen abogado.

—Seguro. Le hemos puesto al socio en la celda contigua, a ver si hay suerte y hablan del tema, aunque es más listo de lo que parece.

Su «socio», que también es sospechoso, ha sido detenido en Salt por tráfico de drogas. Los *mossos* vieron su plantación de marihuana desde el helicóptero y sospechan que los dos excursionistas pudieron descubrirla. Por eso los mataron.

—Bueno, dudo que hable —contesta Estrada—. Es listo y ha pasado unos cuantos años en la universidad de Quatre Camins.*

—Me voy. —Borrell se pone de pie y le da una palmadita en la espalda—. Hoy tenemos cena con unos amigos y mi mujer, si llego tarde, me corta los huevos.

—Que vaya bien. —Estrada siente vergüenza al decirlo—. Dale recuerdos a Ivanka.

Borrell le lanza una mirada enigmática y le da otro golpecito amistoso en la espalda antes de salir de la sala.

* Centro penitenciario situado en La Roca del Vallés, en la provincia de Barcelona.

XL

Sergio Miranda está atado a una silla de oficina con ruedas. Le duele la cabeza y nota el cuerpo entumecido. Lo último que recuerda, antes de que todo se volviera negro, es un pinchazo en el cuello.

Después de varios intentos, consigue mantener los ojos abiertos y mira a su alrededor. Se encuentra en un almacén repleto de muebles antiguos de distintos estilos y épocas, llenos de polvo y marcas de uso. Delante, hay un sillón victoriano con la tapicería roja rota y un banco de trabajo de madera robusta.

Todo huele a serrín y a humedad. Justo enfrente, hay una pared de ladrillos ennegrecida por el moho. Ve un sofá desvencijado con la tapicería igual de enmohecida.

Poco a poco, vuelven los recuerdos.

Por absurdo que parezca, su informático le ha atacado. Le cuesta creer que, después de ocho años, le haga esto.

Intenta gritar, pero algo se lo impide. Tarda unos segundos en comprender que le ha sellado los labios con cinta americana. Poco a poco, la sensibilidad vuelve a su cuerpo y nota la tirantez en la cara, el dolor en los hombros por la postura, las bridas que se le clavan en las muñecas y los tobillos.

Gira el cuello para ver dónde diablos se encuentra, pero todo lo que ve es un armario de roble, un par de estanterías decapadas y un secreter con cajoncitos de pomos dorados.

En medio del estupor y la ansiedad, recuerda la conversación en el coche. El informático le dijo que estaba haciendo un trabajo para una fábrica. Pero ese lugar parece más bien un almacén abandonado.

«En cuanto vuelva ese cabrón», se dice, «intentaré arreglar las cosas con él».

Sergio no entiende qué pretende. Si lo que quiere es sacarle dinero, no hacía falta que le hiciese todo eso.

De repente se le encoge el estómago.

¿Cuánto tiempo ha permanecido inconsciente? La idea de que Bruna se dé cuenta de su desaparición le aterra. ¿Y si sospecha que le ha pasado algo?

Podría acudir a la policía y ese sería su fin...

Reza pidiendo que ella no se asuste. Ojalá pueda llegar a tiempo a casa para cenar y decirle que se le estropeó el coche, que se quedó sin batería o que tuvo un accidente. Cualquier excusa que aleje a la policía de su vida.

Recuerda lo que decía uno de sus profesores: «Nunca dejes tu ordenador a un informático». Y él, tan precavido con todo, le ha confiado a este hombre todos sus secretos.

Eso le lleva a su primer pensamiento.

¿Por qué lo ha secuestrado en vez de pedirle directamente el dinero? Le habría resultado muy fácil hacerle chantaje. Solo encuentra una respuesta: porque ese loco no ha calibrado que Sergio estaría dispuesto a pagar por su silencio tanto como por su vida.

«Está bien», se dice, «pagaré lo que sea. Hipotecaré el piso de Madrid si hace falta. Aún estoy a tiempo de arreglarlo».

Todas las dudas, todo el arrepentimiento que ha guardado durante años detrás de hábitos y rutinas, se desborda y parece expandirse desde su estómago.

La dermatitis atópica recorre su piel, desde el cuero cabelludo hasta los pies, como un ejército furioso de hormigas. Nota cómo el picor se expande por todo su cuerpo.

Se remueve, desesperado, en la silla e intenta frotar la espalda contra el respaldo.

No tiene miedo de estar ahí atado, lo que le aterra es algo más antiguo y oscuro que vive dentro de él.

Le aterra que alguien descubra su secreto.

Su peor miedo, lo que oculta desde hace años, toma la forma de una enorme losa que le aplasta todos los órganos.

Da igual lo que le haga su captor.

Si no consigue volver a casa, si la verdad sale a la luz, su vida se habrá acabado.

XLI

Estrada ve acercarse a Berta y se levanta para saludarla. Ella viste una camisa negra y un pantalón gris a cuadros. Lleva el pelo, lacio y negro, suelto.

Cuando se estrechan las manos, Estrada quiere decirle que le sienta bien la blusa de seda, que le encantan las escasas hebras grises de su pelo. Sin querer, la compara con Raquel, su exmujer, que llevaba los labios perfilados de forma permanente y las cejas tatuadas.

Le gusta la cara limpia y lavada de Berta, sus uñas sin pintar, las pestañas cortas y negras, con un ligero rímel. Le gustaría que las cosas le resultaran más fáciles, ser igual de franco que Ivanka y decirle como si tal cosa: «Me gustas. Me gustas mucho».

Pero, en vez de eso, le estrecha la mano y la pone al día:

—Tenemos una nueva nota en la *dark web*. Nuestro amigo empieza a tener una auténtica legión de seguidores tan tarados como él. Y, por si fuera poco, no hay un solo programa de televisión que no le dedique un espacio.

Cuando entran en la sala, Álvaro, Nadia y el comisario jefe están hablando. Todos la saludan y un hombre que ella no conoce se levanta y le alarga la mano:

—Eduard Borrell, jefe de la unidad especial de desaparecidos.

—Berta Fernández, doctora en física cuántica.

Una vez se sientan, Álvaro apaga las luces y proyecta unas imágenes en la pantalla blanca.

—Este mensaje se publicó hace tres horas en la *dark web*.

En la pantalla aparece un mensaje:

LLEVA AÑOS PASANDO POR LA DOBLE RENDIJA
Y HA LLEGADO EL MOMENTO DE ESCOGER
¿SERÁ ONDA O PARTÍCULA?
Squark

—Nuestro amigo se está haciendo famoso por momentos. La nota corre por la *dark web* como una plaga de pulgas. Seguimos rastreando su origen, pero de momento, no tenemos nada de nada. ¿Este mensaje le dice algo? —pregunta Álvaro a Berta.

—No mucho. Creo que Squark hace referencia al experimento de la doble rendija. Demuestra que los electrones, que inicialmente pensamos que son partículas, también pueden comportarse como ondas, creando patrones de interferencia.

—Disculpe, doctora. —Eduard Borrell tiene una expresión amable—. Imagine que está hablando con niños de diez años. Doce, como mucho.

—De acuerdo, lo intentaré... Imaginen una pared con dos ranuras y una pantalla blanca detrás. Lanzamos partículas, como pelotitas microscópicas, contra esa pared. Mientras no miramos, las partículas actúan como ondas y pueden pasar por las dos rendijas a la vez, dejando una doble huella en la pantalla blanca. Pero, si las observamos, se comportan únicamente como partículas y solo pasan por una de las rendijas.

—Realmente, todo esto de la física cuántica me hace preguntarme si la realidad que vemos es... eso, real —dice Nadia.

—Bueno, aparte de no entender nada, lo único que tengo claro es que Squark sí es real —apunta Estrada.

—No sé si lo acabo de entender... —apunta Borrell—, pero ¿cómo podría aplicarse ese experimento a una persona?

Berta suspira, cansada de repetir lo mismo una y otra vez.

—Bueno, la física cuántica estudia el comportamiento de las partículas subatómicas, los fenómenos que ocurren a escalas muy muy pequeñas... No es aplicable a seres vivos u objetos grandes. Lo que hace ese hombre no tiene nada que ver con la mecánica cuántica, aunque él pretenda que sí.

—Lo entiendo —continúa Borrell—, pero es indudable que aplica una cierta lógica. ¿Qué le habrá hecho escoger a este hombre como sujeto del experimento de la doble ranura?

Berta piensa un momento mientras ocho pares de ojos la observan.

—A ver, es difícil ponerse en la mente de Squark, pero habla de algo o alguien capaz de comportarse como onda y partícula. Podría tratarse de alguien con alguna dualidad. No sé, quizás un transexual, o alguien que padezca un trastorno de doble personalidad, por decir algo. ¿Han estudiado a la víctima? Quizás en su vida esté la clave de esa dualidad.

Estrada niega con la cabeza y concluye:

—Lo haríamos... si supiéramos quién es.

XLII

A Squark le gusta ese almacén. Huele a madera, humedad y polvo. Lleva cerrado tres años, desde que asesinaron al propietario por una deuda de juego, y es posible que siga así unos cuantos más. El viejo murió embargado y sin descendientes directos, por lo que todos esos muebles que restauraba irán a parar a alguna subasta.

De momento, siguen allí encerrados, como fósiles congelados en el tiempo.

Esta vez no ha enviado ninguna pista sobre la ubicación y está casi seguro de que la mujer no denunciará la desaparición de su marido. Le ha mandado un mensaje desde el móvil de Sergio para decirle que le ha surgido un imprevisto de trabajo y debe volver a Madrid.

Ha decidido que no se lo va a poner fácil a su contrincante. La burda estrategia de Jordi Untamed para distraerlo lo ha puesto de mal humor, y van a pagar un precio. Esta gente no se toma en serio los experimentos, no cumplen las reglas ni comprenden la importancia de su trabajo.

«Si quieres que te respeten, sé consecuente», la voz de su padre resuena dentro de su cabeza. Su progenitor tenía una cita para cada situación y remarcaba cada sílaba golpeando los nudillos contra su cráneo, como si quisiera meterlas a la fuerza en su cerebro.

Cada vez que oye una de estas frases dentro de su mente, Squark ladea un poco el cuello. Es un tic que le ha quedado de su infancia, cuando movía la cabeza para evitar que los golpes fuesen a las zonas más doloridas.

De regreso al plan, observa con curiosidad al hombre que se retuerce en la silla. Squark está a su espalda y él no puede verlo. Ni siquiera sospecha que está ahí, vigilándolo. Este experimento es difícil: el sujeto que tiene delante es casi tan opaco como él. ¿Qué decía su padre sobre la dificultad? «Nada que no se consiga con esfuerzo y dolor vale la pena».

Eso, exactamente eso decía.

Los coscorrones, golpes y bofetadas, como todo lo que hacía su padre, cumplieron su función.

El hombre gira el cuello todo lo que le permiten las vértebras, tratando de ver a su alrededor. Squark puede oír el crujido de la silla y su respiración entrecortada.

Es hora de empezar.

Se levanta y camina hasta colocarse delante de Sergio, que lo mira con sus ojos tristes llenos de desprecio.

—Escúchame, voy a quitarte la cinta de la boca, pero si gritas o hablas demasiado alto, te haré daño. Asiente para decir que lo entiendes.

Sergio mueve la cabeza de arriba a abajo.

Squark despega un extremo de la cinta y la arranca de cuajo. El hombre hace una mueca de dolor, y luego abre y cierra la boca exageradamente, como un león en una película muda. Algunos pelos grises de la barba están pegados a la cinta.

—¿Sabes por qué estás aquí?

—Quieres dinero —responde Sergio.

Squark espera un poco antes de responder, lo suficiente para ver la duda reflejada en los ojos del otro. Tampoco tiene nada de malo jugar un poco.

—Estás aquí porque eres parte de un experimento.

Sergio lo mira extrañado. Una idea intenta abrirse paso, pero él se resiste a creerla.

—¿Qué tipo de experimento? —pregunta en voz baja.

—Física cuántica. El experimento de la doble ranura.

El rostro de Sergio se ensombrece y el terror vela sus ojos. Hasta ese momento, ha pensado que su informático solo quería dinero, pero ahora se da cuenta de quién es realmente: el psicópata del que hablan todos los periódicos. Ha caído en sus manos.

Comprende que no tendrá ninguna oportunidad.

Piensa en Candela y en su hijo, también en Bruna.

Se acabó. Se acabó todo.

—Necesito demostrar que, aunque eras capaz de pasar por dos ranuras a la vez, en el momento en que te observamos, escoges solo una.

Sergio lo mira en estado de shock. Sabe y no sabe de qué le está hablando.

—Dos ranuras —Squark hace el signo de la victoria y gira la mano a derecha e izquierda—, llevas años pasando por dos rendijas simultáneamente. ¿O acaso pensabas que no me daría cuenta de que tienes dos familias?

El otro deja escapar un suspiro muy largo, como si llevara siglos conteniendo el aliento. No dice nada, no encuentra nada que pueda decir.

—Llevo años contrastando los datos —sigue Squark—: cambiabas de hogar con la misma facilidad con que pasabas de una habitación a otra. Nadie se daba cuenta, pero dejabas pequeñas marcas en tu ordenador que yo observaba. Cuando estabas con gente, volvías a ser una partícula, utilizabas la ranura de Madrid o Barcelona según tu conveniencia. Pero cuando estabas solo, cuando nadie te miraba, eras capaz de utilizar las dos rendijas a la vez. No podías escoger una sola y tu mente se desdoblaba.

Unas lágrimas calientes resbalan por la cara de Sergio.

—Tú no lo entiendes. Parece algo horrible, pero te juro que no soy mala persona.

—Yo no te juzgo, aunque... ¿sabes qué decía mi padre?

Sergio guarda silencio.

—Mi padre decía: «La primera regla es que no debes engañarte a ti mismo; y uno mismo es la persona más fácil de engañar».

Al hablar ladea la cabeza y su voz adopta un tono amable y grave, como un viejo que le hablara a un niño pequeño. Sergio expulsa el aire lentamente, mirando sin ver. Es increíble la cantidad de aire que guarda en los pulmones. De repente, siente una necesidad inmensa de hablar, de compartir algo que nunca le ha explicado a nadie. Quiere, necesita decirlo antes de morir:

—Yo no quería engañar a ninguna de las dos. Candela era mi novia de toda la vida, la conocí en Chamartín cuando éramos unos críos. Mi idea era pasar el resto de mi vida con ella, pero apareció Bruna. Era muy distinta: independiente, creativa y un poco loca. Nunca había sido infiel a Candela, ni siquiera de novios. Había vivido esa situación en casa, con mi padre, y me prometí que yo nunca haría algo así. Y, sin embargo, empecé una aventura. —Sergio hace una pausa, como si quisiera medir el efecto de sus palabras—. No le dije a Bruna que estaba casado. Me había convencido de que me cansaría, que aquello era solo un calentón. Pero, conforme pasaban los meses, estaba cada vez más enganchado. Cuando volvía a Madrid y veía a Candela se me partía el alma, me decía que tenía que acabar con todo aquello. Pero al volver a Barcelona corría a ver a Bruna. Era como una droga. Peor que eso, como ser adicto a dos drogas que no se pueden mezclar entre sí. —Trata de leer alguna reacción en los ojos azules de su captor, pero solo ve la frialdad de un mar helado—. Al cabo de un año, Candela se quedó embarazada y pensé: «¿Por qué no seguir igual?». Bruna no quería tener hijos y se trasladó a mi piso de Barcelona. Empecé a sentirme más seguro. Me gustaba mi vida, mis dos hogares. No eran excluyentes, sino complementarios. De alguna manera, sentía que era fiel a las dos. No pretendo que me comprendas, sé que nadie lo hará.

—Como solía decir mi padre: un investigador no debe prejuzgar, sino observar y escuchar con la mente abierta.

Dicho esto, inclina la cabeza ligeramente a un lado. Por primera vez, Sergio escruta su rostro y divisa la locura acechando tras los ojos azules. Está aterrado y, a la vez, se siente extrañamente en paz tras haber confesado.

—Estos últimos ocho años han sido los más felices de mi vida. Lamento que mi muerte vaya a causarles daño —dice mirándolo a los ojos.

—No he dicho que vaya a matarte.

—No lo has dicho, pero ambos sabemos que lo harás. He visto en las noticias lo que les hiciste a tus otras víctimas.

Squark exhala el aire con fuerza y se acerca tanto que Sergio teme que le vaya a dar un cabezazo. Entre dientes susurra:

—No eran víctimas. Eran sujetos de dos experimentos.

Sergio lo mira con cara inexpresiva. Tiene miedo, pero también la sensación de estar muy cansado. Se quedan así unos segundos, hasta que Squark se retira un poco.

—Bueno, en todo caso, tú matas a los sujetos de tus experimentos —se atreve a decir el otro.

—No tengo intención de matarte. No, si cooperas.

El hombre se endereza en la silla y lo mira con esperanza.

—¿Qué tengo que hacer?

—Tienes que comportarte como una partícula —le ordena Squark.

—¿Cómo?

—Te estoy observando y no puedes pasar por las dos ranuras a la vez. Tienes que escoger una rendija.

—No entiendo...

—Tienes que escoger a una de tus dos mujeres... —dice esbozando una sonrisa—, y esa será la que viva.

Squark no le dice que él ya ha hecho su apuesta. Aunque sabe que no debe influir en el experimento, Candela es la madre de su hijo y sospecha que Sergio querrá que sea ella la que sobreviva. Sabe por experiencia que ningún niño debería crecer sin su madre.

Aunque su padre le obligase a repetir cada día que estaban mejor solos, que ella lo habría convertido en un puto retrasado, él nunca dejó de echarla de menos. No hubo un solo día que no pensara que, si su madre no hubiese desaparecido, su vida habría sido distinta.

Pero no es algo que pueda decir en voz alta.

En realidad, esa creencia es su oscuro secreto.

XLIII

Fuera de la central de los Mossos d'Esquadra de Sabadell, transcurre otro día de cielo limpio y temperaturas inusualmente altas. Mientras tanto, dentro, la luz es artificial y los agentes continúan reunidos con Berta.

Pol Salas, en una decisión inusual, ha autorizado que se comparta con ella toda la información. Al fin y al cabo, ninguno de ellos sabe interpretar nada que tenga que ver con física cuántica. Y los detalles, como han podido comprobar, son claves para descifrar las notas que pueden salvar una vida y, con suerte, atrapar al asesino.

El comisario jefe se levanta con gesto enérgico y Berta observa cómo se pone la chaqueta con cuidado. En la solapa pueden verse, debajo de la placa, todas sus condecoraciones. Tiene que comparecer en rueda de prensa y, como siempre que debe hablar en público, está algo nervioso.

—Poneos al día mientras yo alimento a los lobos. Hay más periodistas que en los atentados de Barcelona y me toca ir al Palau de la Generalitat. Puede que mañana sea portada en la mayoría de los rotativos y telediarios. Os juro que estoy aprendiendo lo que significa ser famoso. Por primera vez en mi vida, la gente me mira por la calle.

—Mira la parte positiva —bromea Nadia—, ya mismo te llaman de *La isla de las tentaciones.*

El comisario tuerce el gesto. Necesita rebajar los nervios y le sigue el juego.

—No lo descarto. Estaría bien salir en taparrabos por la tele.

Todos se ríen, y Nadia se acerca a Estrada para susurrarle al oído:

—Si eso pasa, asegúrate de que alguien me eche pimienta en los ojos.

Estrada suelta una risita entre dientes.

—En fin —continúa el comisario mientras se cala la gorra—, si hay cualquier novedad, me la notificáis de inmediato. Espero estar de vuelta en un par de horas.

Cuando abandona la sala se hace un breve silencio. Estrada se pasa la mano por la barba y mira a Nadia y Álvaro.

—Si os parece, empezaré yo. Corregidme si me dejo algo. Esto es lo que sabemos hasta ahora: el informe de Amazon sobre los contadores Geiger confirma que se han vendido, en el último año, ocho aparatos en la provincia de Barcelona. Cinco fueron para empresas y dos para particulares. Uno se entregó en un punto de recogida para un tal Antonio García. Un nombre muy original. Hemos visitado al hombre, un anciano de ochenta años que no sabía ni qué era Amazon. Alguien hackeó su tarjeta y estamos casi seguros que fue el que utilizó Squark. No se ha podido registrar quién lo recogió ni tenemos imágenes. De momento, parece difícil tirar de esa pista. —Hace una pausa para aclararse la garganta antes de proseguir—: Respecto a los dispositivos electrónicos de Sara Pons, no hemos encontrado nada que nos ayude. Utilizaba Telegram para escribir algunos mensajes, y creemos que fue a través de esta aplicación como habló con el asesino. Hemos solicitado los datos a la compañía, pero parece que los chats secretos no almacenan los mensajes en los servidores; se borran periódicamente. Los informes forenses no han revelado nada nuevo: no hay restos de ADN que coincidan con ningún sospechoso. En el caso de Joan Torres, aún nos faltan algunas pruebas forenses, pero no hemos encontrado nada en su teléfono móvil que nos ayude. Creemos que también utilizaba Telegram para hablar con el asesino.

—¿Y qué hay de las notas que cuelgan en la *dark web*? —pregunta Borrell.

Detrás de sus gafas de montura metálica, los ojos marrones brillan con ansiedad.

—Nada de nada. —Estrada hace un gesto de impotencia—. Álvaro, explícalo tú, que es tu especialidad.

—Ese Squark sabe lo que se hace. La UCIBER de los Mossos d'Esquadra trabaja con la BCIT, la Brigada Central de Investigación Tecnológica de la Policía Nacional, pero aún no hemos detectado el origen del mensaje. Hemos creado algunos perfiles falsos para seguir la publicación de las notas e intentar poner alguna pregunta cebo. De momento, no hay resultados. El criminal sabe lo que se hace, es muy precavido. Respecto a las coincidencias entre las dos víctimas, la primera es el uso de Telegram, aunque probablemente el asesino utilizaba perfiles distintos para hablar con cada uno. Además, después de matarlos borró la aplicación y todos los chats de los dispositivos. No hemos encontrado nada más.

—La forense —Borrell clava la mirada en Estrada y se abstiene de añadir: «mi mujer»— ha conseguido aislar varios cabellos ajenos en el cuerpo de Joan Torres. Un par de ellos conservan la raíz y obtendremos un perfil genético. Podrían coincidir con el que encontramos en la caja donde murió Sara Pons. En breve sabremos si ambos eran de la misma persona.

Se hace otro silencio.

—¿Eso es todo lo que saben? —pregunta Berta.

—De momento, sí. —Estrada le lanza una mirada estrábica con la que parece decir: «Lo siento, lo hacemos lo mejor que podemos».

—¿Y qué saben de la última víctima?

El inspector se aprieta los párpados con el pulgar y el índice. Otra vez nota el tic, y ese dolor de cabeza que tanto lo asusta. Nadia se da cuenta y se apresura a contestar:

—Solo tenemos el mensaje de la *dark web*. Se publicó hace dos horas, pero no tenemos ni idea de quién puede ser la nueva víctima. Esto lo complica todo aún más, porque nos tiene a ciegas. Imagino que durante las próximas horas recibiremos alguna denuncia por desaparición, o bien alguien encontrará una nota en algún sitio. Hasta entonces, no hay nada que nos dé una pista. Todas las llamadas que hemos recibido han resultado ser bromas de frikis o pistas falsas.

—Parece mentira, en las películas resulta más fácil atrapar a un asesino —dice Berta.

—En las películas, un buenorro en calzoncillos puede volar —Nadia sonríe— y un tipo con una capa roja con vida propia abre portales al multiverso. —Borrell y Estrada la miran sin comprender; es una cuestión generacional—. Doctor Strange, Benedict Cumberbatch... da igual. Lo que quiero decir es que, en las películas, todo parece más fácil.

—En fin —interviene Estrada—, es cierto que en España se resuelven la mayoría de los asesinatos, pero necesitamos tiempo y ese Squark es muy listo. No es nada a lo que nos hayamos enfrentado antes.

—Recapitulemos... —Borrell parece pensar en voz alta—. Las dos víctimas utilizaban Telegram, pero aparte de eso no hay coincidencias obvias en su perfil.

—No las hay —confirma Nadia—, aparte de que los dos eran caucásicos. Un hombre homosexual, una mujer bisexual. Él tenía treinta y ocho años, y ella veintinueve. No hemos establecido ningún patrón.

—Ella era famosa, y él, hermano gemelo de alguien famoso —reflexiona Borrell en voz alta—. Creo que ese dato es significativo. Álvaro: ¿has buscado coincidencias entre la primera víctima y el hermano de la segunda?

—Le hemos tomado declaración a Jordi Untamed, pero, si te refieres a pedirle sus dispositivos, no, no lo hemos hecho.

—Pues creo que deberíamos.

Estrada lo mira. Si le tiene manía o está molesto con él, Borrell lo disimula muy bien.

—Me parece una gran idea. Estoy seguro de que cooperará —coincide Estrada.

—Pues si no hay nada más... —El jefe de la unidad especial de desaparecidos se levanta—. tengo otros casos menos espectaculares que atender.

Una vez ha salido por la puerta, Estrada dice:

—Nadia, llama a Jordi Untamed para explicarle que queremos cotejar su móvil. Álvaro, ayúdale a explicarle los tecnicismos.

—Puede hacerlo solo —contesta Nadia.

—Será mejor que vayáis los dos. —Estrada mantiene la mirada firme, a pesar de la expresión dolida de la detective—. Así, si surge alguna duda sobre el procedimiento, podréis darle respuestas. La gente suele ser muy reacia a entregar sus móviles, tienen toda su vida en ellos. Si surge cualquier problema, me lo decís.

—De acuerdo, vamos. —Nadia hace un gesto con la cabeza a Álvaro, que la sigue en silencio.

Cuando se quedan solos, a Estrada se le atenaza el estómago. Berta esboza una sonrisa y dice:

—Gracias por permitirme estar en las reuniones. Creo que no sirvo de mucho, pero me ayuda a comprender mejor a Squark.

—Bueno, has descifrado las dos notas. Es obvio que sin ti no lo habríamos conseguido.

—Pero no a tiempo... —dice apenada.

—Squark no cumplió su propio plazo. De otro modo, habríamos salvado a Joan Torres.

—Sí, se saltó sus propias reglas. Leyó muy bien que solo pretendíamos ganar tiempo. —Tras hacer una pausa, Berta nota una punzada de culpabilidad—. Aunque creo que lo habría matado de todos modos. Las víctimas saben quién es, y con eso se acabaría el juego.

Estrada asiente.

—Seguirá matando hasta que lo detengamos. Es como una de esas películas en las que el protagonista toma un camino sin retorno. Squark ya no puede volver atrás, solo le queda acabar lo que empezó.

—Espero que logremos que su camino sea corto.

Estrada enmudece y a Berta tampoco se le ocurre nada para alargar la conversación. Si pensaba invitarla a cenar, es obvio que se ha arrepentido.

—Bueno, creo que debería irme. Si hay alguna novedad o encontráis otra nota, solo tienes que llamarme —dice él mientras se levanta y empieza a ponerse el abrigo.

Estrada la mira con esos ojos color avellana, el derecho un poco desviado. Parece un roble que haya brotado de pronto. Carraspea antes de decir:

—Berta... ¿Recuerdas que quedamos en ir a cenar?

—Sí, me dejaste sola comiendo ramen y prometiste compensarme.

—Cierto. Los últimos días han sido demenciales —se justifica nervioso—. Parece como si todos hubiésemos detenido nuestra vida para atrapar a Squark, pero necesitamos momentos de desconexión. ¿Cuándo te iría bien? ¿Mañana? ¿El viernes?

Él parece tranquilo, pero ella se da cuenta que es solo apariencia. El tic en el ojo es persistente.

—¿Te va bien hoy a las ocho? —dispara ella.

El inspector sonríe, visiblemente aliviado.

—Me va perfecto. Acabo mi turno a las tres. ¿Te recojo a las ocho en tu casa?

—¡Genial! Aprovecharé para ordenar mis notas y pensar un poco más sobre el experimento de la doble rendija. Quizás dé con algo que nos sirva. Nos vemos en unas horas.

Cuando Berta sale de la sala para dirigirse hacia el ascensor, levanta la mano y saluda a Nadia. En sus grandes ojos verdes se abre paso una mueca desagradable que ella no sabe cómo interpretar.

XLIV

Bruna adora su trabajo en el Hospital de la Vall d'Hebron, a pesar de lo dura que es la planta de oncología. Hoy se desabrocha la bata blanca en silencio mientras sus compañeras se desvisten y hablan a la vez. Hace media hora que ha acabado su turno y, una vez más, sale tarde. En el vestuario solo queda Martina, una enfermera joven que trabaja con ellas desde hace unos meses, y Sara, una mujer de cincuenta años que lleva veinticinco trabajando en el hospital.

—Hoy no he tenido tiempo ni para un café —se queja Martina mientras libera el pelo sujeto en una cola de caballo que ha quedado atrapado bajo la camiseta y se ata las zapatillas.

—Pues vete acostumbrando —contesta Sara abotonándose la blusa—. El paciente de la cuatro llamaba al timbre cada media hora. Al final me he plantado delante de él y le he dicho muy seriamente: «Si vuelves a llamar, te lo desconecto».

Bruna solo escucha a medias. Recuerda que hoy le ha sugerido a una doctora, como si le estuviese preguntando, si una resonancia con contraste no podría provocar al paciente, alérgico al yodo, una reacción. La doctora la ha mirado con cierta irritación, como si se sintiera cuestionada, pero finalmente ha cambiado la petición. Sabe que ese tipo de historias son las que más les gustan a sus compañeras. Las que demuestran que, muchas veces, las enfermeras saben más que los médicos y deben fingir que no es así.

En todo caso, hoy, al igual que las últimas semanas, no tiene ganas de hablar.

—¿Te pasa algo? —le pregunta Sara en voz baja, aprovechando que Martina se aplica un poco de rímel frente al espejo.

Como todos los lunes, la viene a buscar su novio.

—No, no. Solo estoy cansada... —le miente en un tono que pretende ser tranquilo.

En los ojos grises de Sara se abre paso otra pregunta, pero a Bruna no le da tiempo a formularla y se pone al lado de Martina, fingiendo que se arregla los rizos ante el espejo.

Aprecia a Sara, pero sabe que, en el momento en que hable del tema, en el instante en que pronuncie sus dudas en voz alta, la otra abrirá la caja de Pandora.

Y lo que de ahí salga podría arrasar su vida.

Comprueba el teléfono y ve que tiene un mensaje de Sergio. Debe volver a Madrid. Eso, que hace un par de meses la habría puesto de mal humor, la hace sentirse aliviada. Necesita tiempo para pensar.

Recoge el abrigo, se lo cuelga del brazo y sale junto a Sara y Martina para tomar el ascensor que baja hasta el vestíbulo.

Son casi las cuatro de la tarde de un lunes de finales de diciembre y, antes de cruzar la puerta, ve reflejado en el cristal el resplandor perlado de un sol más propio de la primavera. Que ella sepa, nadie menor de veinticinco años o que no sea un turista se alegra por otro día de sol y calor.

—Más sol... —protesta Sara—. Para que luego digan que no existe el cambio climático.

—Pues a mí me gusta este tiempo. —Martina descubre a su novio en la zona de parking, sentado en su moto. Levanta la mano y le sonríe feliz—. ¡Nos vemos mañana!

—¡Hasta mañana! —exclama Sara. Las dos se quedan mirándola unos segundos, añorando su propia juventud o quizás la sensación de los primeros meses de un amor. Luego Sara mira a Bruna y le pregunta—: ¿Vas a coger la línea dos? A mí me pilla de paso y podemos ir juntas.

Sara sonríe a Bruna cariñosamente. Tiene suficientes años para saber que a su amiga le preocupa algo y quizás, durante el trayecto, puedan hablar de ello. Sin embargo, Bruna niega con la cabeza

—No, hoy tengo que hacer algunos recados. Nos vemos mañana.

—Hasta mañana.

Sara se aleja mientras piensa que, cuando su amiga quiera hablar, ya lo hará.

Bruna se dirige a la próxima estación de metro con el abrigo en la mano. Necesita pensar, caminar un rato antes de llegar a casa. Los rizos oscuros ondulan al compás de sus pasos y la piel tostada, igual que su nombre,* reluce

* En catalán «bruna» se utiliza para describir una piel oscura o morena.

con el sol. Lleva unos pantalones anchos, metidos dentro de unas botas Dr. Martens negras y una camiseta ceñida. Aunque está a punto de cumplir los cuarenta, no aparenta más de treinta.

Está cansada después de una guardia de diez horas, pero necesita un momento de descompresión. Piensa en Martina, en su alegría cuando ha visto a su novio en la puerta y recuerda que, hasta hace un par de meses, ella no deseaba otra cosa que llegar a casa. Soñaba con preparar a dúo una cena ligera y ver una película juntos. Aunque Sergio adora el cine de autor, a veces ella elegía un filme de argumento sencillo y alegre que no la obligara a pensar demasiado.

Pero todo eso era un par de meses atrás.

Ahora necesita dar un largo paseo para ordenar sus pensamientos. Tiene que pensar cómo actuar ante el hombre con el que desde hace ocho años comparte su vida.

Sergio suele pasar media semana fuera. Esas separaciones, que *a priori* pueden parecer molestas, han sido la base de su felicidad conyugal. Lo conoció cuando estaba convencida de que nunca viviría en pareja y sabe que no sería feliz en una relación a tiempo completo. Necesita tiempo para ella, tener su propio espacio. Y no le basta con salir a cenar de tanto en tanto o irse unos días de viaje con amigas.

Necesita estar unos días sola cada semana.

Los años que llevan viviendo juntos han sido una especie de noviazgo por fascículos. Una historia que se interrumpe justo cuando ella empieza a ahogarse, y que luego retoman al cabo de unos días. Cuando se vuelven a ver, Bruna se ha recuperado de habitar el mismo espacio, de conversaciones y cenas para dos, de negociar qué película ver o qué exposición visitar. Tras unos días de soledad, lo echa de menos y está deseando saber cómo continúa su historia de amor.

Así ha sido desde que se conocieron.

Pero los dos últimos meses las cosas han cambiado. La duda se ha instalado en su corazón y la ha sumido en una cavilación constante, en un estado de ansiedad que le ha hecho perder tres kilos.

Media hora más tarde, cuando se ha cansado de andar, ve una estación de metro y baja las escaleras.

El vagón está atestado de gente y le toca viajar de pie. El tren de la línea dos se desliza por el túnel como un dedo por una superficie arrugada. Agarrada a la barra que cuelga del techo, Bruna se bambolea con la mirada perdida en las paredes oscuras de hollín, acumulado durante décadas, que pasan por la ventana.

Por más que lo intenta, no logra dejar de pensar en el hombre con el que está siendo infiel a Sergio.

Lo conoció un martes al salir del trabajo. Aquel día, sentada en el metro, había levantado la vista de su libro de poesía, impulsada por ese presentimiento de cuando alguien te observa fijamente. Él la miraba fijamente y algo en su interior cayó en picado, como si estuviese dentro de un ascensor.

Incómoda, apartó la vista, pero ya no pudo volver a concentrarse en el libro. Al levantar la vista de nuevo, el hombre le mostró la portada del suyo: era el mismo. Bruna se sintió un poco avergonzada y a la vez feliz de compartir con un desconocido algo tan íntimo como la poesía.

Aunque, siendo honesta, si no hubiese sido tan atractivo, aquello nunca habría pasado de una anécdota.

«Definitivamente, nadie debería tener esos ojos azules», piensa. «Es jugar con demasiada ventaja».

XLV

Jordi Untamed apenas ha dormido las últimas veinticuatro horas. Se ha trasladado a casa de sus padres y los tres parecen estar suspendidos en un sueño. El teléfono fijo, una reliquia de la que el matrimonio se niega a desprenderse, hace horas que duerme desconectado.

Malecón se encarga de filtrar los cientos de mensajes y llamadas que llegan al móvil de Jordi con la intención de darle el pésame.

«Trasladaré tus condolencias a Jordi. Te agradece enormemente que pienses en él y en su familia en estos duros momentos», escribe de forma mecánica.

Cuando el pésame va acompañado de un intento de sonsacar información, su respuesta es mucho menos educada.

De vez en cuando, Malecón comprueba las redes sociales y ve que #Squark es *trending topic* en todo el planeta. Las televisiones de medio mundo abren las noticias con el asesino cuántico, como han comenzado a llamarle. Libros minoritarios sobre mecánica cuántica agotan existencias y «el gato de Schrödinger» es la búsqueda más popular en Google. Ha superado con creces la búsqueda de «Covid» que se hizo en 2020.

Los seguidores de Untamed Project han pasado de once a cincuenta millones. Esa noticia, que en cualquier otro momento hubiera celebrado todo el equipo, la llena de tristeza.

Ni siquiera sabe cómo o cuándo decírselo a Jordi.

Él ha accedido a entregar su móvil a la policía para que realicen una extracción de los datos y poder cotejarlos con los de Sara Pons. En cuanto Álvaro ha sacado toda la información, Jordi lo ha vuelto a apagar, consciente de que enfrentarse al alud de mensajes es más de lo que puede soportar.

Ahora vuelven a estar solos y, sentado en el sofá, abraza a su madre que dormita, vencida por los tranquilizantes. En la habitación de matrimonio, su padre duerme sobre la colcha y en la casa resuena el eco de sus ronquidos. Jordi agradece ese sonido. Ha estado sollozando largo rato y no recuerda haber oído antes llorar a su padre.

Tampoco él recuerda haber llorado tanto en toda su vida.

Por un momento piensa que debería volver al trabajo, y ese pensamiento casi le hace levantarse. Pero es solo un instante. La sola idea de ponerse a hablar, de entrevistar a alguien, le parece imposible.

Estar ahí sentado, acariciándole el pelo a su madre, es todo lo que se ve capaz de hacer. La única cosa que ahora parece importante.

«Quizá mañana», se dice.

Mira la cara envejecida de su madre, que gime entre sueños, y le murmura un «shhht» mientras le pasa la palma por la mejilla. La mujer emite un suspiro profundo y sigue durmiendo, con la boca entreabierta y el ceño fruncido.

La mesita delante de ellos está llena de latas de cerveza vacías y de platos con comida que nadie ha tocado. Hace solo unos días, su madre lo habría regañado mientras recogía, incapaz de dejar la mesa sucia. Pero entonces su madre era otra. Esta versión que dormita sobre sus piernas con la boca entreabierta y los párpados hinchados no la conocía hasta ahora.

Sus padres nunca volverán a ser los mismos.

Y sabe que él tampoco.

Piensa en el hermano de Sara Pons. Esa policía, Nadia, le habló de él. Se lo imagina en otro piso, con unos padres igual de destrozados, y siente una profunda conexión con ese hombre que no puede explicar.

Quizás, con él, sí podría hablar de cómo se siente.

Quizás algún día lo haga.

El móvil sigue apagado en la mesita. No recuerda la última vez que estuvo desconectado. Debió de ser hace mucho, cuando era un niño. Cuando tenía un hermano con el que compartía habitación.

No imagina que es en su móvil donde hallarán la clave que vinculará a todas las víctimas.

XLVI

En las horas que lleva atado a esa silla, Sergio ha repasado toda su vida. Cuando era pequeño, en Madrid, su padre solía llevarlo al cine todos los fines de semana, a pesar de que eso obligaba a su madre a cuidar de sus dos hermanas pequeñas. Siempre iban al Capitol, con su fachada *art déco* y el gran letrero de neón. Caminaba cogido de la mano de su padre por la Gran Vía y, al ver las luces brillantes, tenía la sensación de que miraba un faro que anunciaba la llegada a un nuevo mundo. Recuerda las escaleras, el vestíbulo adornado con paneles de madera; el olor de las palomitas, a mantequilla y maíz caliente; las cortinas pesadas y polvorientas, las butacas de terciopelo rojo con quemaduras de cigarrillos.

Fue en el Capitol, una tarde de domingo, donde vio *Salvar al soldado Ryan*. Tenía doce años y los primeros veinte minutos de película le volvieron un pacifista convencido. También fue donde se emocionó con *Braveheart* y *Forrest Gump*, donde lloró con *La vida es bella*.

Aun así, recuerda que vio todas esas películas solo.

Su padre desaparecía durante los anuncios, «para ir al baño», y volvía a aparecer al final de la película.

Él no le preguntaba por qué había tardado tanto ni su padre le daba ninguna explicación. En el camino de vuelta, Sergio le hacía un resumen de la película, le explicaba las mejores escenas, el personaje que más le había impactado.

Su padre, como él, era un hombre de grandes secretos.

Squark le ha vuelto a cubrir la boca con cinta americana y le escuece mucho la cara. El dolor en los hombros es intenso. Cuando intenta mover un poco los brazos en busca de alivio, una descarga eléctrica lo atraviesa de las muñecas a la nuca. Con una mueca de sufrimiento, vuelve a recolocarlos en la misma posición.

Recuerda aquella vez en que fueron al supermercado y, con la compra ya en el maletero, su padre lo dejó hora y media encerrado en el coche con un cómic de Mortadelo y Filemón. Le dio tiempo a leerlo varias veces.

El hombre apareció casi corriendo y se metió en el coche con la respiración agitada y la cara sudorosa.

—Perdona, hijo, me han entretenido más de lo que pensaba.

Él nunca preguntaba qué era lo que le entretenía todas aquellas horas que lo dejaba solo. Era un tema tabú, algo que habían acordado de forma tácita no mencionar jamás. Aquel día, cuando aparcaron en el barrio, su padre abrió el capó y se manchó las manos con la grasa del motor.

—Sergio —le dijo—, cuando tu madre pregunte por qué hemos tardado tanto, le diré que se me estropeó el coche y tuve que cambiar la bujía.

—Vale —respondió un poco nervioso.

No quería mentir a su madre, pero le encantaba que su padre lo llevara al cine.

—Buen chico. Mamá se enfadaría y no queremos eso, ¿verdad?

Él negó con la cabeza, un poco confundido.

Al entrar en casa, la mujer doblaba una montaña de ropa mientras sus hermanas dibujaban en la mesa. Era una mujer menuda, de pelo corto y rizado, con unos ojos grandes y almendrados. Sosteniendo unos calzoncillos en la mano, les lanzó una mirada tan penetrante que Sergio desvió la mirada a la punta de sus zapatos.

—Cariño —su padre esbozó su mejor sonrisa antes de darle un suave beso en la mejilla—, lo siento mucho. La bujía... ya sabes. He tenido que ir a buscar una de recambio.

La mujer no dijo nada. Aquel coche había tenido más averías de lo que era razonable. Sonrió a su hijo, y el niño, un poco avergonzado, le dijo que tenía hambre.

Mientras su madre le calentaba la comida, Sergio la abrazó por la espalda. Colocó la mejilla entre los omoplatos y ella se dejó hacer, feliz por esa muestra de afecto.

Todavía ahora es extremadamente cariñoso con ella. Lo hace de corazón, pero sus abrazos van revestidos de cierta tristeza, de un aire de traición que nunca se ha sacudido del todo.

Sin duda, ha sido un mal hijo y un peor marido.

El local está en penumbras. Solo se filtra algo de luz entre las rendijas de la puerta y por la ventana estrecha y alargada, que está muy alta. En todas las horas que lleva allí amordazado, solo ha oído el rumor lejano de un par de coches.

Sentado a unos metros de él, Squark trabaja en su ordenador. La pantalla le ilumina la cara y esos ojos tan bonitos desprovistos de todo sentimiento. Únicamente cuando habla con esa voz impostada, como si fuera alguien mayor, parecen cobrar algo de vida. Entonces brillan con una mezcla de arrogancia y locura.

Dentro de poco esos ojos le obligarán a que tome una decisión.

Mientras tanto, Sergio vuelve al carrusel de los recuerdos. Sus padres aún viven juntos y parecen felices. Alguna vez Sergio ha sentido la tentación de preguntarle a él: «¿Qué hacías durante esas ausencias? ¿Era otra mujer? ¿Un hombre? ¿Prostitutas?». Pero nunca ha sido capaz.

Se promete que, si sale de esta, si sobrevive, obtendrá una respuesta.

No sabe si el hecho de ser la coartada de su padre fue lo que le enamoró del cine, pero a lo largo de su vida ha visto cientos, miles de películas. Recuerda historias, diálogos, personajes. Sabe que todas estas historias han configurado la persona que es. Son su fuente de inspiración, de ideales, de sueños. Ir al cine continúa siendo, con mucha diferencia, su afición favorita.

Antes de que cayera en las garras de ese psicópata, todas las semanas iba al cine Verdi para ver algún clásico del ciclo «Imprescindibles».

¿Fue casualidad que viese allí *La decisión de Sophie*?

La expresión de Meryl Streep, cuando se ve obligada a realizar su imposible elección, le viene a la cabeza una y otra vez.

¿Qué somos capaces de aceptar en circunstancias extremas?

Atado a esa silla, es consciente de que, si escoge a una de las dos mujeres a las que ama, tendrá que vivir el resto de su vida con esa decisión. Formará para siempre parte del esquema perverso de ese hombre.

Y, si no lo hace, morirá.

Rememora a Meryl Streep en la magistral escena final, con su dolor, su desesperación y se siente extrañamente desconectado.

Como aquellas horas solo en el cine.

Como aquel día sentado en el coche.

Como cuando su madre lo miraba a los ojos y él desviaba la vista para que no descubriese la mentira dentro de él.

A pocos metros de él, Squark sigue trabajando en su portátil, ajeno al debate interior que lo desgarra por dentro.

Ajeno a que forzar a Sergio a tomar esa decisión, podría convertirlo en alguien muy peligroso.

XLVII

El restaurante se llama Masala73. Es un restaurante hindú del Eixample, con un precio asequible y una cocina de sabores intensos. Piden dos cervezas King Fisher y pan *naan* con queso como aperitivo.

Los primeros minutos hablan del caso. Estrada le explica que aún no hay ninguna denuncia por desaparición ni han encontrado una nueva nota. Pronto se dan cuenta de que, si no cortan la conversación, su cita se convertirá en una reunión de trabajo, así que prometen no volver a hablar del tema.

Sentados uno frente al otro, resulta evidente que apenas se conocen. Y que ambos arrastran alguna historia triste.

—¿Tienes hijos? —pregunta Berta.

Él niega con la cabeza.

—No. Estuve casado trece años, pero no tuvimos hijos. Me divorcié hace seis años.

—Lo siento.

Él sonríe sin alegría.

—Fue duro, pero he llegado a la conclusión de que fue lo mejor para los dos. Cuando vuelvo la vista atrás, me doy cuenta de que no era demasiado feliz. Ahora tampoco lo soy, pero estoy... no sé, más tranquilo. ¿Y tú?

—¿Que si tengo hijos? —Él asiente mientras da un trago a su cerveza y ella niega con la cabeza—. No. Estuve con una pareja diez años, pero lo dejamos hace seis meses. Y, bueno, hay días en los que pienso que fue lo mejor que podía suceder, y noches en las que no paro de llorar.

Ahora es ella quien sonríe sin alegría.

—Lo siento.

—No pasa nada. Lo cierto es que Miguel, así se llama mi ex, se pasaba la vida mirando el móvil o la televisión. En realidad, yo no era en absoluto feliz, pero lo quería. O tal vez quería la vida que imaginé que tendríamos. O quizá no quería volver a estar sola. Sé que no tiene mucho sentido, pero...

—El corazón entiende razones que la razón no entiende —añade David, conmovido—. No sé quién dijo eso.

—Es así. Nos habíamos distanciado, pero yo me resistía a aceptarlo. Me levantaba por la mañana, volvía a casa por la noche, pasábamos los fines de semana juntos. Y si me hubieses preguntado qué parte del día era la mejor, no habría sabido responderte. Me sentía como si flotase en medio de un río y me dejase arrastrar. La sola idea de nadar hasta la orilla y empezar a caminar por mí misma me parecía aterradora. ¿Y tú?

Berta lo observa mientras da un trago a su cerveza. Estrada calibra si hablarle de Ivanka, pero decide que es demasiado pronto.

—Bueno, pues acabas de describir mi propia vida. Raquel y yo nos conocimos jóvenes, nos casamos jóvenes y nos desencantamos jóvenes. Es una buena persona, supongo, pero la vida con ella no era del todo fácil. Siempre tenía algún motivo para quejarse o para estar enfadada. Ahora creo que era una cuestión de carácter, pero entonces pensaba que mi trabajo no ayudaba. —Hace una pausa y, cuando la mira a los ojos, cambia de opinión—. Y, bueno, tuve una aventura. Nada serio, pero ella no me lo perdonó. Para ser sincero, creo que, si no la hubiese engañado, aún flotaría en ese río del que me hablabas, mirándote caminar sola por la orilla.

Berta sonríe con todo su rostro.

—¡Vaya! Como se suele decir, querías nadar y guardar la ropa.

—No sabía si contártelo... No quiero que tengas una mala impresión sobre mí. —Estrada se siente tentado de confesarle que era Ivanka, pero recuerda que Borrell ha estado en la reunión, así que decide ir despacio—. No es algo de lo que me sienta orgulloso. Te propongo una cosa: en nuestra próxima cita, te contaré más detalles, si te apetece. Entenderás que es... complicado. Esta noche prefiero que hablemos de nosotros. Técnicamente, esta es mi primera cita en dos años y no quiero estropearlo.

—¿En serio? —Berta levanta su cerveza y brindan—. Por tu primera cita en dos años, y la mía en seis meses.

Cuando llega la comida, Estrada le ofrece probar su plato. Ella pica un poco y le da las gracias. Adora la comida exótica. Siguen charlando mientras se suceden unos cuantos platos más. Estrada tiene un apetito voraz y come con ganas, saboreando cada especialidad. De vez en cuando, cierra los ojos, como si quisiera concentrarse en el sabor. Por algún motivo, su apetito, esa manera de disfrutar de la comida, le parece a Berta algo muy atractivo.

O quizás sea su estrabismo lo que la atrae, esa mirada que a ratos parece dirigida al infinito.

Después de cenar, él la acompaña a casa andando. Caminan sin prisa, con las manos en los bolsillos, por calles anchas y elegantes. Ella le habla de sus padres, de su infancia en el bar y del libro de Stephen Hawking.

—Y te enganchaste a la física —concluye Estrada, fascinado.

—Supongo que sí. Aunque creo que más bien me generó mil dudas más y quería saber. Y, ya ves, me dediqué a la física cuántica y solo he conseguido tener aún más dudas. ¿Y tú? ¿Por qué te hiciste policía?

Él piensa un momento.

—Mi historia es mucho menos interesante. De pequeño se me daban muy bien las mates, mis padres querían que estudiara Económicas o una ingeniería. Pero también soy bueno relacionando cosas. Y me gusta la idea de que los malos paguen por lo que han hecho. Así que al final estudié criminología.

—¿Mucho *CSI*?

—En parte sí. —David ríe—. Se estrenó cuando yo estaba en segundo de bachillerato. Me impactó tanto que me pareció que lo mejor era ser policía. No me apetecía demasiado ser forense.

—Así que ahora resuelves crímenes. ¿Y qué pasa cuando no lo consigues, cuando no puedes resolver un caso?

—Bueno, me cuesta aceptarlo —responde muy serio—. Cuando no encuentro al culpable, puedo ser muy obsesivo.

Caminan un rato más en silencio. Él permanece pensativo hasta que, sin mirarla, dice:

—¿Te has fijado en que desvío un ojo? —Parece más una reflexión que una pregunta.

—Sí, aunque he de decirte que me parece una característica muy atractiva.

—Gracias —sonríe él—, es la primera vez que me lo dicen. No es de nacimiento. ¿Recuerdas el caso del pantano de Susqueda? ¿Aquella pareja a la que asesinaron y hundieron sus cuerpos cerca de la presa?

—Sí.

—Yo era el encargado del caso. Fue hace seis años, justo cuando me estaba divorciando. Fue una época muy difícil para mí y, bueno, me obsesioné con ese crimen. Estaba convencido de que había encontrado al asesino, pero la defensa desmontó mi investigación. En fin, en aquella época fumaba y bebía bastante y comía fatal. Finalmente, tuve una embolia que me provocó daños en el nervio óptico. Estuve a punto de morir, pero, afortunadamente, solo perdí la visión de este ojo —Estrada se señala el ojo izquierdo con el índice—, por eso lo desvío a veces. Como no sabe dónde tiene que mirar, va un poco a su aire.

—Vaya, lo siento mucho.

Él hace un gesto como para quitarle importancia.

—Está superado. Supongo que debo dar gracias. Podría haber sido mucho peor y, gracias a eso, cambié de vida. También cerré definitivamente aquel caso. Aunque últimamente, con todo esto de Squark, me viene muchas veces a la cabeza.

—¿Por qué? ¿Ves alguna coincidencia?

—No, no... No encuentro nada que tenga relación. Quizás es porque ese caso me marcó especialmente. Esos chicos eran jóvenes e inocentes. Y supongo que, también, por todo lo que pasaba en mi vida en ese momento. Después de años sin pensar en aquello, desde que todo esto empezó, me vuelve a la mente de forma constante. Es como si mi lesión cerebral emitiera unas señales extrañas.

Berta se detiene. Sin darse cuenta, han llegado hasta su portal. Dos agentes, metidos en un coche, hacen un gesto con la cabeza y ellos los saludan con la mano.

—A veces nuestro cerebro utiliza otras maneras de, no sé... —murmura ella— recuperar cierta información que podría sernos útil.

—La verdad es que no me lo explico.

—Mis padres siempre decían que las cosas más ilógicas se aclaran cuando les pones palabras.

—Lo intentaré... Es como si una parte de mi ser supiera, no me preguntes por qué, que esos dos casos están relacionados de alguna manera. No tiene sentido, es más bien una especie de pálpito. Imagino que llevo demasiados años viendo crímenes.

Berta piensa en la sensación de calor que le recorre el cuerpo cuando presiente algo malo. Se pregunta si Estrada, que estuvo al borde de la muerte como ella, sentirá algo parecido. Con todo, teme que no es una buena idea hablarlo al final de su primera cita, así que contesta:

—Será tu instinto policial. De todas maneras, yo te diría que es bueno que hagas caso a tu instinto.

—Supongo que sí... Escucha, no quiero que acabemos la noche hablando de asesinatos y del pasado. Quería decirte que lo he pasado muy bien.

—Yo también. De verdad.

—Entonces, ¿querrás repetir?

—Sí. Lo cierto es que me he cogido unos días de vacaciones y, aparte de estar ayudando a la policía, tengo mucho tiempo libre.

—Pues te escribo mañana. —Ella asiente con expresión entusiasmada—. Si no te importa, esperaré a que subas a casa y compruebes que todo está bien.

—Te haré una señal desde la ventana, en plan Julieta. Si ves que las luces parpadean, sube corriendo.

—No llevo la pistola, pero soy letal en el cuerpo a cuerpo.

Ella ríe. De pie, frente a su edificio, se miran en silencio. A su lado, Berta se siente muy pequeña, como si estuviese frente a un muro. Tiene la tentación de colocarle bien el cuello de la camisa, de acariciarle los rizos de aspecto mojado, de besar ese ojo que parece mirar dentro de ella.

De pedirle que suba.

No quiere volver sola a su piso vacío y ordenado a pasar otra noche de insomnio. Sin embargo, se dice a sí misma que es demasiado pronto. Coloca las manos sobre su pecho y se pone de puntillas para darle un beso, leve y húmedo, en los labios. Él apenas roza su cintura con sus manos enormes y calientes.

Al separarse, se miran con una sonrisa bobalicona.

—Buenas noches —dice ella.

—Buenas noches.

Y, de pronto, Estrada tira de su mano y la acerca a su cuerpo. Repite el beso, esta vez un poco más largo. Cuando se separan, se miran con los ojos brillantes. La sensación de ir despacio lo hace sentirse bien. Una corriente de felicidad le confirma que no es más que un perro tontorrón y romántico.

A unos cuantos metros de distancia, los dos agentes los observan disimuladamente, mientras susurran alguna broma dentro del coche.

Estrada espera, emocionado, a que Berta se asome por la ventana para despedirse con un gesto de la mano.

Una docena de metros más allá, Squark, con los ojos entornados, mira primero a Estrada y luego a la figura de la ventana.

Echa una rápida ojeada a los dos agentes dentro del coche antes de seguir su camino.

XLVIII

Álvaro está solo en el despacho. Desde hace tres horas, el programa coteja los datos almacenados en los móviles de Sara Pons y Jordi Untamed. Una vez más, aparece el mismo recuadro en medio de la pantalla: «No se han encontrado coincidencias en ubicaciones o desplazamientos».

Tuerce el gesto y permanece pensativo unos segundos. Entonces se le ocurre una idea. Significa comenzar de nuevo, pero podría encontrar alguna cosa y comienza a teclear en el ordenador. Observa como el programa comienza a buscar coincidencias. Decide que ya ha trabajado suficiente por hoy y deja el ordenador haciendo el proceso.

Mientras camina hacia el aparthotel, piensa en Nadia. Es más joven que él, pero tampoco demasiado. Hubiera sido natural salir alguna noche juntos, pero la chica no le ha dado ninguna opción. Al preguntarle si tenía novio, ella le contestó:

—Cuando quiera una mascota, iré a la perrera.

Álvaro nunca se ha distinguido por ser gracioso, pero hizo un burdo intento:

—Podría inscribirme en esa app de citas, «Adoptauntio.com».

—Yo de ti lo haría, igual encuentras una mujer madura con presbicia que no distinga tu cara de cerca.

Él dejó escapar una risa forzada y no se atrevió a decir nada más.

Si tuviera un poco más de experiencia, o si hubiese cultivado su vida social en vez de pasarse la adolescencia y la juventud entre ordenadores, sabría que Nadia no queda con él porque solo piensa en su compañero.

Sabría que Nadia no queda con nadie desde hace un año.

Pero Álvaro es joven y, en ciertos aspectos, ingenuo. Su experiencia sentimental es limitada, y en su unidad hay muy pocas mujeres.

Es consciente, por los comentarios que oye, que en todos los trabajos en los que hay hombres y mujeres suele haber historias amorosas. Así ha sido durante toda la historia de la humanidad y la policía no es una excepción. Algunas acaban bien y otras pasan.

Lo que no entiende es por qué le cuesta tanto que le pasen a él.

Si hace caso a su madre, es un chico atractivo. Tal vez solo lo dice para infundirle confianza, pero, independientemente de eso, sabe que no tiene nada que ver con el físico. Hay una parte que es química, personas que, sin ser guapas, emanan algún tipo de señales que, a él, por algún motivo, se le escapan.

Nadia es una de esas personas y él recibe las señales, pero no sabe cómo hacerle llegar las suyas. En realidad, se pregunta si es capaz de emitir algún tipo de señal que las mujeres puedan captar.

Casi sin darse cuenta, ha llegado a su destino.

El aparthotel Attica 21 Vallès está a trece minutos andando de la central de los Mossos d'Esquadra de Sabadell. Es un edificio rectangular enorme de color crudo con dos hileras de ventanas.

Álvaro saluda al conserje y toma el ascensor. El apartamento es moderno y funcional, tiene un sofá y una televisión. También una cocina que no ha utilizado una sola vez.

Deja la chaqueta en el sofá y trastea un poco el móvil. Es tarde para escribir a su madre, pero quizás Nadia esté despierta. Podría enviarle algo de trabajo. Escribe: «Aún no he encontrado ningún resultado significativo». Descarta la idea por estúpida y borra el mensaje.

No tiene hambre y se da una ducha caliente antes de meterse en la cama. Cinco minutos más tarde, duerme profundamente.

De madrugada, a un kilómetro de distancia, en la central de los *mossos*, el ordenador ha acabado de cotejar los datos y en la pantalla parpadea un recuadro:

1 COINCIDENCIA DE CONTACTOS

XLIX

A Sergio lo despierta la luz aguada del amanecer que se cuela por la ventana. Por primera vez, la realidad es más horrible que su pesadilla.

Pasea la vista alrededor, pero Squark aún no ha aparecido. A medianoche, después de dar vueltas a su cabeza durante horas, se sentía aturdido y con ganas de vomitar, pero finalmente ha tomado su decisión. Al hacerlo, le ha invadido una calma extraña y, minutos después, se ha sumido en un sueño intranquilo, con la barbilla reposando sobre el pecho.

Ahora, la posibilidad de sobrevivir se ha desvanecido por completo, al igual que su secreto y la oscuridad. En su realidad delirante, le viene a la mente una frase de Frodo. La tiene grabada de tantas veces que ha visto la trilogía de *El Señor de los Anillos:*

> ¿Cómo retomas el hilo de una vieja vida?
> ¿Cómo continúas, cuando en tu corazón
> empiezas a entender que no hay regreso posible?

Imagina que, a estas horas, Bruna ya habrá denunciado su desaparición, y es probable que la hayan puesto al corriente de la existencia de Candela. Para cuando lo encuentren, todo habrá salido a la luz.

Candela sabrá que él tenía otra mujer, y su hijo, que su padre los engañaba.

Bruna se sorprenderá de que fuese tan tradicional, de que se casase con su primera novia, por la iglesia, con doscientos invitados.

Candela, de que haya podido engañarla de esa manera, habiendo crecido juntos.

Las dos pensarán que no lo conocían en absoluto. Ninguna sabrá nunca que él amaba a Candela tiernamente y a Bruna con fiereza.

Se preguntarán si, cuando hacía el amor con ellas, pensaba en la otra. Si, además de ellas, hubo alguien más.

Sus compañeros de trabajo se mostrarán incrédulos y cotillearán durante años.

Sergio se consuela pensando que a lo mejor descubrir que las engañaba aligerará la pena por su muerte. O quizás no. Quizá sea peor.

Su padre se preguntará si pudo haberle influido aquellas horas de domingo en las que lo dejaba solo. Se dirá que hay algo en sus genes, que ninguno de los dos estaba hecho para amar solo a una mujer.

Sus dos mujeres lo odiarán, pero ambas vivirán.

Mueve la cabeza a un lado y al otro, hacia atrás y hacia delante, hasta que el dolor en las cervicales se hace algo más soportable. Se mira las piernas. Las bridas le han provocado heridas en los tobillos y en las muñecas, que están en carne viva.

No puede más.

Sergio no es religioso. Siempre ha pensado que la vida, al igual que la muerte, no es más que un cúmulo de casualidades. Si le ofreciesen reencarnarse en ciertos lugares, como Corea del Norte, declinaría amablemente esa oportunidad.

Ama la vida, pero tiene claro que no quiere vivir a cualquier precio.

Y sabe que, en el improbable caso de que sobreviviera, su vida ya no valdría la pena.

Él es un hombre tranquilo, pero tiene una veta de dureza, como esos animales que, cuando se ven perdidos, despliegan una fuerza superior a la que su aspecto modesto sugiere. Y, ahora que ha tomado una decisión, lo único que ocupa su mente es cómo hacer daño a su captor antes de que acabe con su vida.

Le viene a la mente Máximo Décimo Meridio.

Quizás sus circunstancias sean aún peores que las del gladiador hispano, pero esa historia le infunde fuerza.

Con expresión rota, recita en voz alta una frase de la película: «La muerte nos sonríe a todos. Todo lo que un hombre puede hacer es devolverle la sonrisa».

L

Estrada y Nadia llegan con cinco minutos de diferencia a la central. El inspector, a pesar de la urgencia por saber qué ha encontrado el programa informático de Álvaro, no ha tocado el claxon, ni ha insultado por dentro a ningún conductor imprudente o lento. Ni siquiera le ha provocado inquietud otro día de sol primaveral y sin lluvias, ni tampoco las tertulias radiofónicas en las que Squark es el invariable protagonista.

Se siente de buen humor tras su cita con Berta. Rememora cada cosa que se dijeron y, muy especialmente, los besos antes de despedirse. Su corazón late con fuerza, como si hubiera despertado tras un largo letargo.

Cuando entra en la sala, Nadia ya está allí y le lanza una mirada de reproche, pero él finge no darse cuenta. La vida amorosa de la detective pasa por una larga sequía y, a pesar de su sentido del humor, la abstinencia empieza a pasarle factura. El hecho de que su hermano haya vuelto a casa tampoco ayuda, y esta mañana parece más taciturna de lo normal.

Si no estuviese tan pendiente de Estrada se daría cuenta de que Álvaro la mira con devoción. Pero desde hace meses solo tiene ojos para su compañero que, ajeno a su mirada sombría, sonríe triunfal a ambos jóvenes.

—¿*Habemus* coincidencia? —saluda Estrada.

Con una expresión triunfal, Álvaro gira el ordenador para que pueda ver la pantalla.

—Sí, podría ser una buena pista. Lo estaba comentando con Nadia. Cotejé los dos móviles y no encontré ninguna coincidencia. Fue un proceso largo, había miles de mensajes, vídeos y fotos. Estaba frustrado, pero —Álvaro mira primero a uno y luego al otro con cara de satisfacción— caí en la cuenta de que el móvil de Sara Pons había sido manipulado. Squark borró datos y aplicaciones. Recuperar datos de aplicaciones es casi imposible, pero podía intentar recuperar los contactos borrados. Anoche dejé el ordenador trabajando y... ¡bingo! Jordi Untamed y Sara Pons habían tenido el mismo contacto: la CAA, que son las siglas de Creative Artists Agency.

—¿La misma agencia de representación?

—Sí. El número de la oficina coincide. Es decir, la persona de contacto dentro de la agencia no era la misma, pero por lo visto Sara también tuvo ese teléfono fijo entre sus contactos. He llamado a Ramon Pons y a Jordi Untamed y he confirmado que CAA los representaba a los dos.

—Buen trabajo —dice Estrada.

—Gracias. He estado investigando un poco mientras llegabais, una ventaja de vivir al lado de la central. Es una agencia muy grande, pero, si Squark es un empleado, tal vez fue allí donde descubrió que Sara Pons era CorpseArtist y que Jordi Untamed tenía un hermano gemelo.

—Podría ser alguien del departamento informático, o alguien que trabaje allí a quien se le den extremadamente bien los ordenadores, aunque... —sugiere Nadia—. ¿No os parece extraño que nadie de la agencia nos haya llamado, siendo dos de sus representados víctimas de Squark?

—Técnicamente, Joan Torras no era uno de sus clientes... —observa Estrada.

—No, pero sí su hermano gemelo —apunta Nadia.

—Habéis dicho que es una agencia muy grande, quizás crean que es una casualidad. —Álvaro lo dice bajito, como si no estuviese muy seguro.

—Quizás —reflexiona Estrada—. O tal vez no quieran ese tipo de publicidad. Los famosos suelen tener manías, como que les molesta que un asesino en serie los secuestre y los mate. Si además se enteran de que nadie les ha advertido, es probable que se enfaden con su agente. Incluso que los demanden.

—Sí —dice Nadia—. Es posible que se molesten un poco. Nadie quiere ser famoso a lo Sharon Tate.

—Álvaro... —Estrada hace una pausa y se pasa la mano por la barba—, de momento es mejor que esta información no salga de nuestro despacho. Informaré al comisario jefe, pero no queremos que esto llegue a la prensa, al menos, por ahora.

—De acuerdo —contesta el muchacho.

—Nadia, localiza a quien dirige esa agencia. Dile que queremos hacerle una visita. Si, tal como sospechamos, han visto la conexión entre las dos víctimas, tendrán ganas de cooperar.

—Son las siete de la mañana, quizás deberíamos esperar a que abran...

—Intenta quedar ahora. Pudiera ser que la nota publicada en la *dark web* haga referencia a alguno de sus clientes con una doble vida, tipo Elliot Page o Sía.

Nadia abre mucho los ojos antes de decir:

—Alguien que podría ser la víctima del experimento de la doble rendija. Alguien como Ceciarmy.

—¿Quién es Ceciarmy? —pregunta Estrada.

—Un *influencer* con millones de seguidores que actúa con un pasamontañas. Nadie conoce su identidad.

—Podría ser una opción. Concierta esa cita con el responsable de CAA. Álvaro, tú estudia las denuncias por desaparición de los últimos días, por si alguien pudiese encajar con lo que buscamos.

—¿Y qué buscamos? —pregunta él.

—De momento, alguien que tenga una doble vida, cualquier cosa que eso signifique.

LI

Squark toma asiento delante de Sergio. Está tan cerca que casi se rozan las rodillas.

Sergio puede oler su aroma a colonia cara y jabón. Lleva unos guantes negros de piel y tiene el pelo húmedo, como si acabara de salir de la ducha. Su aspecto es elegante y cuidado, no muy distinto del suyo hace unos días. Ahora, su traje Hugo Boss está arrugado y huele a sudor. Tiene la cara sucia de lágrimas y mocos.

En el regazo de Squark descansa una libreta y un bolígrafo. Sergio desvía los ojos hacia la página abierta. Está llena de anotaciones y garabatos, pero él solo puede leer el título: *Experimento de la doble rendija.*

La luz del día hace titubear las sombras y, en el suelo, se recorta el rectángulo dorado del ventanuco. Fuera, el silencio es absoluto. A Sergio le parece que en el mundo solo están ellos dos. Lo mira directamente a los ojos. Le parecen tan fríos y hermosos como un lago congelado entre montañas. No recuerda haberse fijado antes, no suele prestar atención al físico de los tíos. Puede que en algún momento pensara que eran bonitos, pero ahora le resultan incongruentes con su verdadera naturaleza.

Squark sonríe, pero es una sonrisa despiadada, como Hannibal Lecter al hablar con Clarice Starling. Incluso ahora, cuando está a punto de morir, no para de pensar en todas las películas que ha visto.

Y a pesar de que sabe que está en manos de un psicópata que va a asesinarlo, se siente extrañamente tranquilo.

—Buenos días, Sergio. ¿Preparado? —pregunta Squark abriendo un cuaderno.

No hace ningún gesto. Se limita a mirarlo fijamente mientras Squark alarga el brazo y vuelve a arrancarle la cinta de la cara. Trocitos de piel y pelos grises se quedan enganchados en la cola.

A Sergio se le llenan los ojos de lágrimas, pero no emite ningún sonido. Sigue mirando fijamente a su secuestrador mientras piensa que no recuerda haber odiado tanto a alguien en toda su vida.

—Me imagino que ya has tomado una decisión —dice Squark.

Sergio intenta que su voz suene tranquila:

—¿Cómo dijiste que era? El experimento de las dos...

Quiere ganar tiempo y, a la vez, quiere saber más.

—El experimento de la doble rendija. Es muy sencillo, Sergio: llevas años pasando por dos ranuras, pero ahora debes escoger una. Solo tienes que pronunciar un nombre, y esa será la mujer que viva.

Como toda respuesta, esboza una sonrisa torcida. La cara le duele, pero ya nada importa.

—Quieres que te diga un nombre para poder matar... Se trata de eso, en el fondo no eres más que un puto asesino.

Los ojos de Squark se entrecierran, e inclina la cabeza a un lado.

—Se trata de un experimento. Solo tienes que escoger una de las dos ranuras.

—¿Es eso lo que te dices a ti mismo? ¿Qué estás experimentando?

—Hablas demasiado. Escoge ya.

Sergio lo mira con una mueca de asco. Squark se esfuerza por mantener una expresión impasible, pero las aletas de su nariz se abren y se cierran. Se abren y se cierran.

—Estás loco y ni siquiera lo sabes —dice Sergio por fin.

Squark cierra los ojos y vuelve a hacer ese movimiento de cabeza, como si quisiera tocar el hombro con la oreja. Cuando los abre, su voz suena con esa voz impostada:

—Mi padre solía decirme cuando me enfadaba: «El éxito siempre deja huellas, y esas huellas no son actos de enfado». —Hace una breve pausa y recupera su propia voz, pero aprieta los dientes con tanta fuerza que Sergio nota la rabia en cada palabra—. Te advierto que mi paciencia está a punto de agotarse. Escoge un nombre. ¡YA!

Al gritar la última palabra, algunas gotas de saliva salen disparadas, pero Sergio sigue imperturbable.

—Ahora lo entiendo... Esa voz de retrasado que haces cuando hablas de tu padre, todas esas frases absurdas que citas. Estás loco porque el viejo abusó de ti, debió meterte la polla unas cuan...

Squark se acerca a un milímetro de su cara, como si fuera a morderle la nariz, pero eso es precisamente lo que Sergio estaba esperando. Rápidamente echa la cabeza hacia atrás, para tomar impulso, y lo golpea con todas sus fuerzas. Nota como el tabique de su enemigo se hunde contra el cráneo y un crujido seco reverbera en la nave vacía.

Tras caer de la silla, Squark se queda a cuatro patas. La sangre le mana de la nariz en un hilillo formando un charco en el suelo. Deja escapar un gemido gangoso y gutural.

Sergio se siente exultante. Pagaría con su vida para que alguien lo desatara y poder patear a ese desgraciado. Le viene a la cabeza la escena en la que Boromir, consciente de que va a morir, sopla su cuerno para avisar a la compañía del anillo del ataque de los orcos.

Un último acto de honor.

Squark se incorpora con dificultad. Parece inestable, está mareado y la sangre le empapa el abrigo negro y la camisa. Dos sombras oscuras se extienden rápidamente debajo de los ojos, que han adquirido un tono azul acerado.

Sergio quiere gritar para pedir ayuda, aunque sabe que es en vano, pero antes Squark lo golpea con el puño justo encima de la oreja.

La silla se tambalea.

Un dolor intenso, acompañado de un pitido, nubla la vista de Sergio.

Squark levanta la pierna y la repliega contra sí antes de lanzarla contra su estómago. La patada lo obliga a expulsar todo el aire de golpe y vuelca la silla.

Su cráneo impacta contra el suelo y un dolor agudo explota por todo su cuerpo. Si pudiera, Sergio se haría una bola para protegerse, pero sigue atado con las manos a la espalda y los pies a las patas de la silla.

El siguiente golpe en la cabeza llega desde arriba. Squark se arrodilla a su lado y lo golpea con la bota como si quisiera reventarle el cráneo. El pómulo y la nariz se quiebran con un chasquido seco y la boca se le llena de sangre.

Squark se levanta para seguir pateándolo, pero Sergio está casi inconsciente. Su conciencia se está alejando de allí, como si adelantara su camino a la muerte. Por eso, apenas nota las costillas rotas y los órganos reventados.

Cuando su torturador consigue dominarse, lleva varios minutos muerto.

Está jadeando y suda por el esfuerzo. A sus pies, Sergio es un amasijo de sangre y huesos rotos.

Squark libera un alarido furioso y estrella su silla contra la pared. Su experimento, cuidadosamente planeado durante meses, ha salido rematadamente mal.

Y alguien va a tener que pagar por ello.

LII

Sandra Moreno lleva un pantalón vaquero y un ancho jersey de punto. Es representante de artistas desde hace más de veinte años, pero, por su aspecto juvenil, nadie lo diría.

En su despacho, con vistas a la Diagonal, hay un montón de fotografías. Todas son en blanco y negro, y Estrada y Nadia reconocen a muchos de sus representados. Algunas son antiguas, pero la mujer que tienen delante apenas ha cambiado respecto a los retratos.

—¿Puedo ofrecerles un café? Es un poco temprano.

Aunque lo ha dicho con segundas intenciones, su tono es amable y suave.

—No, gracias —dice Estrada.

—Yo tampoco —añade Nadia.

—¿Sabe por qué estamos aquí? —pregunta el inspector.

—Lo imagino. Porque Sara Pons era clienta nuestra.

—Sí. Y también porque Ramon Torres era el hermano de Jordi Untamed, que, si no estamos equivocados, también es cliente suyo.

Sandra asiente mientras da un sorbo a su café.

—¿Y qué quieren saber?

—En primer lugar, empecemos por lo más obvio. ¿Ha ocurrido algo extraño en su oficina en los últimos meses? —pregunta Nadia.

—¿A qué se refiere?

—Algún ataque informático, una fuga de datos, algún correo o mensaje extraño...

—No, dada la naturaleza de nuestros clientes, somos extremadamente cuidadosos con nuestra base de datos. Créame, pagamos una fortuna para evitar ciberataques.

—¿Y a nivel de personal? —interviene Estrada—. ¿Algún conflicto con alguno de sus trabajadores? ¿Algo que le llamase la atención?

La mujer vuelve a negar con la cabeza.

—Tenemos un equipo consolidado y muy buen ambiente de trabajo. Pagamos bien, ofrecemos facilidades de horario, teletrabajo. Aunque suene a tópico, somos como una gran familia.

—¿Cree que las dos víctimas podrían tener alguna relación? —pregunta Nadia.

—No se me ocurre ninguna. Si la tenían, la desconozco por completo.

—Señora Moreno —dice Nadia—, ¿podría facilitarnos acceso a las fichas de personal?

—Por supuesto. Actualmente nuestra plantilla en la oficina de Barcelona es de diecinueve personas, incluyéndome a mí.

—¿Cree que estarán dispuestos a colaborar? Podemos citarlos en comisaría, pero es mucho más lento y costoso.

—No hace falta. Todo el mundo colaborará encantado. Puedo cederles una de las salas de reuniones y mi secretaria les proporcionará las fichas de todo el personal y todo cuanto necesiten. Lo único que les pido es la máxima discreción. Aunque se suele decir que no hay mala publicidad, creo que este caso sería la excepción.

—Seremos discretos, pero Squark tiene a toda la prensa como loca. Aunque a nosotros tampoco nos guste, me temo que más pronto que tarde se enterarán —asegura Estrada.

Sandra Moreno no dice nada, pero expulsa el aire suavemente.

—Entonces, ¿podremos entrevistarlos a todos durante el día de hoy? —pregunta Nadia.

—Casi. Tenemos una agente que está de baja por maternidad, uno de marketing de vacaciones y un financiero que lleva dos días sin venir por una gripe. Aparte de eso, podrán entrevistarlos a todos.

—De acuerdo. Descartaremos la baja de maternidad, pero queremos contactar con los otros dos.

Sandra los mira con los ojos vidriosos.

—¿Creen que ese Squark escoge a sus víctimas en nuestra agencia?

—De momento es solo una pista que estamos investigando —dice Estrada, encogiéndose de hombros—. Esta agencia es el único vínculo que hemos encontrado entre las dos víctimas. Puede que solo sea una terrible casualidad.

La mujer sonríe con tristeza.

—Espero de todo corazón que lo atrapen pronto. Y que, tal como dice, no sea más que una casualidad.

Unas horas más tarde, Estrada y Nadia han ordenado las fichas de personal de más probable a menos probable. En las últimas posiciones están las mujeres y un par de hombres cercanos a la jubilación. En las primeras posiciones, los varones.

—Fíjate en este tipo —dice Nadia—. Sergio Miranda. Es financiero, pero antes de sacarse la carrera de económicas hizo la de ingeniería informática. Es el que lleva dos días sin venir por gripe. Treinta nueve años, atlético. Y no hay ningún contacto de familiares. Voy a llamarlo.

Nadia marca el número de móvil y le salta una voz monótona: «Este número está apagado o fuera de cobertura».

—Podría haberlo desconectado si no se encuentra bien —apunta Estrada.

—Podría.

—Ve con el siguiente trabajador. Voy a desplegar mi encanto y a hacer unas cuantas preguntas.

Estrada se levanta y se dirige a la secretaria que le ha entregado las fichas. La mujer, una rubia teñida de unos cuarenta años con los labios gruesos, se muestra muy solícita. Él intuye que siente curiosidad, pero es demasiado educada para preguntar. Esta noche tendrá un buen tema de conversación en casa.

—Disculpe, hay un trabajador de esta agencia, Sergio Miranda... Creo que no ha venido por enfermedad.

—Sí, tendría que haber llegado el lunes, pero nos mandó un mensaje de que estaba con gripe.

—¿Podríamos acceder a su ordenador?

—No es posible. Sergio trabaja para las dos sedes, Madrid y Barcelona, así que siempre lleva el portátil con él.

—Comprendo. Y, cuando está en las oficinas, ¿tiene algún ordenador fijo?

La mujer le señala el espacio diáfano.

—Tenemos puestos de trabajo itinerantes y ordenadores portátiles. En teoría, nadie tiene un sitio asignado, aunque, ya sabe, la gente siempre tiende a sentarse en los mismos lugares. ¿Por qué no lo llaman? Es un hombre extremadamente amable.

—Lo hemos hecho, pero tiene el teléfono desconectado.

—Pues eso sí que es extraño —dice la secretaria, preocupada.

—Bueno, supongo que estará bajo un montón de mantas y pañuelos usados.

La mujer sonríe antes de decir:

—Pues a mí no me importaría estar ahora mismo bajo un montón de mantas.

Estrada, que no sabe muy bien cómo interpretar el comentario, solo tuerce el gesto. Ve que Nadia aún habla con el trabajador, así que decide seguir hablando con la mujer.

—¿Conocía a Sara Pons?

—No, jamás venía por aquí. Pero bueno, igualmente fue una gran conmoción cuando nos enteramos.

—¿Y a Joan Torres?

—No, quizás acompañara alguna vez a Jordi, pero no lo recuerdo. Cuando vi la fotografía en la prensa, le encontré el parecido, pero ni siquiera sabía que nuestro representado tenía un hermano gemelo. En realidad, a la mayoría de nuestros clientes no les gusta mezclar a la familia en sus asuntos. Otros, sobre todo los jóvenes, ya sabe, nombran representante al padre o a la madre, lo cual acaba siendo una pesadilla.

—¿Y qué me dice de Sergio Miranda?

—Es un *gentleman*: educado, cortés, muy discreto. Ya sabe, uno de esos hombres que nunca cuentan nada de su vida privada y que escuchan más que hablan. Imagino que, si eres financiero, la discreción es uno de tus activos.

—¿Estaba casado?

—No estoy segura. Creo que sí, pero no puedo confirmárselo. Como le he dicho, no solía hablar sobre él mismo.

—He visto en la ficha que era informático de formación. ¿Alguna vez ayudaba en ese departamento?

—¡Uy, qué va! Y nuestro informático es muy talibán en su trabajo. No dejaría que nadie metiera las narices ahí. Pero, ahora que lo dice... Creo que Sergio gestionaba él mismo todo lo que tenía que ver con su ordenador. Era muy meticuloso al respecto y, bueno, como entendía del tema, se le concedían ciertas licencias.

—Entiendo... —Estrada ve que el hombre que entrevistaba Nadia sale del despacho—. Muchas gracias. Si necesito algo más, ya sé a quién acudir.

—Solo tiene que pedírmelo.

Estrada vuelve a entrar al despacho.

—Nadia, ¿qué posición ocupa Sergio Miranda en nuestro orden de sospechosos?

—Está en el podio. La plata es para el informático de la agencia, un tipo de cuarenta años que la última vez que hizo ejercicio se llevaban cintas en la frente y calentadores. Mira la foto —en la ficha se ve un hombre de unos cuarenta años, con los mofletes tan redondos como si los llevara llenos de comida—, parece que haya vivido en la nave de Wall-e. El bronce es para el chico de treinta que acabo de entrevistar. Estudió estadística y, no me preguntes por qué, acabó trabajando aquí. Recién casado, sin hijos. A falta de comprobarlo, el día que mataron a Sara Pons estaba de viaje de negocios en Andorra.

—¿Cuántos nos quedan?

—Si quitamos a las mujeres y a los mayores de cincuenta y cinco, solo tres. De esos uno es el contable, un padre de familia con tres hijos, y dos son agentes comerciales. De estos dos, uno estaba de viaje de novios hasta hace una semana, y el otro tiene una niña de tres años y un hijo de ocho meses.

Estrada reflexiona un momento. Luego se incorpora, nervioso.

—¿Te parece que vayamos a casa de Sergio Miranda? Te lo cuento por el camino, pero mi amiga secretaria me ha revelado algunas cosas que le dan algunas cabezas de ventaja respecto al número dos. Si estoy equivocado, ya seguiremos con las entrevistas.

Nadia se pone en pie, como impulsada por un resorte, y agita una ficha delante de él.

—¡Vamos! Me encanta ver esos pisos antiguos del Eixample.

LIII

Bruna tiene el día libre, pero, aunque no hubiera sido así, tampoco habría ido a trabajar. Desde anoche no recibe ningún mensaje del que, desde hace años, es su pareja. Sospecha que se ha enterado de su aventura y necesita tiempo para asimilarlo. Imagina que en breve tendrá que afrontar la conversación más incómoda de su relación y no sabe qué puede decirle. Que le mandara ese mensaje tan frío e impropio de él acabado con un: «necesito tiempo para pensar», es sin duda una prueba.

Desde entonces, no ha podido localizarlo, lo cual le parece una señal clara. Solo los que llevan años juntos comprenden ciertos silencios.

La noche ha sido larga e intranquila. Durante lo poco que ha dormido, soñaba con Sergio y con su amante; los dos hombres se enfrentaban. Ella quería proteger a Sergio de todo el dolor que le estaba causando, pero era incapaz de moverse.

Se ha despertado angustiada y no ha podido volver a dormirse.

Ama a su pareja y no entiende cómo ha podido ser tan estúpida. Quizás porque su amante es guapo y lee poesía, como ella. Quizás porque la hace sentirse atrevida y joven. Quizás porque, en el fondo, ella no es más que una persona superficial e impulsiva, algo que siempre le ha parecido un rasgo detestable de su personalidad.

Sea como sea, si su amante le vuelve a escribir, le dirá que no quiere volver a verlo. Le pedirá que la deje en paz, que ese par de encuentros han sido una terrible equivocación.

Ahora lo único que le preocupa es arreglar las cosas con Sergio.

Cuando llaman a la puerta, lo primero que piensa es que él ha vuelto. Atraviesa el pasillo casi corriendo, vestida únicamente con un pijama corto y una chaqueta de punto. Al abrir la puerta, la pareja de policías le provoca un presentimiento oscuro que le encoge el corazón.

—Somos el inspector David Estrada y la detective Nadia Mateo —le enseñan las placas ante la mirada incrédula de ella—. Necesitamos ver a Sergio Miranda —dice ella.

—No está en casa. Se encuentra en Madrid, por trabajo.

Los dos agentes intercambian una mirada.

—¿Es usted familiar?

—Soy su mujer, bueno, su pareja.

—¿Podríamos hacerle unas preguntas?

—Sí, claro. ¿Ha pasado algo?

—Estamos tomando declaración a todo el personal de CAA.

Bruna suspira, aliviada. La siguen por un pasillo lleno de fotos de los dos o de ella sola en diferentes paisajes. Se sientan a la mesa del comedor.

—En la oficina nos han dicho que su marido estaba con gripe —suelta Nadia.

Bruna los mira llena de confusión. Lo primero que le viene a la cabeza es que Sergio ha mentido porque quería estar solo. Necesitaba procesar que lo ha engañado, pero no tiene ninguna intención de hablar de eso con la policía. En unas horas todo quedará aclarado y no piensa ponerse en evidencia por unos minutos de pánico.

—Bueno, no sé qué decirles. Tuvimos una discusión y puede que necesite un momento de soledad.

—¿Suele marcharse cuando discuten? —pregunta Nadia.

Bruna la mira con los ojos muy abiertos y niega varias veces con la cabeza.

—No, lo cierto es que no... Pero es un tema complicado.

—Estamos intentando localizarlo, pero tiene el teléfono desconectado —dice Estrada—. ¿Cuándo fue la última vez que habló con él?

—Ayer a las once de la noche. Me mandó un mensaje para decirme que se iba a Madrid, que había surgido un problema de trabajo.

Nadia cruza una mirada disimulada con Estrada antes de hablar:

—Sin embargo, mandó un correo a la oficina para decir que estaba enfermo y no ha ido a trabajar. ¿Tiene alguna idea de dónde podría estar?

Bruna, que no conocía ese detalle, respira para contener las lágrimas que tratan de asomar a sus ojos.

—Tal vez se haya ido a su piso de Madrid. La mitad de la semana trabaja allí.

—Comprendo —dice Estrada en tono comprensivo—. ¿Sabe si ha dejado aquí su ordenador?

—No, no ha dejado nada. Tampoco se ha llevado la maleta... Es posible que esté dando vueltas con el coche y aparezca en unas horas.

—Señora, ¿qué vehículo lleva su pareja? —pregunta Nadia.

—Un Volkswagen Polo, de color negro. La matrícula es 1192LKL. Está a mi nombre. —Nadia anota los datos—. Anoche comprobé que no estaba en el garaje. Perdonen, me han dicho que están investigando a todo el personal. ¿Es por algo en concreto? ¿Creen que podría haberle pasado algo?

De repente se da cuenta de que, durante toda la conversación, no ha dejado de sentir una opresión en el pecho, como si hubiese dejado entrar en su casa a dos ángeles oscuros.

—Estamos manteniendo entrevistas con todos los trabajadores, es todo cuanto puedo decirle —la tranquiliza Nadia—. ¿Puede darnos su dirección de Madrid?

—Sí, la tengo apuntada en algún sitio —responde Bruna mientras comprueba el móvil—. Es uno de esos pisos compartidos, por eso no he ido nunca. Aquí está.

Le muestra la pantalla a Nadia y ella copia los datos.

—Gracias. —Le devuelve el móvil—. Comprobaremos si ha ido allí.

Bruna se siente tremendamente incómoda. Por un momento está a punto de contarles lo de su aventura, explicarles que Sergio ha desaparecido porque ella lo ha engañado, pero se muerde los labios.

—Señora —le dice Estrada a la vez que le alarga una tarjeta—, aquí tiene mi móvil y el teléfono fijo de la central. Por favor, si su pareja contacta con usted o bien recuerda cualquier cosa que nos ayude a localizarlo, llámeme enseguida.

Bruna toma la tarjeta y Estrada advierte que las manos le tiemblan un poco.

Cuando cierra la puerta, se queda un buen rato con la espalda apoyada contra la madera y los ojos cerrados. Entonces abre el móvil y escribe un mensaje:

> Amor,
> lo siento mucho.
> Hablemos por favor.
> Llámame urgente.
> La policía quería hablar
> contigo por un tema del trabajo.

Ya en el ascensor, Estrada pregunta a Nadia:

—¿Qué opinas?

—Creo que puede haber algo. No quiero lanzar aún las campanas al vuelo, pero el hombre que no aparece trabaja en CAA y es informático.

—Tienes razón. Voy a llamar al comisario jefe. Necesitamos comprobar la dirección de Madrid de Sergio Miranda. Tú envía los datos del Polo a la central, y diles que emitan una orden de búsqueda del vehículo.

LIV

Squark no se considera un hombre dado a la ira. Sin embargo, cuando era joven, su umbral de provocación era bastante amplio. Se había pegado por una mirada, por una opinión o por un comentario desagradable. Incluso, alguna vez, solo porque alguien reía con un tono irritante.

Le ocurría desde que lo abandonó su madre, y digamos que se descontroló durante la adolescencia. Pero ahora puede afirmar con orgullo que, con los años, ha conseguido dominar esa parte más primitiva de su carácter.

Aún no ha llegado a la frialdad de su padre, pero se esfuerza en ello.

Mira por la ventana y apenas puede ver nada debido a la hinchazón de los ojos. Casi no ha llovido en el último año y la sequía le resulta perturbadora. Su parcela se halla en una calle apartada, en las afueras del pueblo, y hay suficiente terreno para proporcionarle intimidad. Durante el largo verano, algunas plantas han muerto y la hierba está reseca. No puede decirse que sea un jardín, más bien forma parte del bosque y, este año, los bosques están sufriendo.

La casa, de una sola planta, está apartada de la calle y queda oculta entre pinos y encinas. Es una de esas construcciones prefabricadas, con ventanas pequeñas, un dormitorio mediano y un par de habitaciones individuales, una de las cuales utiliza como despacho. El salón y la cocina se comunican y dispone de un solo cuarto de baño.

A Squark le parece un buen sitio para vivir, tranquilo y alejado de la gente. Le gusta mucho más que el piso donde pasó la mayor parte de su existencia.

Sin contar las clases que le daba su padre y las peleas, no guarda ningún recuerdo de su niñez, ni siquiera de su juventud. Si vuelve la vista atrás, solo ve horas interminables de estudio, los años oscuros y llenos de ira tras la enfermedad de su padre, viendo cómo se consumía y perdía, una tras otra, todas las capacidades que lo convertían en una persona. Y, por fin, el despertar. La revelación de su propósito: demostrar que la física cuántica puede aplicarse a los seres humanos.

Lo que pase después de eso le trae sin cuidado.

Su reflejo le devuelve la mirada desde el cristal y nota otra vez la ira condensada en su estómago. La nariz ha dejado de sangrarle, pero el hematoma se extiende bajo los ojos hinchados. Aunque ha conseguido rebajar el dolor con analgésicos, cuando puso el tabique en su sitio, gritó de dolor a pleno pulmón.

No cree que la nariz le quede recta. Se mira las manos, que también le duelen. Tiene varias heridas en los nudillos y el dedo meñique está hinchado. A su alrededor, la piel ha adquirido el color granate propio de una fractura.

«Tendrías que ver cómo ha quedado el otro», piensa con una sonrisa despectiva. Pero no, definitivamente, no es gracioso. El incidente podría haber acabado con su plan, aunque debe reconocer que ha sabido darle la vuelta y va a proporcionarle mucha ventaja.

Espera que tarden mucho tiempo en encontrar el cuerpo de Sergio. Obviamente, no tenía ninguna intención de dejarlo con vida. No es un puto retrasado, pero le molesta que se haya comportado de esa forma tan imprevisible.

Tampoco tenía intención de golpearlo de esa manera tan cruel y desordenada, pero debe reconocer que le ha sentado bien. Aunque sea ante todo un científico, también es humano.

Lo que más le molesta es haber estropeado sus guantes de Prada.

Estaba convencido de que el sujeto escogería a Bruna, la mujer de Barcelona, aunque solo fuera por no dejar sin madre a su propio hijo. Pero en vez de pasar por una de las dos ranuras, se abalanzó sobre él.

La física cuántica no deja de sorprenderlo: nunca sabes cómo va a reaccionar un sujeto cuando lo sometes a cierta presión.

De momento, esa visita tendrá que esperar. Sergio le proporcionará una buena coartada y eso le dará tiempo para actuar. Ha dejado suficientes pistas para que la policía, esa pandilla de retrasados, pueda llegar a conclusiones erróneas. Aunque le da rabia que lo confundan, mientras buscan al hombre equivocado, él podrá moverse con total libertad.

Ahora más que nunca debe tener paciencia, mantener el control. Cuando acabe el próximo experimento, quizás encuentre la manera de hacerle una visita a Bruna y esta vez no será en calidad de amante. Pero ahora necesita descansar unos días y recuperarse antes de dar el siguiente paso.

Es el más arriesgado, en parte debido a la complejidad técnica que requiere. Pero el riesgo vale la pena.

El sujeto del experimento es el ser más extraordinario que ha encontrado en todos sus años de investigación.

LV

Borrell y su equipo han hecho una gran labor de búsqueda. Aunque el vehículo aún no ha aparecido, han conseguido imágenes que sitúan a Sergio saliendo de la ciudad. En la sala de reuniones, el jefe de la unidad pone al día a Estrada y Nadia de sus avances.

—Nuestro amigo es un tipo muy ocupado. La dirección que nos proporcionó Bruna de Madrid era una tapadera. En realidad, vive en un piso en Valdezarza con su *otra* mujer y su hijo...

Estrada y Nadia se miran estupefactos.

—¡¿Sergio Miranda tiene otra familia en Madrid?! —grita Nadia.

—Así es. —Borrell mantiene un tono neutro, como si no acabara de soltar una bomba—. Su familia, bueno, sus dos familias, no tenían conocimiento la una de la otra. Esa doble vida, probablemente, facilitaba que dispusiera de tiempo para seguir y matar a sus víctimas. Estamos intentando situarlo en el lugar de los crímenes, pero lo más seguro es que no se llevase ningún dispositivo, o bien que tenga algún teléfono de prepago sin registrar.

—Perdonad, entiendo que somos profesionales y todo eso, pero... —Nadia hace una mueca maliciosa y levanta las manos—. ¡Coño, tener dos familias es, no sé, flipante! Si la mayoría de tíos no pueden ni esconder que tienen una amante.

Estrada nota que se sonroja y se apresura a cambiar de tema.

—¿Y qué sabemos del vehículo?

Borrell saca unas imágenes de la carpeta y las alarga por encima de la mesa.

—Tenemos imágenes de distintas cámaras que determinan que el Polo de Miranda salió del garaje a las once de la mañana y condujo por los túneles hasta coger la C-58. El vehículo circula con normalidad hasta la salida de Mollet del Vallès. La última cámara que lo registra es en Sant Feliu de Codines, a partir de ahí le perdemos la pista —se encoge de hombros—. Probablemente se dirigía a uno de los pueblos de la zona. También hemos situado el móvil en el mismo recorrido. Se desconecta en Castellterçol y vuelve a estar operativo al cabo de nueve horas. Los últimos mensajes se enviaron el lunes por la noche, sobre las diez, desde la zona de Castellar del Vallés. —Estrada recuerda que esa noche él cenaba con Berta—. A esa hora, el móvil se desconecta definitivamente.

—¿Hemos podido acceder al correo? —pregunta Estrada.

—Sí, al del trabajo y al personal. Hemos encontrado algunos mensajes que se enviaba a sí mismo sobre experimentos de física cuántica. También estaba suscrito a algunos canales relacionados y recibía avisos, entre ellos, del canal de Jordi Untamed. En su agenda, los dos días en que mataron a las víctimas, estaban reservados para temas personales.

—¿Y qué hay de las víctimas? —pregunta Nadia—. ¿Alguna relación con ellas?

—Conocía a Sara Pons y Jordi Untamed, se había reunido alguna vez con ellos para asesorarlos. El hermano de Sara Pons no lo reconoció, pero Untamed sí. Lo describió como un hombre pausado y muy educado. Por lo visto, tenía engañado a todo el mundo.

—No obstante, todo eso es circunstancial... —apunta Estrada.

—Sí, pero tenemos los cabellos encontrados en los dos escenarios de los crímenes. Si damos con él y le hacemos una prueba de ADN, eso sería más que suficiente ante un jurado —replica Nadia.

—Si obtenemos una prueba de ADN, podríamos resolver uno de los casos más extraños de la historia —dice el jefe de unidad con cierta emoción.

—Podríamos, pero primero hay que encontrarlo —señala Estrada—. ¿Creéis que deberíamos hacer pública la foto?

Nadia asiente y Borrell piensa unos segundos antes de declarar:

—Sí, pero seamos prudentes, no digamos que es Squark. Simplemente hagamos pública su fotografía como desaparecido. Eso dificultará sus movimientos. Y si, como dice su mujer, se ha retirado solo por problemas conyugales, puede que cuando vea su imagen en los periódicos se ponga en contacto con alguna comisaría. Entonces volveríamos al punto de partida —gruñe el jefe de unidad—. ¿Y vosotros? ¿Habéis avanzado?

—Hemos acabado las entrevistas —contesta Nadia— y, aunque aún nos faltan algunos flecos, Miranda sigue siendo el principal sospechoso.

—¿Y qué hay de la última nota?

Nadia niega con la cabeza.

—Nada. No hay ninguna denuncia por desaparición, ni tenemos la clásica misiva de Squark. Desde CAA han hecho llamadas a todos sus clientes, usando una excusa, y todos estaban localizables.

—Quizá no tuvo tiempo de secuestrarlo... —sugiere Borrell—. O tal vez lo pensaba hacer y, al ver que lo estamos buscando, ha abortado el plan.

—Podría ser.

El móvil de Estrada suena y comprueba la pantalla antes de atender la llamada. Hace un gesto con el índice dando a entender que es importante.

—Dime.

Escucha en silencio sin dejar de mirar a Borrell y a Nadia. Cuando cuelga, tiene los ojos brillantes.

—Han encontrado el coche de Miranda. Dentro estaba su móvil y una nueva nota.

LVI

Squark hace días que sigue con interés las noticias sobre el asesino cuántico. La fotografía de Sergio Miranda abre y cierra la mayoría de los telediarios. Aunque la policía solo ha dicho que se le busca como testigo, en todas las cadenas hay expertos que aseguran que su doble vida podría ser un síntoma de su psicopatía.

Squark siente repulsión por todos esos retrasados y sueña con reírse en sus caras cuando toda la verdad salga a la luz.

La nariz aún le duele y por uno de los agujeros no le pasa el aire, pero los ojos ya no están tan hinchados, solo morados. Lo peor es el nudillo roto. Cada vez que mueve los dedos tumefactos, un calambre doloroso le recorre el brazo. Ha buscado por internet y ha visto que a esa lesión se llama «la fractura de los boxeadores».

Es un milagro que no se lo rompiera antes.

Después de dos días encerrado en casa, a veces escucha la voz de su padre tan claramente como si estuviese hablando a su lado: «Estás perdiendo un tiempo valioso. Debes acabar lo que empezaste». Otras veces, suena más furiosa y proviene de un rincón lejano y oscuro de su cabeza: «Perdiste el control. Te provocó y picaste el anzuelo como un puto retrasado. No acabaste el experimento».

Cuando le habla de esa manera, le preocupa más, porque su padre nunca decía palabrotas. Sentado en la oscuridad, con la mirada perdida en el cuadro de Sara Pons, *Entrelazamiento infinito*, no encuentra una explicación lógica para oír su voz tan claramente. Excepto que, gracias a sus experimentos, ha conseguido alcanzar un estado de consciencia superior.

Esa le parece la única respuesta plausible. Cualquier otra es inadmisible.

Se excita pensando en su siguiente víctima. Sin duda, es la respuesta a muchas de sus preguntas y por eso su padre no para de insistir: «Tu ventana de oportunidad se cerrará en unos días. Una vez empiece a actuar, será muy complicado».

Pero, a pesar de los consejos de su padre, debe ser paciente.

Últimamente le cuesta concentrarse. Sergio no solo no se comportó como esperaba, sino que le hizo daño y encima ahora le ha robado toda la atención. Y, aunque se dice a sí mismo que es algo temporal, que pronto todo se pondrá en su lugar, esa falta de control lo pone furioso.

El sofá está lleno de libros sobre mecánica cuántica. Muchos apenas es capaz de comprenderlos, pero lo considera normal. En realidad, nadie entiende la física cuántica.

Enciende la televisión y en el canal de noticias aparece la imagen de una ciudad devastada. Le aburre la estupidez humana y decide hojear, otra vez, su libreta.

En su primer experimento, consiguió que Sara Pons, su gatita de Schrödinger, permaneciese en superposición, viva y muerta a la vez, durante dos días. Avanza unas cuantas páginas, hasta «Entrelazamiento cuántico». Joan y Jordi Torres, a pesar del burdo intento por distraerlo, demostraron que el entrelazamiento entre humanos es posible. Dos éxitos de los que se siente orgulloso. Pasa algunas páginas más y, con el ceño fruncido, revisa «El experimento de la doble rendija». La hoja está llena de tachones furiosos y se ve un poco rota, un claro signo de fracaso. Tras pasar durante años por dos ranuras, Sergio se negó a escoger cuando él lo observaba. Un experimento fallido, en parte, por su falta de control.

Mira la siguiente página. El sujeto es el más extraordinario de todos, y las condiciones del experimento son las más arriesgadas. No obstante, si tiene éxito, podría cambiar la historia. Él estaría a la altura de los grandes genios de la física, porque demostraría lo que nadie ha sido capaz de demostrar.

En medio de estos pensamientos, desvía la vista hacia la ventana. El jardín está a oscuras y afuera no se detecta ningún tipo de movimiento. La claridad que emana de la televisión proyecta su imagen distorsionada en el cristal. Sabe, lo ha estudiado, que una parte de la luz se refleja en el vidrio y otra parte se transmite hacia el exterior, aunque no acaba de comprender qué partículas deciden devolverle su reflejo y cuáles huyen hacia la oscuridad.

Tampoco entiende por qué esa imagen desdibujada de sí mismo le hace pensar en su madre.

Los últimos dos días, quizá debido al sueño inducido por las pastillas, ha soñado con ella. No la recuerda, ni siquiera tiene una foto suya. Lo que ve es más bien una mujer incorpórea. Un fantasma sin rostro que, con una certeza onírica, sabe que es su madre. En cuanto abre los ojos, mira a su padre, sentado en un rincón. La voz que resuena en su cabeza es severa: «Tu madre no era lista, como nosotros. De ser por ella, habrías acabado como uno de esos retrasados. Por eso estamos mejor sin ella».

Sabe que tiene razón, pero, a un nivel muy primario que no puede explicar, también sabe que su padre miente.

Con el rumor de las noticias de fondo, abre el ordenador y navega por internet. Squark tiene miles de comentarios, pódcast, noticias. Fantasea en cómo hablarán de él los medios cuando todo acabe y pueda presentarse la verdad.

Ya no será el asesino cuántico; será el primer observador consciente de la historia. El hombre que será recordado como el científico que consiguió aplicar la mecánica cuántica a los seres humanos.

La voz de la presentadora lo distrae de sus fantasías:

—La policía ha confirmado que el coche hallado en la población de Sant Quirze Safaja, hace dos horas, pertenece a Sergio Miranda, cuya foto ha sido difundida por los medios de comunicación durante las últimas horas. De momento, no ha trascendido...

Squark apaga la televisión con el mando y murmura:

—Ya era hora.

LVII

Estrada revisa toda la documentación de nuevo. La reunión con el equipo es a las ocho y el comisario jefe, muy a su pesar, quiere que comparezca con él en la rueda de prensa que darán después.

Aunque han descubierto quién es el asesino, el hecho de que aún no lo hayan atrapado generará todavía más psicosis. Las llamadas a la centralita por sujetos que «parecen sospechosos» se han multiplicado por cien y no solo en Cataluña. Incluso en lugares remotos, la gente llama a la policía por alguien que «se parece al asesino cuántico».

En el momento en que den un nombre, a todo el mundo le parecerá haber visto a Sergio Miranda, o lo que podría ser lo mismo, a Squark, en algún sitio.

Estrada sabe por experiencia que, en cuanto lo señalen como principal sospechoso, los periodistas exprimirán al máximo la noticia y acosarán a cualquiera que tuviera relación con él. Las dos mujeres, que ya sufren demasiada presión, lo tendrán muy difícil para proseguir con su vida. Siente verdadera pena por el calvario que les espera.

Por eso, para tomar la mejor decisión, está ahí sentado comprobando una vez más todo lo que tienen, en vez de seguir abrazado al cálido cuerpo de Berta.

Por eso y porque Squark ha resultado ser muy escurridizo.

O bien tenía un escondite preparado para el momento en que lo descubrieran o, en el peor de los casos, ha huido del país, lo que cuadraría con la planificación de los dos secuestros anteriores y la logística que supone llevar una doble vida durante años.

Sin duda, mantener ese secreto sin que ninguno de sus compañeros o allegados sospechara nada denota una gran inteligencia. La única vez en su vida que Estrada fue infiel, su mujer tardó un mes en descubrirlo y, aunque es policía, la tensión le resultó insoportable.

Por eso le extraña que, a pesar de ser extremadamente cuidadoso, en el coche hayan encontrado suficientes pruebas para vincularlo con los dos crímenes.

La primera y más importante, su móvil.

Lo hallaron junto a los pedales y sospechan que se le cayó al salir. No debió darse cuenta hasta estar lejos de allí. Es lo que se llama un golpe de mala suerte, o buena, dependiendo de para quién.

En el móvil encontraron la aplicación de Telegram con los contactos de Joan Torres y Sara Pons, aunque los chats habían sido borrados. También encontraron los mensajes enviados a su mujer y a la empresa. Y, lo que es más importante, la última nota manuscrita estaba en el sillón del acompañante.

Estrada espera comentarla con Berta en la reunión de las ocho y ese detalle le provoca un cosquilleo en el estómago. Se siente mejor que nunca y esta mañana, antes de salir de casa de ella, le ha dado un beso en los labios. Es maravilloso besar a una mujer dormida con la que has hecho el amor.

Anoche fue la primera vez y, como casi todas las primeras veces, fue algo extraña. David estaba nervioso y quería, ante todo, complacerla, que saliera bien. Eso le impidió disfrutar plenamente. Pero la segunda vez, una hora después, todo fluyó.

En los últimos años, la única mujer con la que ha mantenido relaciones es con Ivanka. Y, aunque al principio estaba enamorado, ella siempre le dejó claro que se trataba solo de sexo. No podía negar que disfrutaba, pero el hecho de que no hubiera sentimientos hacía que la experiencia fuese menos intensa. Al acabar se sentía descolocado, como si le faltara algo. La misma sensación de comer algo que no te gusta solo para saciarte.

Nada que ver con la plenitud que siente ahora.

Con Berta, la segunda vez, salió mucho mejor. Después, se quedaron abrazados durante media hora y acabaron comiendo naranjas en la cocina. Eligió ese momento para hablarle de Ivanka. Si se escandalizó, no lo quiso demostrar. Ella continuó pelando la naranja con las manos, mientras el pelo lacio le caía alrededor de la cara, con las mejillas sonrosadas por el sexo. Le dijo que, en su opinión, en las relaciones consentidas entre adultos, todo valía.

—Yo opino lo mismo —dijo él.

—¿Y qué opina Borrell? —le preguntó.

Estrada dejó la naranja encima del plato y la miró a los ojos.

—Por lo que yo sé, son una pareja abierta e imagino que él también tiene sus asuntos. Si te he de decir la verdad, cuando están juntos tienen, no sé, complicidad. Se quieren y respetan. Imagino que entienden la lealtad de una manera diferente al resto. Pero, en muchos aspectos, son más fieles que muchas parejas. Me refiero en el sentido de apoyarse y ayudarse. En cuanto a la relación profesional, es cordial entre todos. Imagino que yo no soy importante para ninguno de los dos.

—¿A ti te gustaría que tuviéramos una relación abierta?

A Estrada le gustó que se plantease tener una relación con él.

—¿Y a ti?

—He preguntado yo primero.

Él reflexionó un momento.

—No. Aunque suene un poco hipócrita, soy más bien tradicional.

Ella sonrió ampliamente.

—Me alegro.

Ahora, sentado en el despacho, preparando su informe, se siente extrañamente relajado y feliz tras una noche de sexo.

Vuelve a repasar las notas. Es perfecto que esta historia de Squark se haya acabado justo ahora, que se haya convertido solo en un hombre al que buscar.

Y, sin embargo, hay algo inquietante en todas esas pruebas.

Le viene a la mente *el caso.*

Lo construyó sobre indicios, trabajó obsesivamente durante meses y meses, y el abogado de la defensa lo desmontó todo en el juicio, poniendo en evidencia todos los fallos de su investigación. Poniendo en evidencia su trabajo.

David se repite que esta vez es distinto.

Esta vez el asesino ha huido, lo cual ya es de por sí una confesión.

Esta vez no se está divorciando, sino empezando una historia de amor con alguien que le gusta de verdad.

Esta vez todos los indicios son claros e incriminatorios.

Entonces, ¿por qué cuando mira las pruebas se siente tan intranquilo como seis años atrás?

EL CASO
(5 años antes – diciembre)

En una esquina del techo hay una mancha de humedad rodeada de otras más pequeñas, como un pequeño archipiélago de islas negruzcas que se extienden en un mar blanco. Estrada vuelve a enviar un mensaje al propietario, por segunda vez, y le pide amablemente que envíe a alguien para revisarlo. Valora si decirle algo de las cucarachas que aparecen en el baño por la noche y del olor pestilente de la tubería de la cocina, pero decide que hará una lista.

Aunque lo más sensato sería buscarse otro piso. Seis meses en ese tugurio lo han convencido de que vale la pena pagar un poco más, aunque este alquiler no es precisamente barato.

Enciende un cigarrillo y exhala el humo lentamente. En la mesita hay un cenicero a rebosar, un paquete de Marlboro vacío y otro a medias, además de una botella de Jack Daniel's a la que le queda un dedo de whisky. No hace falta ser policía para deducir que son pistas claras que delatan sus pésimos hábitos de divorciado. Valora si acabarse lo que queda de whisky, pero beber en ayunas es tocar fondo. Y él intenta mantener la cabeza fuera del fango en que se ha convertido su vida.

Mira las noticias y descubre que es el día de los inocentes, pero él no tiene motivos para reírse. El abogado de Aymerich presentó una petición de libertad hace unos días y hoy la Audiencia decidirá si se la concede. Hace exactamente diecisiete días que se celebró la vista y no suelen tardar tanto en decidir. Tampoco es normal que hagan ir a las partes a recoger la resolución en persona, ni que asistan los cuatro magistrados de la Audiencia.

En realidad, nada en este caso es normal.

Estrada saca del armario una sudadera y la huele. Por suerte, no ha cogido olor a humedad. Hoy, en teoría, tiene fiesta, pero quiere reunirse con su equipo tras la sentencia. Todos están nerviosos. Sobre todo, él.

Mientras va al lavabo, pone la radio en el móvil. La voz de Jordi Basté llena la habitación y se pierde cuando abre el grifo de la ducha. Sale poca agua, probablemente porque la alcachofa está sucia de cal, otra de las cosas que añadir a su lista.

Desnudo, se mira al espejo. Tiene el aspecto de alguien que no pasa por un buen momento. Está más delgado y tiene los ojos rojos y las bolsas hinchadas. Se justifica pensando que el dolor de cabeza no ayuda y lo atribuye a la resaca. Pero no, no es eso.

Entra en la ducha y, mientras se enjabona el pelo, recuerda la conversación que tuvo ayer con el fiscal. Le preguntó si pensaba que dejarían a Aymerich en libertad.

—Ninguna de las ciento cincuenta y ocho pruebas de ADN vinculan a Aymerich con las víctimas —le contestó—, y eso no ayuda. Desde que soy fiscal, hago una analogía con *Forrest Gump*. Cada juicio es como una caja de bombones: hasta que el juez no dicta sentencia, nunca sabes qué te va a tocar.

—Ya. Esperemos que sea uno bueno.

Cuando sale de la ducha, la voz de Basté vuelve a golpear su cabeza. Le parece que ve borroso. Se dice que le habrá entrado jabón en los ojos, pero, de nuevo, se equivoca.

—Hace media hora, Tura Soler ha publicado un tuit —explica Basté— en el que textualmente dice que la Audiencia Nacional de Girona deja en libertad a Elías Aymerich. Repito, libertad sin fianza para el principal sospechoso del crimen del pantano de Susqueda. Nuestro enviado nos explica que, en un auto durísimo, los cuatro magistrados de la sección cuarta desmontan de manera unánime toda la investigación de los Mossos d'Esquadra. Para los que nos estéis escuchando, no se trata de una broma del día de los inocentes. Desde luego no lo será para el hombre a cargo del caso, el inspector David Estrada. La Audiencia tira por tierra, con gran dureza, una compleja investigación de un año y medio de la Unidad Central de Personas Desaparecidas. En ella, se enumeraban una serie de indicios para apuntalar la acusación, pero los magistrados la han desmontado sin piedad. Cuestionan el lugar del crimen y la hora del doble asesinato e, incluso, dejan entrever que los *mossos* ajustaron la declaración de los testigos a su interés. Un duro mazazo que abre la posibilidad de que otra persona fuese el autor...

Estrada apaga el móvil y se deja caer sobre la cama. El dolor de cabeza es tan intenso que le parece que el tono de las paredes ha cambiado. Mira las sábanas sucias, el suelo con manchas de bebida, una cucaracha que corre a esconderse por el zócalo.

Se siente culpable. No, la palabra no es esa.

Hundido.

Se da cuenta de que acaba de tocar fondo y vacía de un trago lo que queda de botella. El sabor del whisky le provoca náuseas, o quizás sea esa migraña, la peor que ha sufrido en su vida.

De repente, le parece oír gemir a alguien y se le nubla la vista. Tarda unos segundos en darse cuenta de que es él quien emite esos quejidos. Vomita violentamente en el suelo y, antes de perder el conocimiento, dedica un último pensamiento a la joven pareja asesinada en el pantano de Susqueda.

LVIII

El comisario jefe Pol Sala está exultante. Están a punto de resolver el caso más famoso de la historia de la policía catalana. Si no la cagan, es posible que hasta escriba un libro. Aunque eso vendría después.

En lo que piensa ahora es en un documental, en todas las ofertas que ha recibido. Un montón de productoras, entre ellas Netflix y Amazon, se han puesto en contacto con él. Quieren producir un *true crime* y él podría ser el asesor. Eso lo lleva a pensar en su casa. Ha trabajado muchos fines de semana y tendrá que trabajar muchos más para verla acabada algún día, sin contar que no podrá jubilarse hasta pagar la hipoteca. Pero todo eso podría cambiar. Y si eso sucede, es muy posible que su mujer deje de pincharlo con el tema del dinero y las cosas a medio acabar.

Es más, puede que todos los implicados en el caso, sobre todo él, se vuelvan ricos gracias a Squark.

Sin embargo, de momento, no piensa decir nada de eso a su equipo. Su prioridad es detener al asesino y evitar más víctimas. Puede que necesite el dinero, pero es, ante todo, un agente del orden público.

Cuando entra en la sala de reuniones, le esperan Berta, Nadia, Borrell, Álvaro y Estrada. Es una reunión protocolaria. Los años de experiencia le han enseñado que, si encuentran un líquido blanco al lado de una vaca que huele a leche y sabe a leche, es que es leche. Por mucho que la vaca intente convencerlos de que no ha sido ella.

En este caso, la vaca es Sergio Miranda, o, lo que es lo mismo, Squark. Y la leche son todas las pruebas que han extraído de su móvil.

Pol Sala saluda al equipo con una sonrisa, aunque no se le escapa que todos parecen algo serios.

—Buenos días. Disponemos de dos horas antes de las conferencias de prensa. Digo «las» porque, a pesar de que la sala del Palau de la Generalitat es inmensa, hemos tenido que establecer dos turnos. Aunque las pruebas parecen claras y meridianas, debemos repasarlas una vez más. Medio mundo, por no decir el mundo entero, nos estará viendo en las noticias. Y el mundo, si te equivocas, disfruta haciéndotelo pagar.

Estrada nota el tic en el ojo y vuelve a repetirse que este caso es distinto. Mira a Berta, que le dedica una sonrisa discreta, y empieza a hablar:

—Este es el informe que hemos preparado para acusar a Miranda —dice Estrada con unos papeles en la mano—. El primer apartado es el indicio de presencia en el lugar de los hechos. Aún no hemos podido vincular a Miranda directamente con los escenarios de los crímenes. No usó su móvil ni lo grabó cámara alguna, pero en su agenda tenía reservados los días de desaparición y muerte de Sara

Pons y Joan Torres. Consta, además, que esos días estuvo en Barcelona.

—¿Y testigos?

—Tenemos a los chicos que estaban en el hotel Colonia Puig. Aunque no le vieron la cara, todos coinciden en que era un hombre alto y elegante, como Sergio. No es mucho, pero al menos no son relatos contradictorios.

—Bien —aprueba el comisario jefe.

—Se cumple el indicio de oportunidad y recursos materiales —prosigue el inspector—. Sergio Miranda conocía a las dos víctimas y tenía acceso a su contacto. Hemos encontrado un par de correos enviados a Joan Torres, a su cuenta profesional, parece ser que le encargó algún trabajo. También los tenía grabados a ambos como contacto en su aplicación de Telegram. La UCIBER necesita algo más de tiempo para trabajar con su móvil y hacer comprobaciones, pero, de momento, tenemos eso. Además, es el único sospechoso que conocía a las dos víctimas. Y disponía de suficiente libertad de movimientos para desaparecer un par de días y que nadie sospechara.

—Hay que reconocer que el hombre era valiente. Si tuviera que aguantar a dos mujeres, yo también me habría vuelto loco —se atreve a bromear Pol Sala—. ¿Alguna de las esposas ha confirmado que en esos días no estuvo con ellas?

—Candela, su esposa de Madrid, ha declarado que en esas fechas estaba en Barcelona. Bruna, la de Barcelona, tuvo guardia en el hospital, así que podría haber compaginado los asesinatos con su mujer sin problemas. También nos ha dicho que le gustaba el cine y que todas las semanas se iba algunas horas a una sala. Podría haber utilizado esas horas para quedar con las víctimas y ganarse su confianza.

—Parece que todo apunta en la misma dirección.

—Sí. Y falta la guinda definitiva —anuncia el inspector—: encontramos una foto en su móvil. Es de un cuadro de Sara Pons. Su hermano ha confirmado que es el mismo que estaba pintando en el momento de su desaparición.

—Bien, pues blanco y en botella...

Estrada mira a Berta y hace una mueca antes de añadir:

—Parece claro, pero también hay alguna incoherencia. Una de ellas es la nota que encontramos en el coche. Berta tiene sus dudas... —le lanza una mirada amable—. ¿Puedes explicarlo tú?

—Sí, claro. —Berta reparte fotocopias de la nota encontrada en el coche—. Sé que ya lo habéis hecho, pero volved a leerla.

Querida Quark:

¿Qué es un hombre si no una dualidad? Dos vidas, dos familias, una existencia partida como la luz a través de dos rendijas. Un hombre que divide su realidad, que es partícula y onda a la vez, capaz de atravesar una doble rendija. Un hombre que se comporta como una partícula solo cuando alguien lo observa.

Si una partícula se comporta como una onda, ¿no sería maravilloso descubrir la «onda de esa partícula»?

Ha llegado el momento de que me estudie a mí mismo.

Una acción comporta una reacción y todo tiene sus consecuencias.

Squark

Cuando acaban, reparte también fotocopias de la nota colgada en la *dark web*.

LLEVA AÑOS PASANDO POR UNA DOBLE RENDIJA
Y HA LLEGADO EL MOMENTO DE ESCOGER
¿SERÁ ONDA O PARTÍCULA?
Squark

El comisario jefe no entiende adónde quiere llegar, así que Berta lo aclara:

—Las dos notas hablan del experimento de la doble rendija. Hasta aquí todo bien, pero hay una pequeña diferencia: en la primera, en la que colgó en la *dark web*, Squark habla en tercera persona y, en la segunda, la que dejó dentro de su coche, lo hace en primera persona.

Borrell, solo por aportar otro punto de vista, se aventura a decir:

—Quizás en la primera pretendía despistarnos y, cuando vio que lo investigábamos, decidió dejar la nota en el coche y quitarse la máscara. No olvidemos que Squark, desde el primer momento, ha querido llamar la atención. Además de psicópata, es un narcisista. Ansía demostrar que es más listo que nosotros.

—Puede ser, pero me resulta chocante esta parte: «ha llegado el momento de que me estudie a mí mismo». Es una frase un poco absurda, como un pegote que hubiese añadido después. En la mente de Squark, las víctimas no eran más que partículas o, como mucho, un gato. No los veía como personas. Por eso, no encuentro ninguna lógica a que diga que ahora experimentará consigo mismo.

—A ver... —intercede el comisario jefe—. Si no recuerdo mal, usted nos ha dicho en varias ocasiones que aplicar la mecánica cuántica a las personas es algo fuera de toda lógica, que no tiene ningún sentido. Quizás tuviera dos familias porque eso era parte del experimento. En esa doble rendija, él era el protagonista...

Berta niega con la cabeza.

—Yo soy física, no psicóloga, pero me resulta extraño. Tal como yo lo veo, Squark se considera alguien especial, un gran científico, no un sujeto de sus experimentos.

—Nadia, tú eres psicóloga... ¿Qué opinas? —pregunta Pol Sala.

—No lo sé... Coincido en eso con la doctora. No cuadra con el perfil, tan meticuloso y frío, ponernos a huevo todas esas pruebas. Tengo la impresión de que, tras los dos primeros crímenes, en los que no teníamos ni una sola pista de la que tirar, todo se ha resuelto demasiado pronto. Creo que hay una palabra para eso: *una orgía de pruebas*. Cuando encuentras tantos rastros incriminatorios que parecen un camino de migas de pan dejado expresamente para que llegues a la casa equivocada. Aunque, por otro lado, puede que, al haber visto su fotografía en los medios, decidiera salir del armario y reclamar su momento de gloria. En todo caso, el vínculo con las dos víctimas es claro, ese podría ser el patrón. Así que, aunque hay un cambio claro en el *modus operandi*, podría ser fruto de los nervios o de la vanidad. Incluso los asesinos más fríos cometen errores.

El comisario jefe se pasa la mano por la frente. Tiene una rueda de prensa y, lo que es más importante, la posibilidad de firmar un contrato con una productora. Lo que significa acabar las obras en su casa y dejar de pelearse con su mujer.

—Debemos tomar una decisión. Borrell, ¿tú qué opinas?

El hombre lo mira a través de la montura metálica de las gafas.

—Tampoco tengo una respuesta clara. Las pruebas apuntan hacia Miranda, pero no hay nada concluyente. Imaginemos los dos escenarios: si lo acusamos y emitimos una orden de búsqueda y captura y al final estamos equivocados, tendremos que rectificar. Algunos periodistas se nos echarán encima, pero podemos justificar, con los indicios de los que disponemos en este momento, que nuestra investigación era sólida. Si esperamos a avanzar en la investigación y Squark actúa de nuevo, se sabrá que teníamos un sospechoso y no hicimos nada. Entonces seguro que pedirán nuestra cabeza.

Estrada asiente y también Nadia. Berta duda un momento, pero la lógica de Borrell parece aplastante, así que se encoge de hombros.

—Pues decidido. Cursad la orden y tú, Estrada, ponte guapo. Una horda salvaje de periodistas nos espera.

A temperaturas extremadamente bajas, cerca del cero absoluto, la materia adopta comportamientos extraños y maravillosos que solo pueden ser explicados por la mecánica cuántica.

Wolfgang Ketterle,
Premio Nobel de Física

LIX

Derek DiMaggio sale satisfecho del despacho de CAA, situado en la Diagonal. Acaba de firmar un contrato de veintidós actuaciones en Barcelona, una ciudad con la que mantiene un vínculo especial. Fue aquí donde, cuando era un completo desconocido, germinó la idea de su espectáculo. También fue aquí donde un anciano le susurró el nombre que utiliza en sus actuaciones: El Enigmista.

Después de tres años llenando cada noche un teatro de Nueva York, actuar en Barcelona es como cerrar el círculo. Anota mentalmente esa idea, la de algo que empieza y acaba en el mismo sitio, para incluirla en su espectáculo, quizás como cierre.

Cruza a pie la avenida para coger el coche, un Audi que su agente, Sandra Moreno, le ha proporcionado. Tiene la intención de hacer un par de semanas de vacaciones antes de empezar los ensayos. Su representante también le ha alquilado un ático en el casco antiguo, un piso con techos altos, vigas de madera y un suelo hidráulico que le recuerda a los fractales matemáticos.

Vino por primera vez a Barcelona tras leer *La Catedral del Mar* y ahora cada noche puede contemplar la fachada gótica, sutilmente iluminada, de la Basílica de Santa María del Mar.

Desde su terraza, casi puede tocar la sombra que proyectan las dos torres octogonales de cincuenta y cuatro metros de altura. Al observarlas, le parece percibir, entre los ruidos de la ciudad, el eco de su pasado medieval. En comparación, su país es joven, aunque una parte de sus conciudadanos parece empecinada en regresar al pasado. Si, hace diez años, alguien le hubiese dicho que volverían a pelear por el derecho al aborto, no lo hubiese creído.

Esa es una de las razones que lo ha empujado a huir, al menos por un tiempo, a Barcelona. En su infancia sufrió los perjuicios de algunas personas y aún resuena en su interior el dolor que eso les causó a él y a su madre. Por eso valora aún más ese templo construido por los arrieros del mar. Le recuerda el esfuerzo, la libertad y la tolerancia de los barceloneses.

Hay otro motivo por el que adora la parte vieja de la ciudad y sus callejones de piedra oscuros. Allí conoció al hombre que le puso el nombre de «El Enigmista» y le inspiró la idea para su show.

En aquella época vivía del póquer; es decir, se dedicaba a engañar a jugadores ricos. Identificaba a gente con suficiente dinero para gastar y lo bastante estúpida para no advertir su extraordinaria habilidad con las cartas. Recuerda que algunos de los tipos a los que timaba le caían bien, y otros hacían que se sintiese menos culpable.

Una noche de bochorno participó en una partida infernal en una suite del Hotel Vela. La habitación, de trescientos metros cuadrados, contaba con una cama redonda en la que podría dormir un equipo de fútbol. Desde la ventana panorámica, el Mediterráneo mecía suavemente la ciudad, una silueta salpicada de luces y edificios, donde destacaban las agujas de la Sagrada Familia acariciando el cielo.

Una de las víctimas era un conocido actor que pasaba por un mal momento. Era más bajo de lo que había imaginado y llevaba el pelo grasiento, quizás fuera gomina. Bajo los músculos definidos, se apreciaba una incipiente barriguita, un atisbo del futuro que le acechaba tras cada comida. En la pantalla le resultaba simpático, pero, en persona, resultó ser alguien encantador, un poco vulnerable e infantil. Después de dos horas, había perdido miles de dólares con una sonrisa. Entre mano y mano, devoraba gin-tonics y sus ojos adquirían un matiz glacial.

Al acabar la partida, el actor le estrechó la mano.

—Muchas gracias. —De cerca tenía arrugas en los ojos y el aliento le olía a ginebra—. Ha sido una noche dura, pero me ha impresionado tu destreza con las cartas. No me queda dinero, pero, si me das tu número, te haré un ingreso para la propina.

Derek sintió que la culpabilidad le atenazaba el estómago. El pobre hombre al que acababa de estafar le pedía su número para entregarle más dinero.

—No hace falta. Ya tengo mis ganancias.

El hombre levantó las palmas con cansancio.

—De todos los que estábamos sentados a esa mesa, tú eres el que más se merece el dinero que hemos perdido. Aunque no aceptes propina, dame tu número. Así tendrás el mío por si alguna vez decides volver a California y necesitas algo.

Una hora más tarde recibió un aviso en el móvil. El actor le había hecho, a través de Cash App, un ingreso de mil dólares. Se quedó un rato mirando la pantalla. Se sentía agotado después de haber jugado durante horas, pero no tenía ganas de volver a su hotel, así que decidió perderse por el Raval y beber hasta la madrugada.

Se metió por una calleja estrecha, que olía a meados y alcohol, y entró en un bar que parecía anclado en tiempos pretéritos. Había grupos ruidosos bebiendo y algunos hombres solos que parecían parte de la decoración anticuada. Un par de mujeres tenían pinta de prostitutas, o de haberlo sido años atrás.

Derek escogió un rincón apartado y pidió un whisky solo, sin hielo.

Un anciano se abrió paso entre las mesas y se colocó frente a él. Llevaba una chaqueta gris más vieja que él, a pesar del calor asfixiante, y unos guantes de lana que dejaban ver los dedos artríticos. Tenía los ojos de un azul velado por las cataratas y un pelo gris y crespo le cubría la cara y la cabeza.

Se sentó sin pedir permiso y le ofreció la mano:

—Buenas noches, soy Amgine —se presentó, como si tuviesen una cita—. Pero ese es solo mi nombre. Nunca adivinarías quién soy.

—Derek DiMaggio. —Rebuscó en su vocabulario la palabra en español con la que lo definía el socio que le conseguía las partidas—. Soy tahúr.

Aunque no buscaba compañía, tampoco le molestaba el anciano. Derek hablaba un castellano decente, aunque con mucho acento, y siempre le resultaba agradable practicar el idioma con alguien distinto. Y aquel viejo de extraño nombre lo parecía.

Amgine le explicó unas cuantas historias y, a cambio, Derek pagó las consumiciones con el dinero que había ganado en la partida. Por mucho que gastara, aún le quedaría en la cuenta el regalo de aquel actor.

Llevaban varias horas bebiendo y Derek estaba bastante borracho y, a la vez, extrañamente lúcido. Aunque habían bebido al mismo ritmo y tenía la mitad de su peso, el viejo no parecía afectado. Casi al final de la noche, adoptó un aire sombrío y empezó a frotarse las manos, como hacen las moscas cuando se posan sobre la comida. Su voz se volvió más profunda:

—En mi juventud trabajé en varios casinos, donde fui crupier como tú —dijo fijándose en las largas y delicadas manos de Derek—. En connivencia con los dueños, hacía trampas y llegué a ganar mucho dinero. A aquellas partidas acudía gente de toda calaña. Sabes cuánto puedes llegar a ganar, pero no a quién le estás robando el dinero. Una noche, un jugador armenio disparó contra un compañero que usaba los mismos trucos que yo, pero de manera más burda. Después se pegó un tiro.

Hizo una pausa para dar un largo trago a su bebida.

—Nunca olvidaré esa escena de pesadilla. Era como si aquellos disparos me hubiesen agudizado todos los sentidos. Observé las fichas desparramadas sobre la mesa, las cartas llenas de sangre, el cuerpo del crupier sobre el tapete verde. El otro fiambre en el suelo. Recuerdo que vi en los ojos de los jugadores un atisbo de satisfacción, como si acabaran de entregarles un trío de ases. Los sesos de mi compañero estaban esparcidos por la mesa y, para ellos, aquel asesinato contenía cierta justicia poética. Habían visto a la muerte abalanzarse sobre una presa que no era ellos y, de algún modo, habían ganado la mejor apuesta de su vida. Después de aquella noche, desaparecí de las mesas de juego y empecé a dedicarme a otras cosas con un nuevo nombre.

Apuraron el resto de la bebida en silencio. Derek notaba la quemazón del whisky en la garganta y algo más. Le parecía que todo era irreal, como si dentro de aquel local el tiempo discurriese de forma distinta y aquel hombre fuera un fantasma de un pasado remoto. Sus ojos velados parecían escrutar dentro de él, como si pudiese ver todos sus secretos y mentiras. Sin saber por qué, sintió un escalofrío.

La voz del dueño del bar anunciando que era hora de cerrar lo arrancó de su estupor.

Miró alrededor aturdido, como si regresara de un trance. Los últimos clientes abandonaban el local sin fijarse en ellos. Ambos se levantaron sin decir nada.

Afuera, hacía un calor húmedo y en la noche apenas soplaba un poco de aire salado. Volvieron a estrecharse las manos para despedirse y Amgine lo atrajo hacia sí. Pese a su edad, estaba fuerte y su mano era áspera y llena de nudos, como si estuviese hecho de ramas y raíces.

Se acercó a su oído. Olía a whisky y a vejez.

—Si adivinas quién soy te haré un regalo que nunca olvidarás —le susurró.

—Sé quién eres —le dijo Derek, aguantándole la mirada—. El nombre que te define es Enigma.

El viejo pareció estremecerse, como si no hubiera esperado esa respuesta.

—Me lo has puesto fácil —añadió Derek—. Simplemente había que invertir tu nombre.

—Tú no eres el tahúr —le susurró—. Yo te voy a decir quién eres, te voy a poner un nombre a partir del mío. Si yo soy un Enigma, tú eres el Enigmista. ¿De acuerdo? En lugar de robar a la gente, véndeles misterios que solo tú puedes resolver.

Dicho esto, liberó su mano y echó a andar.

Derek se quedó mirando la figura renqueante que se perdía por las calles oscuras y estrechas. Esa fue la única vez que lo vio y la última noche que jugó una partida de póquer amañada.

Cuando entra en el garaje, Derek sigue recordando a Amgine y no presta atención al hombre que, al lado de su coche, busca algo dentro de su furgoneta. Ni siquiera se le pasa por la cabeza que lleva esperando más de dos horas a que él aparezca.

Aprieta la llave del Audi y las luces se encienden con un doble pitido. El hombre se acerca y Derek, dándole la espalda, pega el cuerpo contra su coche para dejarle pasar. Solo cuando nota un pinchazo en el cuello, se gira, entre sorprendido y aterrado, descubriendo la urgencia de aquellos ojos azules.

Se desploma sin hacer ruido y Squark lo sostiene contra su pecho con expresión triunfal, lo justo para dejarlo caer entre los dos vehículos. Conteniendo su euforia, observa un coche que circula despacio, buscando un hueco.

En el interior, una pareja discute por algo y pasan por su lado sin mirarlo.

Cuando las luces traseras se pierden en la rampa que conduce a la segunda planta, toma a Derek por las axilas y lo arrastra hasta su maletero. Le registra los bolsillos, apaga el móvil y se guarda la cartera. Después extrae la tarjeta SIM de su teléfono y la pisotea hasta hacerla añicos.

Squark es fuerte, pero Derek es un hombre corpulento y le cuesta levantarlo. El nudillo roto, aunque se ha tomado unos cuantos analgésicos antes de vendárselo, le duele horrores.

Al oír el sonido de otro motor, deja caer a su presa y se queda de pie, fingiendo que habla por teléfono hasta que el vehículo se aleja.

Después de varios intentos, cuando por fin consigue meterlo en el maletero, doblando bien sus piernas, suda copiosamente y jadea por el esfuerzo. El dolor en la mano es tan intenso que tiene ganas de chillar.

Descansa unos segundos mientras deja pasar una furgoneta y dos coches más. Luego sella la boca de Derek con cinta americana y le ata manos y pies con bridas.

—El Enigmista —le dice, admirado—. Pronto sabrás quién soy yo.

Y cierra el maletero.

LX

Nadia está de mal humor. Debería sentirse exultante por haber descubierto quién es Squark, pero en vez de eso, se nota terriblemente vacía. Hay algo que chirría dentro de su cerebro y sabe que, si Estrada no estuviese obnubilado por esa científica, lo estaría debatiendo con ella.

Se pregunta si, con tal de dar carpetazo al asunto, todos se han empeñado en ver un patrón donde solo hay casualidades.

Sea como sea, Sergio Miranda se ha convertido ahora en el hombre más buscado del planeta. Es solo cuestión de tiempo que lo encuentren.

Aligera el paso. Hoy han quedado en un bar alejado de la comisaría, así que se vuelve un par de veces para mirar a su alrededor. Últimamente los periodistas aparecen de la nada, pero en esa calle nadie parece reparar en ella.

Cuando distingue el local, cruza a la carrera.

Si tiene que ser sincera, lo que le molesta no solo tiene que ver con el caso. Es por Estrada y Berta y la complicidad que hay entre ellos. Eso la pone enferma. Aunque los demás no se den cuenta, ella sí.

Se detiene unos segundos ante la puerta y obliga a su mente a apartar esos pensamientos. Exhala todo el aire y entra decidida.

Cuando no está de servicio, a Nadia le gustan los bares y beber con los compañeros. Pero, esta vez, casi preferiría irse a casa y beber con su hermano. Al final del bar descubre a Álvaro, Estrada y Borrell, a un par de agentes de su equipo y a algún otro de la DIC. Cuando ve a Berta riéndose entre ellos, debe hacer un esfuerzo por mantener la calma. Se acerca e intenta parecer alegre.

—¡Hola a todos!

Recibe un alud de saludos y palmaditas en la espalda.

—Parad, pesados... ¡No me toquéis!

—¿Una cerveza? —pregunta Estrada.

—Por favor.

El inspector va hacia la barra y Nadia lo sigue. Le muestra su botella al camarero y luego dos dedos como si hiciese el signo de la victoria. El chico levanta el pulgar.

Unos segundos después brindan con dos botellines de Estrella.

—¿Contenta?

Nadia hace un gesto extraño con la cara y bebe un largo trago de cerveza.

—Imagino que sí.

—¿Imaginas?

—En primer lugar, no me acabo de creer que todo sea tan fácil. Y, en segundo lugar, no sé... Estoy un poco rara.

—¿Por el caso?

Unos segundos de silencio y otro trago largo.

—Sí y no. Supongo que el hecho de tener a mi hermano en casa también está siendo difícil.

—Podrías independizarte.

—Sería como entregar a mi madre a la mafia.

—Ya... —dice Estrada antes de dar un sorbo a su cerveza—. Igual, cuando se vaya, lo echarás de menos.

—Lo dudo mucho, pero estoy deseando comprobarlo.

—Lo siento por ti. A veces nos toca sacrificarnos por el equipo, o, en este caso, por la familia.

—No pasa nada. —Nadia le muestra la botella vacía al camarero y le enseña dos dedos. En cuestión de segundos, vuelven a tener cervezas delante, a pesar de que la de Estrada está casi llena—. ¿Y tú? ¿Cómo te va con la doctora?

Estrada desvía la mirada estrábica hacia Berta, que habla con Borrell. Ella le devuelve la sonrisa y Nadia vacía media botella de un trago.

—Bien, la verdad. Hemos quedado para cenar algo cuando acabemos aquí.

—Qué bien...

A Estrada no se le escapa que Nadia parece molesta.

—¿Vamos con ellos?

Nadia asiente y se suman al grupo. Borrell y los compañeros escuchan a Berta que, con una cerveza en la mano, trata de desmontar algunas falsas creencias.

—Reconozco que somos un poco friquis —explica—, pero los físicos también somos gente romántica. Tenemos nuestra propia definición del amor: es el intento de crear un entrelazamiento cuántico entre dos o más seres macroscópicos.

Los agentes se ríen mientras Berta y Estrada intercambian una mirada juguetona. Nadia, que no les quita la vista encima, se da cuenta de que las cosas van más rápido entre ellos de lo que ella pensaba.

—Coincido contigo —dice Borrell—. Es más, creo que el amor, como la física cuántica, es un espacio de múltiples posibilidades y no debería regirse por las leyes tradicionales.

Los agentes secundan al veterano policía, aunque no entienden bien qué quiere decir. A Nadia no se le escapa que Estrada y Berta se ríen con ganas, como si compartiesen una broma privada que solo ellos comprenden.

—A ver, Einsteins —dice Nadia—. Hemos venido a tomar unas cervezas, no a resolver la teoría del todo.

Berta percibe cierta hostilidad de la detective tras su supuesta camaradería, pero por primera vez en meses se siente feliz y se esfuerza por ser simpática.

—Nadia tiene razón. Pero, aunque no me creáis, los científicos también podemos ser graciosos.

—Eso es verdad —replica Nadia—. El club de la comedia está lleno de físicos.

Los agentes ríen con ganas y Berta también.

—Vale, os lo demostraré. Ahí va un chiste: el alcohol no es el problema, es la solución. —Se hace un silencio extraño mientras Berta pasea la vista de uno a otro—. Es la solución... —Levanta ambas manos abriendo mucho los ojos—. ¿No lo pilláis? Es la solución: el alcohol es una solución química.

Nadia mira a Estrada y dice en voz alta:

—Si vuelve a explicar un chiste, quítame la pistola. Por su seguridad.

Y, ahora sí, todos se ríen.

Un par de horas más tarde, Nadia finge mirar el teléfono, mientras Estrada y Berta se ponen los abrigos. Desde su mesa, observa la complicidad de sus gestos, la manera en que él le coloca la mano en la cintura. Oye a Berta que le dice:

—Voy al baño. No había bebido tanto desde que era universitaria.

—¿Te acompaño? —pregunta Estrada con una sonrisa traviesa.

—Nooo, por Dios. Despídete y, en cuanto salga, nos vamos. Necesito algo sólido en el estómago.

Estrada se dirige primero a los compañeros, que de pie en la barra intercambian anécdotas que todos conocen. Luego se sienta frente a Nadia. Entre los dos hay una legión de botellas vacías, colocadas como en una partida de bolos.

—Nos vamos a cenar.

Ella no lo mira a los ojos.

—¿Por qué a mí nunca me has invitado a cenar? Quiero decir... como a ella, ya sabes, una cita.

Él la mira asombrado. Espera unos segundos, valorando si le está tomando el pelo, pero advierte que tiene los ojos llorosos. Estrada sabía que algún día tendrían que hablar e imagina que ver a Berta allí ha precipitado las cosas.

—Eres demasiado joven para mí.

—No creo que eso sea un problema.

—Para mí, sí. Y también debería serlo para ti.

—Pues no lo es.

—Nadia, eres mi compañera de trabajo —ella hace una sonrisa sarcástica que él ignora—, y tienes toda la vida por delante. Yo no quiero hijos. Ni volver a salir de fiesta o pegarme viajes que sean una paliza. Ya he pasado por todo eso.

—Yo tampoco quiero nada de eso.

Estrada quiere decirle que se merece algo mejor, alguien con quien construir una vida y, si está a la altura, envejecer con él. Pero, antes de que pueda abrir la boca, Berta aparece con las manos mojadas.

—No quedaban toalli... —Berta se interrumpe al ver la expresión de Nadia; lanza una mirada comprensiva a Estrada—. David, te espero fuera. Nadia, muchas gracias por todo.

Ella le devuelve una sonrisa amarga y apura otra botella de un trago.

—Vete —le dice Nadia a Estrada cuando se quedan solos—. Esta noche he bebido mucho y, ya sabes, cuando bebo, digo tonterías.

—¿Seguro que estás bien?

Ella asiente.

Antes de irse, Estrada le susurra a Álvaro al oído:

—Asegúrate de que llegue bien a casa.

El chico lanza una mirada disimulada a Nadia, que sigue con la vista perdida en las botellas.

—Descuida.

Y Estrada sale detrás de Berta.

LXI

Bruna lleva cuatro días de baja, desde que su marido desapareció. Cuatro días encerrada en casa, sin atreverse a enfrentarse al mundo enloquecido que la acecha al otro lado de la puerta. Cuatro días en los que, delante de su casa, un enjambre de periodistas monta guardia.

Cuatro días en los que habría querido arrojarse por el balcón, si no fuera porque lo último que verían sus ojos serían todas esas cámaras enfocándola.

Sergio, el amor de su vida, es Squark, el asesino cuántico.

Le cuesta creerlo.

Jamás, en los ocho años que fueron pareja, mostró el menor interés por la mecánica cuántica. Claro que tampoco en los ocho maravillosos años que estuvieron juntos sospechó que tuviera otra mujer, y mucho menos, un hijo. Ni siquiera se le pasó por la cabeza que le fuese infiel. Si algo sabía hacer bien era que se sintiese querida y valorada.

No es que ella esté libre de culpa, pero un desliz de dos encuentros con un desconocido no puede compararse con tener otra familia. Son cosas muy distintas.

El teléfono vuelve a zumbar encima de la mesa y deja que se retuerza boca abajo como un bicho que quiere darse la vuelta. Lo observa vibrar con la mirada perdida hasta que el sonido se extingue y vuelve a quedarse inmóvil. Sabe que, dentro de un momento, empezará de nuevo. Lleva tanto tiempo tumbada en el sofá sin cambiar de postura que los cojines tienen la forma de su cuerpo, como los moldes de repostería.

Le duele respirar, le duele la cabeza, le duele el corazón.

Ayer puso la televisión.

Con Sergio, no solían verla nunca; eran más de películas y series. Tampoco les gustaban las redes sociales.

Les parecía que esos programas de tarde, esas aplicaciones con miles de millones de seguidores, eran las nuevas plazas públicas; el lugar donde la gente acude para linchar a quienes no piensan como ellos. Arrojan comentarios hirientes, igual que antiguamente la gente insultaba o escupía a quienes iban a ajusticiar, aunque sus propios pecados fuesen mucho peores.

Y ahora medio mundo lapida a Sergio sin piedad.

Claro que también hay personas que muestran su admiración, pero no lo hacen por ninguna razón que a ella le importe. Los motivos son variados: gente resentida con el sistema, conspiranoicos e internautas con ganas de llamar la atención, psicópatas con ínfulas de científicos. Los que lo apoyan le dan tanto miedo y asco como quienes quieren quemarlo en una hoguera.

Entre todas esas personas, no hay nadie a quien Bruna pueda explicarle cómo era Sergio en la intimidad. Sus largas conversaciones durante la cena, la manera en que conseguía aplacar los miedos de ella, la forma en que hacían el amor y el encaje perfecto de sus cuerpos antes de quedarse dormidos.

Aunque lo intenta, no puede imaginarse cómo era con su otra mujer, Candela. «¿Qué clase de padre sería con su hijo?», se pregunta.

Recuerda que, cuando le confesó que no quería ser madre, él se mostró muy comprensivo, casi aliviado. Ahora sabe que fue porque esa faceta ya la tenía cubierta con Candela, y lo que buscaba en ella era otra cosa. La libertad de las parejas sin hijos y cierta curiosidad intelectual. También la animaba a viajar sola cada año, como a ella le gustaba, incluso le regaló algún viaje exótico. Creía que anteponía su felicidad a sus propios deseos, que tenían la misma visión de la vida, pero ahora se da cuenta que no era eso.

Él necesitaba tiempo para dedicarlo a su otra familia.

Si Sergio no hubiese huido en el coche, Bruna se iría de la ciudad.

A un pueblo abandonado, a un lugar sin vecinos, ni televisión, ni cobertura.

Ni siquiera ha podido ver ninguna imagen de Candela, a la que en su mente llama «la otra», a pesar de que sabe que «la otra» es ella. Probablemente estará igual de desconcertada y, encima, tiene un hijo al que proteger. Puede que eso le dé fuerzas, pero ella agradece en el alma no tener que ocuparse de nadie. Apenas le quedan fuerzas para cuidar de sí misma.

Debería odiar a Sergio. Sumarse al escarnio público, sacar toda la bilis que la ahoga en una entrevista de televisión. Podría aceptar una de esas ofertas astronómicas que le llegan al móvil de revistas, programas y cadenas.

Y, sin embargo, se resiste a criticarlo en público.

Ni siquiera lo odia.

A pesar de que su cerebro le grita que es una estúpida, lo único que quiere es abrazarlo, saber que está bien.

Abrazarlo y preguntarle: «¿Por qué?».

LXII

Derek DiMaggio conoce suficientes historias de asesinos en serie para saber que, en la mayoría de los casos, la gente no recuerda a las víctimas. La mujer que sonríe a un posible cliente sin sospechar que es Jack el Destripador, la pareja que busca un lugar apartado y se encuentra con el asesino del zodíaco, el adolescente marginado que confía en el aspecto atontado de Jeffrey Dahmer.

Solo cuando la víctima también es famosa, la gente recuerda su nombre. Todo el mundo sabe quiénes eran Sharon Tate y Charles Manson, cuyos nombres estarán entrelazados por toda la eternidad, pero casi todos han olvidado las otras cuatro personas que murieron aquella noche.

Se pregunta si, en su caso, su nombre también quedará ligado para siempre al del hombre de los ojos azules, en el que piensa como Blue. Aunque él no es una actriz famosa y embarazada de ocho meses, tal vez es alguien lo bastante famoso para que lo recuerden.

Piensa en todo eso sin saber muy bien por qué.

Si se ciñe a los hechos, Blue lo ha secuestrado y lo ha metido en el maletero de un coche.

Si se ciñe a los hechos, puede que esté sufriendo un secuestro exprés destinado a sacar una buena suma de dinero de su cuenta bancaria.

Si se ciñe a los hechos, lleva varias horas en ese maletero inconsciente y lo más probable es que Blue ya haya pedido un rescate.

Pero hace muchos años que Derek se fía más de su instinto que de los hechos, y su instinto le dice que no es cuestión de dinero. Blue lo ha secuestrado, pudo verlo en sus ojos, por la misma razón que un pederasta es amable con un niño: quiere cazar a una presa.

Es más, si tuviera que apostar, diría que Blue, como aquellos jugadores de la historia de Amgine, siente placer ante la muerte.

El último tramo del camino ha sido muy accidentado. Dentro del maletero, su cuerpo maniatado rebotaba como una trucha en la orilla, tras ser arrancada de su plácida vida en el río. El Enigmista adivina que circulan por una carretera ascendente y llena de curvas. Además, tiene frío, a pesar de que cuando salió del despacho de su agente la temperatura era suave.

Recuerda que está en un país pequeño, donde solo hacen falta un par de horas en coche para cambiar el mar por la montaña. Así que deduce que Blue lo ha llevado a un lugar frío y apartado.

El coche se detiene y él agudiza el oído, pero solo se oye el silbido del viento.

Desde que está despierto, Derek ha contado exactamente cinco mil cuatrocientos segundos, o lo que es lo mismo, una hora y media, los últimos cincuenta minutos en subida. Con ello se forma un posible mapa mental de donde están.

Aunque no es capaz de distinguir a qué velocidad iba el vehículo, por lo accidentado del terreno y las curvas, calcula que circulaban a una media de treinta millas por hora. Eso suponen cuarenta y cinco millas. No olvidará ese dato.

En realidad, nunca olvida ningún dato.

Oye el golpe seco de la puerta del conductor al cerrarse y unos pasos que se acercan. Permanece muy quieto cuando se abre el maletero y finge seguir inconsciente, pero Blue le dice que ya puede abrir los ojos.

Lleva un gorro de lana, pantalones de nieve y una chaqueta de plumón. Corta las bridas de los pies con una navaja y le pide que salga.

Derek saca primero las piernas y se queda un rato sentado. Está mareado y mira al suelo durante un minuto, como si su cuerpo dudase si debe vomitar. Cuando cree que eso no va a ocurrir, se pone de pie, pero pierde el equilibrio y se apoya en el coche para no caerse. Tiene el estómago revuelto y las piernas y los brazos entumecidos.

El aire gélido lo golpea en la cara y se cuela por el abrigo abierto de cachemira. Agradece el frío, le ayuda a aclarar la mente. Derek abre la boca y aspira con fuerza, como si quisiera absorber todo el aire posible antes de sumergirse en lo que le espera.

A su alrededor, el día declina, lo que quiere decir que lleva inconsciente varias horas, así que puede que hayan recorrido mucha más distancia de la que ha calculado. O que lo haya tenido escondido en algún lugar. Una gruesa capa de nieve blanquea el paisaje, salpicado de abetos y rodeado de montañas. Gira la cabeza y las náuseas vuelven con fuerza. Finalmente, vomita sobre el suelo blanco.

—Es por el midazolam y por haber pasado tanto tiempo en la misma posición —le dice Blue con una amabilidad inquietante.

Derek observa la mancha amarillenta que funde la nieve mientras calcula sus opciones. Lo primero que aprendes en el póquer es el cálculo de probabilidades, y en unos segundos repasa las suyas.

Las bridas de las manos están apretadas. No podrá deshacerse de ellas como en uno de sus trucos. Correr por la nieve tampoco es una opción. El hombre que lo ha secuestrado es quince centímetros más alto y se nota que está en forma. Además, lleva calzado adecuado. Luchar podría ser una posibilidad, puesto que es más corpulento que Blue. Como si le hubiera leído el pensamiento, el otro le enseña una pistola con las manos enguantadas.

Incluso si no fuera armado, Derek reconoce que corpulento no es la palabra adecuada para definirlo. Tiene sobrepeso y sus movimientos son descoordinados, propios de alguien que lo único que ha ejercitado en toda su vida son las manos. Si quiere tumbarlo (y lo intentará si la situación se vuelve desesperada), sus posibilidades de ganar son de un diez por ciento. Quizás menos.

Donde le saca ventaja, o eso cree, es en inteligencia. Antes de convertirse en un mentalista que llena teatros, lo que hizo de él un gran jugador de póquer fue su capacidad para adivinar cómo piensa el adversario.

Lo mira a los ojos y el otro le mantiene la mirada.

Blue no lo ha matado. De hecho, se ha tomado muchas molestias para llevarlo a un lugar apartado. Eso quiere decir que pretende mantenerlo con vida. Que quiere algo de él.

Y cuando sepa que es, tendrá que jugar sus cartas.

—Ponte esto —dice Blue a la vez que le entrega unas botas para la nieve y un anorak—. Debemos ponernos a caminar, pronto se hará de noche.

—De acuerdo.

Derek se quita los mocasines frotando los pies y, con las manos atadas, consigue ponerse los descansos. En un acto reflejo, recoge los zapatos y los mete dentro del maletero.

Blue se acerca con una navaja en una mano y la pistola en la otra.

—Si crees que puedes intentar algo, te equivocas. No dudaré en disparar —le corta las bridas que le atan las muñecas y se retira unos pasos—. Quítate el abrigo y ponte el anorak, estos pantalones y los guantes.

Derek obedece, pero sus movimientos son lentos porque aún está mareado. Blue lo sujeta por el brazo y lo ayuda a enderezarse. Cuando ve que se mantiene en pie, se separa y espera a que se vista. Cuando acaba, le acerca una brida.

—Pon las manos dentro y tira del extremo con los dientes. —Derek lo hace y se ata las manos—. Vamos, empieza a caminar.

El suelo es mullido y sus pies se hunden en la nieve. Oye cómo la puerta del todoterreno se cierra a sus espaldas, mientras el destello rojizo de los intermitentes ilumina unos segundos el atardecer.

Blue lo guía por el codo y empuña la pistola con la otra mano.

Una hora más tarde, Derek tirita de frío. La nieve parece morderle las manos y tiene la piel de la cara adormecida. Agacha la cabeza para protegerse del viento, tratando de ignorar las ráfagas dolorosas que le suben por las muñecas.

—No aguantaré mucho más. Tengo las manos y la cara congeladas.

Blue no contesta, pero señala con un dedo y Derek levanta la vista para seguir la dirección de su brazo. La oscuridad es casi total, pero distingue una estructura a cincuenta metros, algo que parece un refugio.

Cuando llegan, Derek tiembla de forma incontrolada. Blue abre la puerta y empuja a su presa al interior, que está oscuro y huele a tierra, humedad y a chimenea. Entra detrás de él y cierra tras de sí, ahogando el viento que protesta contra los listones de madera y se resiste a quedarse fuera.

Acto seguido, lo alumbra con la luz del móvil y dice:

—Ve hacia al final y pégate a la pared.

Derek apenas puede ver, pero desliza los pies con las manos extendidas, hasta que sus dedos helados tocan una pared.

Se gira y observa a Blue, que saca de su mochila una lámpara de camping.

Una luz brillante aleja las sombras y Derek se da cuenta de que en el refugio no hay agua corriente ni baño. En el centro hay una mesa con cuatro sillas viejas y, arrimadas a una pared, dos literas con colchones muy finos forrados de plástico.

Aunque dentro del refugio el frío no es tan intenso, puede ver las nubecillas que forma su aliento delante de la nariz.

—No es ningún palacio —dice Blue—, pero nos protegerá del frío. Tampoco estaremos mucho tiempo.

—No hay problema. He estado en sitios peores.

El azul de sus ojos adquiere un brillo parecido a la curiosidad, pero no dice nada. Coloca dos sillas, una enfrente de la otra, y lo obliga a sentarse. Saca unas bridas del bolsillo y se coloca a su espalda.

—Coloca las piernas junto a las patas de la silla.

Obedece y Blue aprieta una brida alrededor de un tobillo. Luego le ata el otro.

Está muy incómodo, pero Derek no se queja. Se limita a observar a su secuestrador, que coge la lámpara y la deja encima de la mesa. Blue se quita el gorro y las gafas de nieve y se revuelve el cabello oscuro. Ahora que puede verlo bien, se da cuenta de que, a pesar de tener la cara morada, lo conoce. Ha visto antes ese pelo negro, quizás más largo. Sus ojos azules, con destellos grises y amarillos, hacen que el recuerdo comience a aflorar a su mente.

Fue hace un año.

El hombre se sienta enfrente de él y lo mira fijamente unos segundos antes de hablar:

—Derek, no tenemos mucho tiempo. Debemos empezar. ¿Sabes quién soy?

El recuerdo se vuelve nítido. Tuvo a ese hombre frente a él en su show y lo abrazó, como a tantos otros. No sintió nada extraño al hacerlo, aunque recuerda claramente que el otro no se emocionó. Sabe, por tanto, que no conseguirá salvarse apelando a sus sentimientos. El hombre que lo ha secuestrado no es ese tipo de persona.

Le ha dicho que no tienen mucho tiempo, pero no repite la pregunta. Solo clava los ojos azules en los suyos y espera paciente.

—No sé tu nombre, así que te he puesto uno: Blue.

Derek se guarda la información que recuerda sobre él. No sabe si eso lo ayudará, pero es todo lo que tiene. No quiere dársela antes de calibrar todas sus opciones.

—Es un nombre bonito, pero todos me llaman Squark.

Derek nota el sabor amargo de la bilis en la boca. Lamenta que su instinto, cuando pensaba en asesinos, no haya fallado, pero tampoco le sorprende. Observa el rostro que tiene delante. No se parece en nada al que sale en todos los diarios. Deduce que la policía se ha equivocado y que, si muere en ese paraje helado, no saldrán de su error hasta la primavera. O quizás no lo encuentren nunca. Eso sería terrible para su madre.

—Eres Squark. El asesino cuántico.

—Ese es solo un apodo, no es mi verdadera esencia. Tú sabes quién soy.

Squark no le quita los ojos de encima y él bucea en su mirada, sin dejarse intimidar, como si buscara la respuesta en ese pozo azul.

Su mente recupera el recuerdo. Vuelve a aquel abril igual que si pasase un álbum de fotografías.

Es sábado noche y el teatro está completo. El día ha sido soleado, pero, como suele ocurrir en esa época en Nueva

York, las temperaturas han bajado y la mayoría de las personas que acceden al teatro llevan abrigos y guantes.

Desde la sala de control, Derek observa en las pantallas a los espectadores mientras escogen una tarjeta. En su show, al entrar, los asistentes deben pasar por una pared llena de cartulinas con la pregunta: «¿Quién eres tú?». Detrás deben escribir, con uno de los rotuladores que les brindan, su definición sobre sí mismos, aquella que les representa.

Ese hecho, en apariencia banal, para algunos es fácil y para otros, muy complicado. Su memoria fotográfica permite a Derek, el Enigmista, recordar a todos los espectadores, pensativos ante el muro, escribiendo aquella palabra que los define. Cada uno con sus propias historias, secretos y anhelos. La curiosidad y el nerviosismo se reflejan en sus rostros.

Recuerda a Squark tomando la cartulina la pared, como si fuese un muro que no puede traspasar. Puede verlo a través de las cámaras que filman a los participantes —tan sencilla es la trampa—, con el pelo oscuro un poco más largo, el largo abrigo negro y el gesto distraído con el que se quita unos guantes de Prada.

Se detiene y, tras pensarlo un instante, escribe: «Soy un científico». Sostiene la tarjeta en la mano y la mira fijamente, con expresión tensa, como si le costase dominar una lucha interior.

La mayoría de los espectadores van ocupando sus asientos, pero él continúa indeciso. Finalmente, la rompe con rabia y toma otra tarjeta para volver a contestar la pregunta.

Derek se sorprende al ver lo que escribe en ese segundo intento.

En su mente, puede ver con total claridad la letra angulosa y dispersa de Squark.

—Derek... —La voz de Squark suena impaciente—. Si quieres vivir, tienes que decirme quién soy.

Tras inspirar hondo, le clava una mirada acuosa y triste mientras recita lo que él escribió detrás de aquella segunda tarjeta:

—Tú eres la incertidumbre.

Squark mira hacia un punto indeterminado, más allá de su espalda.

Derek aprecia cómo la nuez le sube y le baja por la garganta, así como las líneas que le arrugan la comisura de los labios cuando los aprieta. Afuera, el viento sopla con violencia, como si quisiera atraparlos, y se cuela entre las rendijas, haciéndolos tiritar.

Cuando Squark vuelve a mirar a Derek, su expresión es de triunfo.

—Sabía que eras especial.

LXIII

Estrada sueña con un paisaje pantanoso, con un hombre de rostro demoníaco que se desliza en una barca envuelto en la niebla. Cuando vuelve los ojos hacia él, ve que son inquietantemente azules y se despierta sobresaltado.

Permanece muy quieto, atento a la respiración pausada de Berta. Ha sido una noche extraña, plagada de delirios y pesadillas, pero agradece no despertarse solo. El cuerpo de ella, tibio y desnudo, le ofrece un consuelo que hace mucho que no siente. Por eso, en vez de levantarse, se pega a su espalda y observa el amanecer que se abre paso a través de la persiana. Bajo el edredón, acaricia su cadera suave y contiene el deseo que late entre sus piernas para no alterar su sueño.

Hace tiempo que no se siente tan feliz.

Y, sin embargo, nota un latido de inquietud tras su ojo ciego, tal vez una reminiscencia del sueño.

Una hora y media más tarde, desayunan en la cocina. Estrada ha salido a buscar croissants y ensaimadas, junto con dos cafés del bar. No soporta las cafeteras italianas. Tiene hambre y, en menos de diez segundos, una pasta ha desaparecido. Mientras va a por otra, mira a Berta, que mordisquea un cruasán aún adormilada.

—Hacía tiempo que no descansaba tan bien —dice ella—. Es agradable dormirnos y despertarnos juntos.

Él le coge la mano por encima de la mesa y se la aprieta suavemente. No le confiesa que lleva horas despierto, que ha permanecido en la cama por el simple placer de amanecer a su lado.

—Es mucho más que agradable. Te diría que es terapéutico.

Ella le dedica una sonrisa dulce:

—Creo que he dormido tan profundamente porque anoche, bueno... Estuvo más que bien.

—Cierto, nunca habría dicho que una doctora en física pudiese ser tan... salvaje.

Berta le tira una servilleta de papel a la cara.

—Dejemos esos detalles para la noche. A la luz del día vas a conseguir ruborizarme.

—Mmm... Estás preciosa cuando te ruborizas.

—Para ser policía, eres un hombre muy atento.

—Y tú, para ser científica, eres muy sexy.

Ella da un trago largo de café, pero los ojos ríen por encima de la taza.

—¿Crees en Dios?

Estrada la mira sorprendido.

—¿Intentas cambiar de tema?

—Por supuesto —dice Berta.

—En ese caso, creo en Dios, aunque a veces tengo la sensación de que intenta que deje de hacerlo. Ya sabes, por todo lo que veo en mi trabajo. Así que tengo mi fe, pero no me resulta fácil. ¿Y tú?

—No exactamente. Soy atea, pero he de confesarte que todo lo que nos envuelve es tan, no sé, increíble y extraordinario... que me cuesta creer que solo sea producto de la casualidad.

—Una vez leí que Einstein dijo que Dios no juega a los dados.

—Cierto, pero me identifico más con la respuesta que le dio Bohr: «Einstein, deja de decirle a Dios lo que tiene que hacer».

—Una buena respuesta —comenta David antes de acabar con la segunda pasta.

—Sí. Me ha venido a la cabeza porque, estos últimos días, tengo la sensación de que alguien más poderoso juega con nosotros. No sé si me explico...

—Te explicas fatal, pero te entiendo. Todo a nuestro alrededor es tan caótico y somos tan vulnerables, que a veces uno tiene la sensación de ser un juguete en manos de un niño. Me siento así a menudo. Pero nosotros somos la prueba de que, incluso dentro del caos, dos personas pueden encontrarse y hacer que sus vidas sean, no sé... mejores.

Ella alarga el cuerpo por encima de la mesa y le quita una miga de cruasán de los labios antes de darle un beso.

—Eso ha sido muy, muy bonito... ¿A qué hora tienes que estar en la comisaría?

—Aún tenemos una hora. —David la mira fijamente—. Si quieres, podríamos... ya sabes.

—¿Ahora? —Berta achina los ojos y se humedece los labios—. ¿No tenemos algo de prisa?

Antes de que pueda contestar, el móvil de Estrada empieza a vibrar encima de la mesa. En la pantalla aparece una fotografía del jefe de la unidad.

—Borrell —dice Estrada mientras atiende la llamada—, dime...

Berta saborea el café mientras la observa. Cuando cuelga, Estrada se levanta y apura su café con expresión tensa.

—Me tengo que ir. Ha aparecido un cadáver sin identificar y Borrell va para allá. En fin, tendré que esperar a la noche para ver tu lado salvaje.

Se besan y Estrada sale apresuradamente. No se imagina que el agujero negro del caos está a punto de tragarlos de nuevo.

LXIV

El descubrimiento de un cadáver en Castellterçol genera un auténtico frenesí. Cuando un jubilado llama a la policía por el hedor que desprende el almacén de muebles abandonado, todo el pueblo señala al propietario. Se rumorea que estaba metido en asuntos sucios y puede que alguien haya recibido una herencia envenenada, quizás alguno de sus sobrinos de Barcelona.

A simple vista, eso también es lo que cree la policía local cuando ve el cuerpo torturado envuelto en plástico. Los dos agentes tienen experiencia y activan el protocolo para muertes sospechosas. Comunican el hallazgo a la DIC de los Mossos d'Esquadra y acordonan la zona. Numerosos vecinos sienten ganas de pasear por el polígono, al que nunca suele ir nadie.

Al cabo de una hora hay una docena de personas trabajando. Policías, forenses y Eduard Borrell, a quien suelen llamar cuando la víctima no puede identificarse. Observa a Ivanka, su mujer, y a un par de forenses mientras realizan su trabajo. No se ha encontrado el teléfono móvil, ni tampoco documentación junto al cadáver.

Por el traje y camisa de Hugo Boss, no parece alguien del pueblo. Impresiona que alguien se haya ensañado con él hasta destrozarlo de este modo.

Un policía local mayor llamado Pere, con algo de sobrepeso y el pelo blanco, pretende mostrar una actitud profesional, pero lo traiciona la lividez de su rostro. Aunque el día es frío, se seca sin parar el sudor de la frente mientras informa a Borrell:

—Nos llamó un vecino, Andreu, propietario de la nave de al lado, que es una antigua carpintería. El hombre viene de tanto en tanto a traer algunos cacharros. Ya sabe, cosas que su mujer no quiere tener en casa. En fin, que vino con su furgoneta y, nada más bajar, notó el olor a descomposición. —El pañuelo del policía local está empapado—. No sé cuántos días lleva el cuerpo, por aquí no suele venir demasiada gente. Hay zonas más bonitas para pasear que este polígono abandonado. En fin, Andreu miró un poco por los alrededores, por si había muerto un jabalí o un perro, pero no encontró nada. Al acercarse a esa puerta, se dio cuenta de que el olor provenía del interior. Hace unos años, encontraron muerto al propietario de un tiro, este lugar tiene mal fario. En fin, estaba claro que el olor venía de dentro. La puerta estaba cerrada, pero el candado parecía muy nuevo y eso le extrañó. Esta nave lleva cerrada más de quince años, así que nos llamó. Abrimos con una cizalla y bueno... ya ve usted.

—Aparte de usted, ¿alguien más ha accedido al interior?

—No, señor. Somos un pueblo pequeño, pero desgraciadamente tenemos experiencia en crímenes, como ya le he dicho. Acordonamos la zona y hemos mantenido a los curiosos a raya. Ya sabe, las noticias corren y por aquí la gente no tiene demasiadas distracciones.

—¿Y el cadáver? ¿Les resulta familiar?

—Bueno, se han ensañado tanto con él que sería difícil de reconocer, pero esto es un pueblo rural. La gente no suele vestir así, con traje y eso. Vamos, que estoy seguro de que no es de por aquí.

—¿Hay alguna cámara en el polígono? ¿O alguna de control de tráfico?

—No. Aquí no hay actividad ni tráfico. Todas estas naves llevan años cerradas.

—Muchas gracias, agente. Voy a hablar con la forense.

—De nada. Estaré ahí fuera, por si necesita algo más —dice el policía, alejándose gustoso del almacén.

Cuando Ivanka descubre a su marido, se acerca a él.

—Hola, Borrell. —Llamarlo por el apellido es un gesto cariñoso entre ellos. Detrás de la mascarilla, Ivanka sonríe.

—Forense.

—A ver, primeras impresiones. Varón blanco, de unos cuarenta años, delgado, alto. Al hombre le pegaron una paliza descomunal, suficiente para causarle la muerte, aunque la autopsia confirmará si fue así. Está desfigurado y tiene hematomas por todo el cuerpo. También está cubierto de sangre y líquido cadavérico, así que no puedo darte una descripción más ajustada. A simple vista, no hemos observado cortes ni heridas de bala. Diría que, por las marcas profundas en las muñecas y los tobillos que han dejado las bridas, estuvo atado varios días. También hemos encontrado trozos de cinta americana, seguramente estuvo amordazado. —Borrell parece ponerse en tensión ante ese dato—. No lleva ninguna joya, ni reloj, ni tampoco hemos encontrado ningún objeto personal. No hay cartera ni móvil. Nada. El traje es de Hugo Boss y los zapatos Lottusse, tenía buen gusto, quien quiera que sea. La envoltura de plástico y las temperaturas han acelerado la descomposición. Si no hiciese tanto calor, probablemente habría tardado bastante más en descomponerse. Estamos esperando al juez de instrucción para el levantamiento del cadáver. En cuanto pueda hacerle la autopsia, podré decirte algo más.

Una idea empieza a formarse en su cabeza, pero Borrell la aparta. Sabe que hay casos que se complican hasta el infinito. Además, si el cadáver fuera él, querría decir que algo está mal. Muy mal.

—Así que tenemos a un desconocido vestido con traje en una nave abandonada. Tiene pinta de tráfico de drogas, quizás un ajuste de cuentas.

—Eso te lo dejo a ti, amor. Te haré llegar todas las fotografías a tu correo en cuanto llegue a mi despacho.

La idea vuelve a llamar a su cabeza. Al final, Borrell no puede evitar decir:

—¿Crees que podría ser Sergio Miranda?

Ivanka mira a su marido con afecto y algo de preocupación. Sabe que, si lo es, las cosas se pondrán muy difíciles para él y su equipo.

—Podría ser... Intenta averiguar qué ropa llevaba cuando desapareció.

Borrell no contesta, parece pensativo.

—Por cierto —dice ella—, ¿te encargas de la cena esta noche?

La mujer sabe que, cuando su marido está estresado, le relaja cocinar.

—Por supuesto. Dime qué te apetece y me ocupo.

—Sorpréndeme.

Él asiente y la observa mientras ella vuelve al lado del cadáver para seguir tomando muestras.

Borrell sale de la nave y hace una señal al policía local, que se acerca a paso ligero. Una docena de vecinos los miran desde detrás de la cinta, muy callados para intentar captar lo que dicen.

—¿Han encontrado algún vehículo cerca que pudiese pertenecer a la víctima? —le pregunta.

—En el polígono, no. Aunque, si quiere, podemos dar una vuelta por los alrededores y preguntar si hay algún coche que no sea de aquí.

—Sí, por favor, comprueben cualquier vehículo que les parezca sospechoso. Si alguien quisiera largarse de aquí, ¿hay buena combinación en tren?

—Ni buena ni mala, no la hay. Como mucho, podría irse en autobús. Hay un buen trecho de la estación de autobuses al polígono, y un forastero habría llamado la atención. Si alguien lo hubiese visto, ya me lo habrían dicho.

—Quizá se fue de noche.

—Puede ser, pero entonces no se habrá ido en autobús. El último sale a las seis de la tarde.

Borrell extiende la mano derecha.

—Gracias, agente. No dude en llamarme ante cualquier detalle que observe, aunque le parezca una tontería.

Se estrechan las manos.

—Descuide. Me quedan dos años para jubilarme y espero no volver a ver un cadáver en lo que me quede de vida. En fin, ya le digo que no echaré de menos estas cosas.

—No, seguro que no.

Borrell recorre los alrededores del polígono despacio y en silencio. Necesita pensar y lo hace bajo la mirada milenaria del castillo de Castellterçol. Los árboles cuelgan sobre la calle llena de baches y se oye el canto de los pájaros. Aunque aún no ha llegado febrero, algunas hojas, engañadas por el clima suave, han empezado a brotar.

No hay coches ni se cruza con nadie. Aquel no es un lugar extraño para un ajuste de cuentas, piensa, está alejado de la gente y de la tecnología. Con los años, ha aprendido que los pueblos, al contrario de lo que se cree, son escenarios de muchos crímenes. Hay pocas cámaras y testigos.

Pero la posibilidad de que ese cadáver sea Sergio Miranda camina con él, insistente, por más que intente buscar otras explicaciones.

«¿Quién iba a matar a Squark?», se pregunta. «No tiene sentido».

Aunque podría tratarse de otro desaparecido con la misma complexión, sabe que, si es un ajuste de cuentas entre traficantes, nadie denunciará. Los que conocen a la víctima suelen saber qué le ha pasado y lo último que quieren es que la policía haga preguntas y pueda pasarles lo mismo a ellos.

La *posibilidad* ahora ocupa toda su cabeza, le sacude las neuronas, se niega a callar.

«¿Qué dijo Berta? Que la víctima sería alguien con una doble vida», recuerda Borrell.

—¡Joder! —exclama mientras llama a Estrada.

Siempre le ha caído bien su compañero y lo respeta. Aunque sabe la historia con su mujer, el inspector siempre se ha mostrado discreto y respetuoso. Aparte de ellos tres, nadie está al corriente de esa aventura. Y, si alguien lo sabe, le da igual. Para Ivanka y para él esas historias son un afrodisíaco que comparten. Solo es sexo, algo físico. El amor que los une es algo mucho más profundo, una conexión espiritual que no necesita control ni posesión. Es algo que guardan solo para ellos y que nadie más puede tener.

—Borrell —contesta Estrada—, dime.

—Estoy en Castellterçol, con un cadáver sin identificar y quiero descartar que sea Squark.

—¿Suicidio?

—No. Le han dado una paliza, así que parece más bien un ajuste de cuentas, pero encajaría con la edad y complexión de Sergio Miranda. ¿Recuerdas algún detalle sobre él que nos ayude a identificarlo?

—Nada especial... Según nos contó una de sus mujeres, no tenía tatuajes, ni marcas de nacimiento. Espera —Estrada comprueba la ficha del ordenador—, varón blanco, metro ochenta, cuarenta años, pelo gris, traje de Hug...

—Hugo Boss. ¿Y zapatos Lottusse?

—Sí.

—Creo que podría ser él.

Estrada guarda silencio unos segundos antes de volver a preguntar:

—¿Y seguro que no es un suicidio?

—Alguien lo ató y lo utilizó como saco de boxeo —explica Borrell.

—¡Mierda!

—Me temo que Sergio Miranda no es el asesino cuántico, es...

—... la víctima del experimento de la doble ranura —acaba la frase Estrada.

LXV

Nadia se despierta sola en la cama de un hotel. Lo sabe porque la habitación es amplia y soleada, pero absolutamente impersonal. Hay una gran ventana con doble cortina por la que el sol entra a raudales, y una butaca llena de ropa que no es suya. En una de las paredes cuelga un cuadro abstracto, de esos fabricados en serie.

Tarda unos segundos en recordar dónde está, y comprueba agradecida que lleva la misma ropa que la noche anterior. Busca su móvil, pero no está en la mesita.

Cuando se incorpora, la habitación da vueltas a su alrededor. Cierra los ojos para detener el mareo y las náuseas. Algo dentro de su cráneo le golpea el cerebro con un martillo.

Va al lavabo y cierra la puerta con el pestillo.

Al mirarse en el espejo, le vienen *flashes* de la noche anterior. Algunas palabras que dijo resuenan por el baño. Se sienta en el borde de la bañera y apoya la cabeza entre las manos cuando una oleada de vergüenza la sacude.

Después de lavarse la cara y enjuagarse la boca, consigue salir de la habitación caminando con los ojos entrecerrados.

Es un aparthotel y Álvaro trabaja en el salón con el portátil. Al darse cuenta de su presencia, le lanza una sonrisa tímida. Su voz suena a justificación:

—Espero que hayas dormido bien. Anoche no había manera de que me dijeses tu dirección. Mencionaste algo de tu hermano y de que no querías ir, así que te metí en la cama completamente vestida. Bueno, no exactamente, te quité los zapatos.

Nadia sonríe, a pesar del dolor de cabeza que empuja detrás de los ojos.

—Gracias. Me habría sabido mal romperte la nariz de buena mañana.

El chico le devuelve la sonrisa.

—Sí, eso mismo pensé yo. Sobre todo, cuando muy dulcemente me dijiste que, si se me ocurría tocarte, me arrancarías el corazón. Me ha parecido más prudente dormir en el sofá, aunque me daba algo de miedo tenerte tan cerca. Yo ya he desayunado. ¿Te apetece un café?

—Sí, gracias. Doble. ¿Qué hora es?

—Muy tarde. Te he dejado dormir.

El chico prepara un café de cápsula y ella pregunta:

—¿Tienes un par de ibuprofenos?

—Sí, mi madre me puso una caja en la maleta. Por cierto, ¿has mirado el móvil?

Ella niega con la cabeza.

—Ni siquiera sé dónde está.

—Busca dentro de tu abrigo. Tenemos reunión dentro de una hora —dice Álvaro—. Creo que ha pasado algo gordo, así que bébete el café, péinate un poco para no asustar a nadie y nos vamos. Por suerte para ti, estamos al lado de la central.

Nadia lo contempla en medio de un bostezo. El chico tiene una mirada tan inocente que le dan ganas de soltar alguna broma, pero la resaca es kryptonita para su ingenio. Con voz ronca, pregunta:

—¿Sabes qué diablos ha pasado?

—No lo han dicho... Pero, por el tono del mensaje, diría que nada bueno.

Una hora más tarde, en la sala de reuniones de la central de los Mossos d'Esquadra, Nadia evita mirar a Estrada a los ojos. Resulta obvio que nadie de los que asiste está contento, pero ella se siente mal por otros motivos. Los recuerdos de la conversación con Estrada de la noche anterior la sofocan. Aunque él se comporta con naturalidad, ella querría rebobinar y borrar todo lo que le dijo. Es lo malo de las noches de borrachera, que te dejan resaca y un montón de arrepentimientos.

Intenta concentrarse en la conversación.

—¿Estamos seguros de que se trata de una víctima y no de Squark? —pregunta el comisario jefe, que parece el más disgustado de todos.

Borrell toma la palabra:

—No podemos estar seguros de nada, pero todo apunta a esa posibilidad. Si Squark secuestró a ese hombre... —Mira al informático—: Álvaro, corrígeme si me equivoco, pero podría haber manipulado su móvil para colarnos las pruebas. —El chico asiente con la cabeza—. Alguien se ensañó con Sergio Miranda y lo golpeó hasta matarlo, después de tenerlo atado durante varios días. Resumiendo, o bien Squark son un dúo formado por Sergio y alguien más, o bien era otra de las víctimas.

—¿Un dúo?

—La idea se me ha ocurrido a mí —dice Nadia—. Está claro que Sergio es parte del caso. Si es una víctima, no encaja con el *modus operandi* de Squark. Esta muerte es demasiado visceral, una conducta muy alejada de lo que se supone que ha de ser un experimento científico. Puede que Miranda le pasase información y Squark lo retuviese y asesinase porque conocía su identidad y quería silenciarlo.

Aunque nota la mirada de David sobre ella, mantiene la vista fija en el comisario jefe. Este reflexiona un momento y pregunta:

—¿Y tú qué opinas, Estrada?

El inspector piensa unos segundos antes de hablar:

—Personalmente, me inclino por la teoría de que sea la víctima, aunque coincido con Nadia en que no debemos descartar nada. Podría ser que le pasase información y luego decidiese deshacerse de él. No obstante, me pregunto... Me pregunto si debemos mantener en secreto el descubrimiento del cadáver. Podría darnos alguna ventaja.

—¿Quién más sabe que se trata de Miranda? —pregunta el comisario jefe.

—De momento, nadie fuera de esta sala. Oficialmente, es un cadáver sin identificar —recalca Estrada—. Puede que, en las próximas horas, Squark cuelgue otra nota en la *dark web* y todo explote. Mientras tanto, él cree que seguimos buscando a Sergio Miranda, y eso le da una falsa sensación de seguridad. Si lo hacemos público, la prensa se volverá loca y limitará nuestros movimientos. Sin contar que revelará a Squark todo lo que hemos descubierto. Necesitamos trabajar con menos presión.

—Eso es cierto, Estrada, pero también se nos comerán vivos si fallamos. ¿Qué habéis pensado?

—Creo que Álvaro debería volver a analizar toda la información de los móviles —propone el inspector—. Tiene que haber algún otro nexo entre Sara Pons, Joan Torres y Sergio Miranda. Squark desvió nuestra atención hacia donde él quería, pero, ahora que sabemos que nos engañó, podemos buscar otras conexiones.

—Los móviles han sido manipulados —dice el joven informático—, pero podemos recuperar parte de la información. Cuando detectamos coincidencias obvias, nos centramos en ellas, pero, como dice Estrada, ahora que sabemos que Miranda podría ser la víctima, hay que buscar información oculta. Aquello que Squark no quería que encontrásemos.

—De acuerdo —concede el comisario jefe—. Mantendremos en secreto por un par de días que se ha hallado el cadáver de Miranda. Confío en que la información no saldrá de aquí. De momento, tramitad el caso como víctima sin identificar. Cuando esto explote, si tenemos éxito, podremos decir que retuvimos la información para atrapar a Squark. Y si fracasamos... en fin, si fracasamos, que Dios nos pille confesados.

LXVI

Derek no ha conseguido dormir. Cuando era un tahúr, las partidas podían alargarse toda la noche y él era capaz de aguantar y concentrarse en el juego. Aunque llevara horas jugando, sabía qué cartas había repartido a cada jugador o dónde estaba el as que haría ganar la partida a su socio. Sin embargo, esta noche, que probablemente sea la última de su vida, su atención se desvía, como si tuviera una pantalla dentro de su cerebro, a escenas de su pasado.

Piensa en su madre. En Amgine. En el día que conoció a Squark. En el momento en que fue consciente que tenía el síndrome de hipertimesia.

Sabe que no olvidará nada de lo que ha pasado esa noche, ningún detalle de la cabaña o de Squark. Que, si vive para contarlo, revivirá el trauma una y otra vez con una claridad espantosa.

Con la misma claridad con la que ahora recuerda estar sentado junto a su madre en el salón de su casa en California.

Tiene ocho años y por la ventana se filtra la luz de los relámpagos, como si Dios hiciese una foto con *flash*. Unos segundos después, un trueno hace retumbar los cristales y él se agarra con fuerza a su madre. En la calle desierta, la lluvia burbujea en el suelo y baja por el asfalto en pequeños riachuelos.

Siente un poco de miedo, pero es una sensación excitante, casi agradable.

La jefa del restaurante ha llamado a su madre para decirle que en la zona de la playa se ha ido la luz y que no hace falta que vaya a trabajar. Así que han puesto un documental en la televisión y comen palomitas mientras comparten un refresco de naranja. Él lleva puesta una camiseta de los Simpson y su madre, la bata rosa palo del uniforme, aunque se ha quitado las medias y los zapatos.

Ella deja caer la cabeza contra el respaldo del sofá, agradecida por esas horas de descanso imprevistas, y lo atrae contra sí. Justo entonces el comedor se ilumina. Agarrado a su cuerpo, Derek espera el estallido del trueno. De fondo se oye el sonido de la lluvia golpeando el cristal, pero él no puede apartar los ojos de la pantalla. La protagonista del documental relata cómo son sus recuerdos. Pueden revivir cada día de su pasado, cada escena de su vida hasta el más mínimo detalle. El tiempo que hacía, la ropa que llevaban, las palabras exactas que usaron. El presentador los escucha con cara de asombro. La misma expresión de su madre cuando él le pregunta:

—¿Por qué se sorprende? ¿No es así como todos recordamos las cosas?

Aquel día descubre que no es así.

Ahora sabe que el nivel de exactitud con el que recuerda cada momento es a la vez un don y una maldición. Un síndrome llamado hipertimesia que hace que quien lo padece no olvide absolutamente nada.

El recuerdo se desvanece cuando otros, los que intenta mantener en el sótano de su mente, deciden aflorar a la superficie.

Revive el día que un vecino de su madre lanzó un ladrillo contra la ventana del salón. Ve perfectamente el cristal hecho añicos, desparramado por el suelo, y puede oír la voz de Carol Lin en la CNN hablando sobre el *impeachment* de Clinton.

De alguna forma sabe que esa forma rectangular y rojiza de cemento en medio de la alfombra es por su culpa. Ha sido él quien ha desatado la furia del hombre. La tarde anterior, mientras intercambiaba cromos, confesó a Timmy, su vecino y amigo, que había oído a su madre explicarle a una amiga que pensaba abortar. No comprendía el significado de la palabra, pero verla llorar le preocupó.

Comprende que esa confidencia inocente ha provocado que un ladrillo hiciese añicos su ventana. Esa no será la única vez que vivirán escenas así, pero la pedrada le abrió los ojos al mundo.

«Hay secretos que nunca deben ser revelados, como los trucos de los magos», piensa el Enigmista.

Atontado por el frío, cada vez le resulta más difícil controlar el alud de recuerdos. Una vez se abre la puerta del sótano que los encierra, se apresuran a salir uno tras otro. Pero esos recuerdos no le ayudan en nada, así que hace un esfuerzo e imagina que su mente es una gran pizarra blanca donde va borrando los recuerdos. Los borra casi todos. Borra y borra hasta que solo queda uno.

El día que conoció a Squark en su show.

La experiencia le ha enseñado que, para la mayoría de los espectadores, las tarjetas que deben responder reflejan las luces y sombras de su verdadera identidad. El duelo entre lo que son y lo que anhelaban ser.

Vuelve a ver a Squark escribiendo la palabra «científico». Distingue cómo tacha esa palabra y escribe otra que revela una gran debilidad. Puede ver cómo cambia su expresión mientras lee lo que ha escrito una y otra vez, como si dentro de su cabeza se librara un combate. Lo que quería ser, un científico, y lo que siente que es en realidad. Un sueño contra un pasado triste. Ve cómo se guarda la tarjeta en el bolsillo, da un par de pasos, vuelve a sacarla y la rompe con furia. También ve como toma una nueva y escribe detrás: *Yo soy la incertidumbre*.

Pero eso no es cierto.

Su verdadera descripción, su yo más primario, es lo que ha hecho trizas.

Derek, que nunca olvida nada, sabe quién es Squark.

La identidad de la tarjeta que no quería que nadie viese.

LXVII

Berta regresa a su trabajo en el ICFO. Hace un día soleado y ventoso, y el viento silba entre las ramas de los árboles. Cuando llega al edificio, se detiene en seco. Delante de la entrada hay decenas de furgonetas de prensa. Los equipos de noticias se mueven impacientes con los micros en las manos; algunos van armados solo con un teléfono móvil.

Una periodista señala a Berta y todos enloquecen y corren en su dirección; gritan a la vez, levantan la mano, le colocan micros y móviles en la cara. Ella se cala el gorro y hunde la cabeza, se prepara para el envite como un jugador de rugby, con la vista clavada en el suelo. Un segundo después una nube de reporteros la rodea.

Ella intenta avanzar, pero no lo consigue; la bombardean con cientos de preguntas: «Doctora, ¿seguirá colaborando con la policía ahora que saben quién es Squark? ¿Sergio Miranda es un físico frustrado? ¿Cree que podría estar preparando otro experimento?».

Los micros le rozan la cara, le impiden ver y siente que no puede respirar.

Una mano fuerte tira de ella. Recorre el brazo con la vista hasta descubrir que es Pavel, su compañero. Con su cuerpo musculado, divide la marea de periodistas para ayudarla a cruzar.

Cuando consigue traspasar la puerta, la sensación de falta de oxígeno desaparece. Necesita coger aire durante unos segundos.

—Buenos días, doctora famosa. —Sus ojos azules sonríen en la cara perfectamente afeitada—. ¡Están como locos! Ahora que saben que estás aquí, no se marcharán en todo el día.

—Gracias por ayudarme a entrar, Pavel.

—De nada. Esa gente no te habría dejado pasar, y yo te echaba de menos.

Berta sonríe mientras se va quitando piezas de ropa, camino del laboratorio. Lo último que quiere es que sus compañeros la vean como a una diva que evita a la prensa. Teme que su imagen, con gafas oscuras, gorro y el cuello del abrigo levantado, aparezca en todas las noticias.

Pero aparte de algunas miradas, nadie la acosa. Sabe que es mejor que retome su vida cuanto antes y, sin embargo, no se siente aliviada en absoluto de volver a su rutina.

Han descubierto quién es Squark y debería sentirse feliz, pero no es así.

Quizás sea porque, aunque lo han identificado, aún no han conseguido atraparlo; pero sabe que no es cierto. Cada vez que ve la fotografía de Sergio Miranda, lo único que siente es pena, junto con esa conocida sensación de calor.

Al entrar en el laboratorio, saluda a algunos compañeros sin detenerse hasta llegar a su puesto de trabajo. Se deja caer en la silla con un suspiro.

—¿Te apetece un café? —pregunta Pavel.

Por primera vez, se fija en que lleva el brazo enyesado.

—¿Qué te ha pasado?

—Fractura de Colles, se llama. Intenté el patinaje en línea... Puedes deducir que no se me dio especialmente bien. Está visto que soy más bien un animal acuático.

—Vaya, lo siento. No lo sabía.

—Imagino que han sido unos días muy difíciles para ti. ¿Qué tal tu nuevo trabajo como policía? —El chico parece ansioso por saber.

—Pues, utilizando tu analogía, creo que yo soy un animal científico. Ha sido todo muy intenso, la verdad. Una experiencia surrealista.

—Ahora que sabéis quién es, ¿crees que lo capturarán pronto? —Pavel intenta hablar con normalidad, pero Berta se da cuenta de su interés.

—Ni idea. —De repente, se siente incómoda y quiere acabar la conversación—. Ahora es cosa de la policía. Perdona, voy con el correo. Debo tener unos cuantos miles de mensajes por contestar.

Durante el resto de la mañana, Berta intenta centrarse en el trabajo, pero su mente vuelve una y otra vez a Sergio Miranda. Para sacudirse ese pensamiento, se concentra en rememorar la mirada estrábica de Estrada, que ahora sabe que fue producto del alcohol y el arrepentimiento. La imagen la hace sonreír con ternura y recuerda que han quedado por la noche.

Otra vez.

Las cosas van bien, demasiado bien. Siente que conecta con él. Es como si se conociesen desde hace mucho tiempo. Se pregunta si, una vez pase la emoción del caso, se sentirán tan atraídos el uno por el otro como ahora. Aunque no tiene una bola mágica que la ayude en cuestiones de amor, sospecha que sí, que hacen buena pareja.

Y luego está el sexo.

Al evocar la última noche, nota una presión en el vientre. Al principio se sintió cohibida. Pensaba en el pliegue de su barriga, en los muslos demasiado gruesos, en los senos que, cuando él los liberase del sujetador, se abandonarían a la flacidez. Pero entonces Estrada tomó su cara entre las manos y la miró a los ojos. Hacía tanto que nadie la miraba así... Con el pulgar le acarició el rostro muy despacio y ella inclinó el cuello, dejando caer la cabeza sobre su mano. Cuando la besó, todos sus miedos y complejos dejaron de tener importancia.

La inunda una súbita vaharada de calor, la misma sensación de cuando sales al exterior un día de verano. Levanta la vista y ve que Pavel la observa desde su ordenador. El chico aparta la vista rápidamente y, un segundo después, el teléfono de Berta vibra en el bolsillo de la bata.

Comprueba en la pantalla que es Estrada y contesta.

—Berta, siento molestarte, pero necesito hablar contigo. Lo que voy a decirte es confidencial y no vamos a hacerlo público. Tenías razón: hemos encontrado el cadáver de Sergio Miranda. Aún falta la autopsia, pero todo apunta a que fue asesinado. Sospechamos que no era Squark, sino que podría ser la víctima. Eso que dijiste de alguien con una dualidad para el experimento de la doble rendija.

Berta mira a su alrededor para comprobar que nadie la está escuchando. Pavel parece leer algo en su pantalla y lleva los auriculares, pero igualmente baja la voz.

—Vaya, eso tendría sentido. Un hombre con dos familias. Todo el mundo se volverá loco cuando se sepa, e imagino que vais a tener un buen jaleo. Lo siento mucho.

—Yo también. Va a ser complicado explicarlo, aún estamos valorando cómo hacerlo. Hemos decidido retener la información un par de días, así que no lo comentes con nadie.

—Por supuesto. Sea como sea, todo apuntaba a que ese pobre hombre era Squark. Era la opción más lógica con los datos que teníamos. —Berta calla unos segundos para pensar—. Aunque visto en perspectiva, la nota era... diferente. Squark se cree alguien especial, único e inteligente. No tenía sentido que experimentara consigo mismo. Debí insistir más.

—Todos nos hemos equivocado, o, mejor dicho, Squark nos ha engañado a todos. Pero, a toro pasado, todo tiene siempre más sentido.

—Cierto. Pero eso no sirve de mucho a las víctimas.

—Por eso te llamo. Necesitamos que vengas a la próxima reunión, nos puedes ayudar a prever los próximos pasos... Retener esa información nos dará un poco de aliento para intentar adelantarnos a Squark.

—Por supuesto. Cuenta conmigo.

—De acuerdo. Ahora tengo que dejarte. ¿Sigue en pie lo de esta noche? —La voz de David suena casi como un ruego—. Es posible que, tal como van las cosas, llegue tarde.

—¡Claro! Te espero en mi casa. Tú ven cuando puedas —le dice Berta con cariño.

—Será un aliciente para soportar el día. Nos vemos luego.

—Hasta luego —consigue murmurar.

Berta se queda un rato contemplando el teléfono. Luego mira a su compañero, que sigue concentrado en la pantalla. Se ha quitado un auricular y ella vuelve a notar esa sensación de calor.

De repente, siente la imperiosa necesidad de salir del laboratorio. Se levanta y mira por la ventana. Afuera, el día es gris y los periodistas siguen montando guardia. Hablan entre ellos, beben café y fuman. Esperan y acechan.

Con paso rápido vuelve a buscar sus cosas. Pavel la mira sorprendido.

—Me voy —le dice Berta.

El chico se levanta de la mesa y se quita el auricular.

—¿Ha pasado algo?

Ella niega con la cabeza. No quiere decirle que, si salta la noticia de que Sergio Miranda no es Squark, ni siquiera un comando especial podrá ayudarla a traspasar ese muro de reporteros.

—Trabajaré desde casa.

Pavel la contempla mientras ella coloca sus cosas en el bolso como si no lo notara.

—Berta... Sé que no es el momento, pero... —Sonríe nervioso, carraspea, coge aire antes de continuar—. Bueno, quería decirte que a lo mejor te gustaría, no sé, que fuéramos un día a cenar. O, si quieres, podríamos salir de excursión un fin de semana fuera. Conozco bien el pantano de Susqueda. Es un lugar solitario y podemos navegar en kayak. Quizás te iría bien, lejos de todo este jaleo...

Berta siente ganas de echarse a reír, pero no deja que se le note. Pavel es un chico guapo e inteligente, pero lo último que necesita en su vida es una aventura en el trabajo.

—Te lo agradezco, pero no creo que sea buena idea.

La sonrisa de él se desvanece, como si el fantasma más rápido del mundo se la hubiese arrancado de la cara.

—Claro, lo entiendo. Solo te lo decía como amigo, para distraerte.

A Berta no se le ocurre nada que decir, solo quiere salir de ahí, pensar en todo lo que está ocurriendo.

Le da un abrazo a Pavel y él la aprieta con fuerza.

Después coge sus cosas y se va mientras él, como hace siempre, la sigue con la mirada.

LXVIII

Squark odia la nieve, la forma taimada en que lo cubre todo y envuelve el paisaje, sigilosa e impoluta. Detesta su aliento gélido, el aspecto acolchado con el que oculta toda muestra de color, como si quisiera convertir el mundo en una hoja en blanco. Y ahí está él, cerca del Tuc de la Llança, un lugar perdido del Pirineo catalán que ostenta el récord de temperatura más baja registrada en España.

Cuando el amanecer gris despunta, hace visera con la mano para observar las nubes que ocultan las montañas.

El aire, en contacto con las laderas cubiertas de nieve, se enfría tanto que se desliza por la pendiente como si fuera agua helada. Sabe que ese aire, excepcionalmente frío, se acumula en los hoyos que se forman en los Picos de Europa. La gente llama a este fenómeno «piscinas frías», porque, si te adentras en uno de esos agujeros, experimentas la misma sensación que si te hundieses en agua helada.

Durante la noche ha nevado a intervalos regulares, pero hace una hora que está despejado. Squark no se engaña, sabe que el refugio se encuentra en una zona muy protegida. En cuanto empiecen la ascensión, el *torb*, también conocido como el viento blanco, puede aparecer de repente. Es una ventisca súbita que arranca la nieve que aún no está consolidada y la lanza en ráfagas, provocando un brusco descenso térmico.

«Con un poco de suerte, eso es exactamente lo que pasará», se dice.

En caso contrario, deberán caminar durante un par de horas hasta la «piscina fría» que tiene localizada. Deben darse prisa. Aunque es un día laborable de finales de enero, podría aparecer algún excursionista, uno de esos tarados a los que les gusta caminar por la nieve.

Vuelve dentro del refugio y observa al Enigmista, que ha caído en un sueño intranquilo. Antes de dormir lo cubrió con una manta térmica. No quería que se congelara durante la noche, pero ahora deben ponerse en marcha. Cuanto más tiempo pasen en ese refugio, más probabilidades tienen de cruzarse con alguien.

Lo despierta sacudiéndolo con un movimiento suave y el hombre lo mira aturdido, hasta que en sus ojos aparece una señal de reconocimiento. Squark le habla mientras se coloca unos crampones encima de las botas de nieve.

—¿Has oído hablar de la física a bajas temperaturas? —le pregunta.

—No.

—Hay fenómenos que solo se dan en condiciones de frío extremo, estados exóticos de la materia que solo ocurren cerca del cero absoluto. —Derek se limita a mirarlo y Squark continúa—. Cuando sometes a los átomos a temperaturas muy bajas, comienzan a moverse muy despacio.

En el caso de los átomos que contienen bosones, estos pueden entrar en un estado conocido como condensado de Bose-Einstein, en el cual los bosones se agrupan y actúan como si fueran una sola entidad cuántica. Estoy convencido de que el frío ayuda a acceder a dimensiones superiores de consciencia, a campos de información cuánticos. En ese estado, podemos conectar los pensamientos como si todos fuésemos una unidad, saber lo que saben otras personas. Por eso estamos aquí.

A Derek le cuesta entender algunas palabras.

—¿Quieres decir conectarnos a una especie de «memoria universal»?

—Algo así. Pero lo que yo pretendo es algo aún más extraordinario. Quiero demostrar que una reducción de la temperatura corporal permite, a sujetos extraordinarios como tú, desbloquear ciertos estados de percepción superior. ¿Te suena qué es el condensado Bose-Einstein?

—Vagamente.

—Describe el estado especial de la materia que se da a temperaturas extremadamente bajas. Fue teorizado por Einstein y un científico hindú llamado Satyendra Nath Bose. En ese condensado, un grupo de átomos se enfría tanto que todos ocupan el mismo estado cuántico y se comportan como si fueran un solo «superátomo». Nosotros demostraremos ese estado cuántico en la consciencia humana y tú serás esa superconsciencia. He pensado llamar al experimento el condensado de Turiel-DiMaggio.

Squark sonríe a DiMaggio, como si acabara de darle una gran noticia, pero Derek no deja traslucir ninguna emoción. «Turiel», repite para sí mismo.

Cuando conversan, procura sonar interesado, como si fuesen dos colegas que discuten la mejor manera de abordar un problema. Sabe que eso es lo mejor que puede hacer por ahora.

—Pero a tan bajas temperaturas, podríamos sufrir graves lesiones. Morir, incluso.

Squark sonríe.

—No tengo intención de que muramos aquí. Solo necesitamos unos minutos, lo suficiente para alcanzar ese estado por un instante. Después, volveremos y lo explicaremos al mundo.

—Entiendo —dice Derek—. En ese caso, nos haremos famosos.

—Exacto.

Squark lo mira con un entusiasmo que no deja traslucir que solo piensa volver él. Bajo la malla térmica y el pantalón de nieve, nota la entrepierna abultada. Es algo que no puede evitar, ni siquiera en ese paraje helado. El ansia de verlo congelarse es tan aguda que teme que Derek pueda ver a la muerte danzar en sus ojos azules, así que aparta la mirada.

Acto seguido, corta las bridas que sujetan los pies de su prisionero y lo obliga a ponerse en pie. Anquilosado por el frío y por las horas atado a la silla, Derek se levanta con dificultad. Se le doblan las piernas adormecidas y está a punto de caer, pero no emite ningún quejido.

Squark, sin venir a cuento, le dice:

—Mi madre descansa bajo el agua. No es un mal lugar para pasar la eternidad. Es mucho mejor que la nieve.

—¿Se ahogó?

—No, está en una casa.

—¿Una casa bajo el agua?

—Sí.

Derek no dice nada más y Squark lo observa con una mueca torcida mientras piensa que el Enigmista ha resultado ser un hombre silencioso. Tiene ojeras y los labios resecos de un tono azulado. Parece muy cansado y, aun así, a Squark le da la impresión de que observa el mundo con una inteligencia salpicada de cierta tristeza.

—Ahora caminaremos una media hora —dice Squark—. Afuera hace frío, pero ha dejado de nevar. Cuando lleguemos a nuestro destino, solo te haré unas cuantas preguntas para ver si has alcanzado el condensado Turiel-DiMaggio —al decirlo, sonríe con orgullo—. Después volveremos aquí y podrás irte.

Derek asiente con la cabeza, aunque sabe que es un farol. Sea lo que sea lo que quiere hacer Squark, no es lo que le ha dicho. Los guantes, mal ajustados con las bridas, dejan pasar el frío y Squark observa con placer que la franja de piel que queda al descubierto está enrojecida. Se pregunta si, cuando lo abandone en la nieve, todo su cuerpo adquirirá el mismo color.

Tiene la sensación, por la forma en que lo mira, que Derek se cree mejor que él, más listo. Aunque lo escogió porque es singular y admirable, le resulta desagradable esa suficiencia, como si no parase de calcular, de intentar leer dentro de su cabeza. A su padre le habría encantado esa manera de actuar, ese autocontrol. Le habría dicho que era alguien de quien tomar ejemplo.

Pensar en su padre lo pone de mal humor y la erección se desvanece.

Recoge las cosas con movimientos bruscos. Reconoce que su malestar no es solo por culpa del Enigmista. Apenas ha conseguido dormir. No era solo por el frío o por la sensación de estar rodeado de nieve.

De noche, lo asaltaban las dudas.

El experimento de la doble ranura ha sido un fracaso, aunque al final haya sido para bien. Sin duda, ha conseguido darle la vuelta a la situación y utilizar el revés a su favor. Pero el hecho de no publicar ninguna nota en la *dark web* sobre este experimento le produce desazón.

Intenta recordar lo que decía su padre sobre improvisar. Era alguna cita de Darwin. Algo así como que los que improvisan de manera más efectiva prevalecen, pero no está seguro. En ese paraje inhóspito, incluso su padre parece más callado, como si el frío amortiguase su voz o lo hiciese más lento.

Eso debería alegrarle, pero no es así. Desde que tiene uso de razón, tiene miedo de su padre, pero también una dependencia visceral, una necesidad infantil de que lo guíe en su aprendizaje y valide todas sus decisiones.

Y ahora su padre está solo y él no puede perder más tiempo. Debe volver pronto a casa.

Squark, con los crampones sobre las botas, mira los pies de Derek. Debería colocarle los suyos, pero le viene a la mente la experiencia con Sergio Miranda y decide no ponérselos. Una patada con esos pinchos podría causarle serios problemas. Eso entorpecerá un poco la marcha, pero no quiere correr más riesgos.

—Vamos.

Salen del refugio y empiezan a caminar por la nieve, más despacio de lo que él querría. El equipo de Squark es adecuado: camiseta y mallas térmicas, calcetines de lana merina, forro polar y guantes térmicos. Las gafas de ventisca lo protegen del aire helado, aunque en esa zona nunca se sabe. Gente más experimentada ha muerto por congelación.

En cuanto al Enigmista, su equipo es muy deficiente. Camina con los ojos cerrados y puede ver la nieve que se le acumula en las pestañas. Squark sabe que, conforme asciendan, empezarán los signos de hipotermia. Su prioridad es evitar que muera demasiado pronto, pero el clima no es algo que se pueda controlar. En realidad, solo necesita unos segundos para el experimento. La materia humana no puede estar en un estado extraño mucho tiempo.

Derek camina encorvado e intenta apartar la cara de las ráfagas heladas. Squark le sigue los pasos, preocupado por la lentitud.

De repente, Derek se detiene y levanta la cabeza, con los ojos entrecerrados para protegerlos del viento.

Algo se mueve delante de ellos.

Squark comprueba, horrorizado, que dos figuras se acercan caminando por la nieve. Saca su navaja.

El Enigmista observa las dos figuras que, a unos cien metros de distancia, se desplazan con dificultad en dirección al refugio. Lanza a Squark una mirada mientras su mente calcula probabilidades. Toma aire y sopesa si usarlo para gritar o salir corriendo, pero Squark se adelanta.

—Si gritas, te rajo el cuello —le susurra al oído mientras le enseña la navaja—. Si no haces nada, volveremos y podrás explicar esto en tu próximo espectáculo.

Derek lo mira a los ojos y entiende que esta vez no es un farol, sabe que lo matará allí mismo. Squark aprieta la navaja contra su cuello y, con la otra mano, saluda a los excursionistas, que casi sin mirar devuelven el saludo y siguen avanzando hacia el refugio.

Desesperado, los ve alejarse en silencio.

Siguen caminando.

Media hora más tarde, el cielo está despejado, pero el *torb* levanta la nieve en ráfagas. La temperatura ha bajado hasta los –15 °C, pero la sensación térmica es de –30 °C. Squark no puede ver más allá de medio metro, a pesar de las gafas, y Derek tiene los ojos cerrados. Se deja caer sobre la nieve, como una gran res que ya no puede más.

Squark tira de él.

—Vamos, ya casi estamos.

—No debí contárselo a Timmy. —Derek tiene la mirada extraviada—. El ladrillo en la alfombra. No debí explicarle lo del aborto. Mamá, lo siento.

Tiene los labios y la punta de la nariz azules y la piel ha adquirido una palidez translúcida. Gatea unos pasos, como si buscase algo en la nieve.

—Derek —Squark se arrodilla a su lado y lo obliga a mirarlo—, estás sufriendo un *shock* por hipotermia. Necesito que me digas quién soy.

El mentalista lo mira sin ver. Entonces hay un breve destello de reconocimiento.

—Tú eres la incertidumbre.

—No, eso no es lo que me define.

Derek apenas coordina y, de nuevo, parece mirar a un punto infinito, como si el iris se le estuviese congelando. Las ráfagas de nieve cubren su rostro de un glaseado blanco.

Squark puede sentir la muerte que se abalanza sobre él. Imagina las células cada vez más rígidas, las neuronas que empiezan a ralentizar las señales. A pesar del frío, vuelve a notar la entrepierna abultada.

Y entonces lo asalta un escalofrío. Tiene miedo a que sea demasiado tarde, a que Derek muera demasiado pronto.

—Dime quién soy —insiste.

—¿Eres Amgine? —Niega con la cabeza—. No. No. Tú... eres el asesino.

—No, eso es solo lo que hago. Dime quién soy —hay urgencia en su voz.

Los ojos de Derek parecen apagarse. Squark le da unos golpes en la cara con el revés de la mano. El otro abre la boca, pero no emite ningún sonido. Vuelve a golpearle la cara y parece reaccionar:

—¿Quién eres? —pregunta, desorientado, como un anciano senil—. Tú... Blue... tú eres... eres mi fin.

—Eso es lo que provocaré. —No le dice lo que quiere oír, pero están cerca. El experimento está funcionando. Ve cómo la vida se escapa de Derek y se siente frustrado y excitado, todo a la vez—. Dime quién soy.

El Enigmista se queda rígido y el tiempo parece detenerse. El corazón le bombea muy lento y apenas respira. Y, entonces, los ojos le brillan con un último destello de lucidez. Squark bucea en su mirada, convencido de que es justo en ese momento, antes de congelarse, en el que Derek ha entrado completamente en el estado Turiel-Di-Maggio.

Vuelve a ver aquella primera tarjeta y dice algo con voz rasgada:

—Tú solo eres un niño asustado.

Squark se estremece por algo mucho más profundo que el frío cuando el corazón de Derek se detiene definitivamente.

LXIX

Nadia espera a Estrada en la Diagonal. El cielo es gris y las temperaturas han bajado unos grados, pero la ansiada lluvia sigue sin aparecer. Cuando lo ve, da unos toquecitos a su reloj con el índice, aunque solo pasan cinco minutos de la hora a la que han quedado.

—Llegas tarde. Debe de ser porque estás mayor y conduces lento. Es la primera vez desde que estamos juntos que llego yo antes.

—Ya te dije que soy mayor para ti.

Nadia nota que se le enrojecen las mejillas, pero Estrada se ríe abiertamente y ella no puede evitar contagiarse. Se da cuenta de que ha echado de menos su complicidad. Desde la noche del bar, las cosas se habían vuelto un poco tensas entre ellos y esa broma consigue desinflamar la tensión. Es su terreno y Nadia, guiñándole un ojo, contesta:

—Ya sabes, siempre he tenido buen gusto para los clásicos.

Atraviesan el portal mientras Nadia lo pone al día.

—Esta mañana nos llamó Sandra Moreno. No consigue contactar con uno de sus clientes, un tal Derek Di-

Maggio. Ayer salió de su despacho a las doce, después de firmar un contrato, y desde entonces no ha podido localizarlo.

—¿Cree que le ha pasado algo?

—Según ella, tenía la intención de hacer turismo y puede que haya desconectado el móvil, pero, con la racha que llevan, ha preferido llamarnos. Pero no te lo pierdas, el tal Derek es un mentalista de la ostia. He estado mirando en internet y su show pone los pelos de punta. Hay incluso un documental sobre él.

Entran en las oficinas de CAA, y se identifican a la recepcionista. Mientras esperan, Nadia mira de soslayo a Estrada. Parece más relajado, como si sus facciones se hubiesen suavizado un poco. Le habría gustado ser ella el motivo de ese cambio, pero, a pesar de no serlo, se alegra por él. Imagina que eso debe de ser amor del más puro, cuando prefieres que alguien sea feliz, aunque no sea contigo.

Cinco minutos después, la recepcionista los acompaña al despacho de Sandra Moreno.

Cuando entran, la mujer les estrecha la mano con expresión nerviosa. El rostro, perfectamente maquillado, es igual de atractivo que la primera vez que la vieron, pero parece mucho más cansada.

—Espero no parecer maleducada si les digo que no me alegra volver a verlos en estas circunstancias.

—No lo es —responde Nadia—, casi nadie se alegra de volver a vernos.

—Nos ha llamado porque no consigue contactar con... —Estrada consulta sus notas— con Derek DiMaggio.

—Exacto —contesta Sandra—. Estuvo aquí ayer, sentado justo donde están ustedes ahora y desde entonces ha desaparecido. Su móvil no está operativo y no recibe mensajes. Puede que esté haciendo turismo, pero he preferido llamarlos. Me dijeron que les comentase cualquier cosa extraña que sucediese.

—Ha hecho usted muy bien —dice Nadia—. En estos casos es mejor pecar de prudente. He buscado información sobre el señor DiMaggio y he visto que es americano. ¿Sabe usted si vino a verla en taxi o en un Uber?

—Vino a verme en un coche que yo misma le alquilé. Un Audi, un Q8. Estoy segura porque lo hablamos y me dio las gracias.

Nadia intenta ocultar su excitación.

—¿Tiene los datos a mano?

—Sí, mi secretaria se encargó de todo el papeleo. —Sandra coge el teléfono y le pide a alguien que le traiga los papeles del alquiler—. Eso es bueno, ¿no?

—En efecto —dice Estrada—, los coches de alquiler suelen llevar un localizador, por si los roban o los clientes los llevan a áreas prohibidas. Si fue usted quien gestionó el alquiler, es posible que le den la ubicación sin que tengamos que esperar a una orden judicial.

La secretaria entra en el despacho y entrega los papeles. Es la misma rubia teñida de labios gruesos de la última vez. Antes de salir, Estrada le lanza una sonrisa a modo de saludo. Ella malinterpreta el gesto y corresponde con una sonrisa pícara.

—¿Puede llamar a la oficina de alquiler? —pregunta Nadia—. Diga que necesita localizar el coche.

Sandra Moreno llama a la agencia y explica que necesita saber la ubicación del coche que ha alquilado. Espera unos minutos y vuelve a explicar a otra persona lo mismo. De repente, su cara se vuelve muy seria y el tono, cortante.

—Oiga, ese vehículo lo he alquilado y lo pago yo. Necesito saber su ubicación, pues no estamos seguros de dónde se aparcó. Y lo necesito saber ahora.

Los policías se dan cuenta de que es alguien acostumbrada a negociar. Y a ganar.

Tras unos minutos de espera, Sandra abre mucho los ojos y mira a los detectives.

—Gracias. No, no, no hay problema... —responde al teléfono—. Los llamaré si hubiese cualquier cosa.

Después de colgar, los mira con preocupación.

—Según el GPS, el coche está en la avenida Diagonal, 567. Es el parking más cercano —a Sandra le tiembla la voz—. Debió de aparcarlo aquí ayer.

—Gracias, señora Moreno —dice Nadia—. Ha hecho bien. ¿Puede hacerme una fotocopia de esa documentación?

—Por supuesto. ¿Me llamarán cuando sepan algo?

—Sí, en cuanto podamos, la informaremos.

Nadia y Estrada se dirigen al parking, que está a doscientos metros de las oficinas. Bajan las escaleras a la primera planta.

—Esto es enorme —protesta Nadia—, vamos a tardar un buen rato.

—Tenemos el modelo y la matrícula, será más rápido de lo que crees.

Quince minutos más tarde, encuentran el Audi en la primera planta. El coche está cerrado y, desde fuera, no se aprecia nada extraño. Estrada ve su reflejo en el cristal trasero del coche mientras Nadia hace visera con las manos para mirar en el interior.

—Dentro no hay nada, pero no tiene buena pinta. ¿Por qué iba a dejar su coche aquí? —pregunta Nadia.

—Puede que se encontrase con alguien.

—Es posible, pero la factura de este parking va a ser considerable. No tiene mucho sentido.

El inspector se agacha y alumbra con el móvil debajo del coche. Nadia lo rodea, buscando no sabe qué.

—Estrada, mira esto.

El detective se levanta y va junto a su compañera, que está de cuclillas alumbrando algo en el suelo.

—Parece una tarjeta SIM. —Nadia enfoca restos de plástico y lo que parece un chip—. ¿Te apuestas algo a que es de DiMaggio?

—Mierda. Me temo que vamos a ser portada de nuevo en todo el mundo. Y no vamos a salir bien parados.

LXX

El ambiente es más tenso que en las reuniones anteriores. No es solo por la evolución del caso y el secretismo ante la prensa, sino también por la posibilidad de que buscar al hombre equivocado haya propiciado una nueva víctima.

Squark se ha adelantado a todos sus movimientos, pero si tienen razón y, como sospechan, ha secuestrado a Derek DiMaggio, eso podría significar su némesis, su castigo final.

Estrada pasea la vista por el equipo de investigación y se detiene unos segundos en Berta antes de hablar.

—Squark ha planificado con cuidado la elección de sus víctimas, seguramente las ha estudiado durante meses. Hemos comprobado las cámaras del parking y sabemos que Derek DiMaggio entró ayer, a las doce de la mañana, y ya no volvió a salir, al menos, de manera visible. Aunque es un parking con mucho movimiento, estamos investigando todos los vehículos que salieron después de que él entrase. Tardaremos un poco, pero, si estamos en lo cierto, uno de ellos ha de ser de Squark. De momento, la prensa, y de rebote Squark, cree que seguimos buscando a

Sergio Miranda. Y, de nuevo, la víctima es cliente de CAA, así que hemos podido cotejar algunos datos. ¿Álvaro?

El informático se yergue un poco.

—No he podido acceder a los dispositivos de DiMaggio. El problema es que destruyeron la tarjeta SIM de su móvil, recogisteis los restos en el parking. He solicitado autorización para obtener un duplicado, pero en Estados Unidos las leyes de protección de la intimidad son más duras y complejas. Tardará al menos veinticuatro horas. Lo que sí sabemos es que DiMaggio planeaba varias actuaciones en Barcelona desde hace meses, e intercambió algunos correos con Sergio Miranda.

—Otra vez vuelve a aparecer Miranda —apunta Nadia.

—Exacto. Todas las víctimas tuvieron trato con él, así que él podría ser la persona de la que Squark conseguía la información. Es obvio que accedió a las agendas o los correos de la empresa, y sabía que DiMaggio tenía una cita con Sandra Moreno. Estamos casi seguros de que utilizó el ordenador de Sergio Miranda para acceder a la intranet de CAA.

—¿Ha aparecido alguna otra nota en la *dark web*? —pregunta Borrell.

—Todavía no —contesta Álvaro—, es posible que Squark esté aprovechando el anonimato para avanzar en un nuevo experimento.

—Pero sus fans se impacientan —intercede Nadia—, y no creo que tarde mucho en alimentarlos. En cuanto se sienta seguro, volverá a colgar algo. Recordemos que ante todo quiere que lo admiren.

—Pues, Álvaro, estemos atentos —le pide Borrell antes de preguntar—: ¿Se ha encontrado algo en el coche de DiMaggio?

Estrada niega con la cabeza.

—Nada. El coche estaba limpio. Ni notas, ni objetos personales de DiMaggio. Está claro que este plan es más arriesgado y a Squark le ha venido muy bien el anonimato. Borrell, tú has hablado con la forense. ¿Algo que quieras destacar del informe de Sergio Miranda o de las pruebas de toxicología?

—Nada que no supiéramos. Las pruebas de ADN de los cabellos encontrados en los cuerpos de Sara Pons y Joan Torres coinciden, así que podemos descartar definitivamente a Miranda como sospechoso —concluye Borrell—. Faltará el informe sobre los restos hallados en el escenario del crimen de Castellterçol. El pobre tipo tuvo una muerte violenta. El examen forense revela múltiples contusiones y laceraciones en la cabeza, tórax, abdomen y extremidades. Fractura de tímpano y costales, así como hemorragias internas significativas en los pulmones y el hígado. La causa de la muerte fue por trauma contundente múltiple con hemorragia interna masiva. Es decir, una paliza severa. La hora de la muerte se produjo uno o dos días después del secuestro. El informe toxicológico revela que se le administró midazolam, lo mismo que a Sara Pons.

—Este ensañamiento parece impropio de Squark, es... no sé... chapucero —dice Estrada—. ¿Tú qué opinas, Nadia?

—Squark es un asesino en serie muy especial. No es alguien que escoja a sus víctimas por un motivo sexual o económico. Su criterio es más bien «científico» y todas las víctimas fueron estudiadas con cuidado antes de cometer el primer asesinato, el de Sara Pons. No mata por placer, aunque sin duda lo obtiene, lo hace para cumplir un plan que ha ideado durante años. Las muertes son crueles, pero tienen un objetivo. Sin embargo, no deja de ser un psicópata, y los psicópatas son tozudos —recalca ella—. Vuelven a sus manías una y otra vez. Estoy convencida de que, en cuanto se sienta seguro, volverá a dejarnos notas y a repetir el mismo *modus operandi*. Ansía el reconocimiento y quiere demostrar al mundo que es mucho más listo que nosotros. Imagino que algo debió pasar con Sergio Miranda que lo enfureció. No creo que matarlo a golpes fuese el método científico que había planeado.

—¿Berta?

Estrada mira a la científica, que balancea la silla hacia atrás.

—No se me ocurre ninguna vinculación entre el experimento de la doble rendija y matar a alguien a golpes. Quizás, como dice Nadia, algo no salió bien.

Estrada asiente y reorienta la cuestión:

—Pasemos a DiMaggio. ¿Se te ocurre cuál podría ser el próximo experimento? Has visto la ficha del hombre: mentalista, mago, jugador de póquer. Lo llaman el Enigmista.

—No, la verdad... —admite Berta—. La única pista que me ayudaba a entender por qué escogía a las víctimas y qué pretendía hacer con ellas eran las notas. Sin eso, no puedo imaginar qué pasa por la mente de Squark.

—En ese caso, nuestra mejor opción sigue siendo investigar los coches que salieron del parking. —Estrada resopla—. Por lógica, debió de ocultar el cuerpo en el maletero de uno de ellos. Álvaro, sigue chequeando la *dark web*. Mientras tanto, daremos prioridad a los vehículos conducidos por hombres solos.

—¿Y qué hacemos con la prensa? —pregunta Borrell.

Se hace el silencio. Todas las miradas están fijas en Estrada.

—De momento, seguiremos el plan pactado. Si se hace público, no podremos mover un dedo sin tener a la prensa en el cogote. Borrell, emite una alerta de persona desaparecida para Derek DiMaggio, pero nada que indique que tiene algo que ver con Squark. Necesitamos un poco de tranquilidad para poder trabajar.

—¿Crees que deberíamos enviar alguna advertencia a los clientes de CAA? ¿Qué le decimos a Sandra Moreno?

Estrada se pasa las manos por la cara para ahuyentar el dolor de cabeza. Desde que se ha despertado por la mañana, le parece notar una molestia, un eco de los ataques que sufría cuando tuvo el derrame.

Repasa los ojos interrogantes de sus compañeros hasta acabar en los de Berta.

—No sabemos qué consecuencias tendría que advirtamos a todos esos famosos. Algunos tienen millones de seguidores en redes sociales y ganas de aumentarlos y de conseguir publicidad. Podríamos crear una histeria colectiva, y lo que es peor, perder la oportunidad de atrapar a Squark. Sabemos que él no va a por una nueva víctima hasta que ha terminado su experimento, por lo que disponemos de unas horas para encontrarlo. Nadia, llama a Sandra Moreno y dile que emitiremos la alerta por desaparición, pero que de momento solo se trata de eso, de una persona desaparecida. Si al anochecer no sabemos nada, hablaré con el comisario jefe para hacerlo público.

Nadia hace una mueca de dolor.

—Pues va a ser la rueda de prensa más jodida de la historia.

LXXI

Lucas es un chico agraciado, de ojos almendrados y facciones amables. Además de bonachón, es un poco tonto. Sus amigos, como en el acertijo de si fue primero el huevo o la gallina, no tienen claro si se ha vuelto más lento por fumar tantos porros, o si fuma porros porque es un poco idiota. Sea como sea, lo cierto es que Lucas tarda un par de segundos más de lo normal en procesar la información.

Su amigo Oriol le acompaña en esta escapada a la nieve. Es un chico alto de complexión fuerte y pelo ondulado. Las cejas gruesas enmarcan unos ojos color miel de pestañas muy largas y una nariz aguileña. Ayer hizo su último examen en la universidad y la idea de estar un par de días fuera, lejos de los ordenadores y de la civilización, le parece la mejor de las curas. Si, además, encienden una fogata por la noche y comparten un poco de hierba, conseguirá sacudirse los nervios del último año de ingeniería.

Cuando llegan al refugio, les parece que la temperatura ha descendido un montón desde que se pusieron en marcha. Un par de veces, Oriol ha tenido que esperar a su compañero, con la nieve golpeándole el rostro.

Entran en la cabaña y dejan caer las mochilas al suelo. Dentro hace frío, pero al menos dejan fuera el viento gélido y desapacible.

—¡Me cago en mi vida! —exclama Oriol—. ¿No dijiste que se esperaba un tiempo de puta madre?

Lucas lo mira con sus grandes ojos inexpresivos mientras se quita los crampones.

—Eso decía la aplicación del tiempo. Pero ya sabes, el *torb*...

Oriol espera que añada algo más, pero su amigo parece haber olvidado que están en medio de una conversación. Le suele pasar. Rebusca en la mochila hasta encontrar una bolsita de plástico llena de marihuana. Se la muestra a su amigo. Su cara es la de un niño con las manos llenas de caramelos.

—Vamos a relajarnos.

Unos minutos después, el olor dulzón de la maría flota en el aire y los dos chicos se carcajean de cualquier cosa. Fuman y se echan el humo el uno al otro con los ojos rojos. Lucas aspira el canuto hasta que casi no queda nada, cogiendo la punta de la colilla con el índice y el pulgar, mientras dice:

—Mientras yo lío otro, tú preparas algo caliente. Tengo las pelotas como dos carámbanos.

—Vale. —Oriol saca un cazo de la mochila—. He traído sopa de sobre. Voy a llenar esto de nieve y enciendo el hornillo.

El chico sale del refugio y se agacha para recoger nieve limpia. Mientras llena el cazo, descubre una figura a lo lejos que toma el sendero por el que ellos han subido. Reconoce a uno de los hombres con los que se han cruzado un rato antes. Camina deprisa y, allí agachado, no advierte su presencia.

Se queda observándolo un rato, perplejo, hasta que lo pierde de vista.

De regreso a la cabaña, mueve la cabeza como si quisiera ordenar las ideas.

—Acabo de ver a uno de los tipos con los que nos hemos cruzado antes.

Lucas se pasa el papel de fumar por la lengua y lo mira con los ojos entrecerrados por efecto del porro. Finalmente, comenta:

—Con este mal tiempo habrán pensado que lo mejor es volver.

—Solo he visto a uno de ellos.

El otro se encoge de hombros, mientras se quita unas hebras de tabaco de la lengua. Luego dice:

—Su amigo se habrá quedado un rato más. A lo mejor le gusta el frío, vete a saber.

—No sé, tío. Es muy raro. —Oriol parece preocupado—. ¿Y si vamos a mirar?

Lucas carraspea mientras enciende y expulsa el humo del canuto.

—Vale *bro*. Cuando acabemos este.

Oriol niega con la cabeza y dice:

—Hace un frío de cojones y ese tipo ha vuelto solo. Creo que ha pasado algo. Nos podemos fumar el porro al volver. Venga, levanta el culo.

Lucas apaga el porro contra la suela de su bota mientras hace un gesto de fastidio. Todo lo que dice su amigo le suele parecer bien, pero aún no ha conseguido entrar en calor y tenía ganas de algo caliente. Y, sobre todo, de ese segundo porro.

Afuera ha dejado de nevar, pero el viento sopla con fuerza. Aun así, es fácil seguir las pisadas. Oriol se agacha junto al rastro.

—Fíjate, *bro*. Hay dos pares de pisadas de ida. Y allí están las de vuelta, pero solo de uno de ellos. Además, uno lleva crampones y el otro no. ¿Es o no raro de cojones?

Lucas asiente, pensando aún en el porro que han dejado en el refugio y en la sopa caliente.

Siguen las pisadas resoplando por el esfuerzo y, media hora más tarde, divisan un bulto en la nieve.

Corren hacia él tanto como pueden. Lucas tiene la sensación de que está en un sueño, más exactamente una pesadilla. O en un mal viaje propiciado por el porro.

Oriol se arrodilla y le coloca la mano sobre el pecho.

—No respira. ¡Joder, lo han dejado aquí muerto! Y mira, ni siquiera va bien equipado. —Al acercarse más al cuerpo, lanza una exclamación—. ¡Lleva las manos atadas! Esto es muy chungo, *bro*. Hay que llamar a la policía. O a los bomberos. ¡Joder!

Una hora y media más tarde, escuchan el sonido de un helicóptero. Un equipo formado por bomberos, el SEM y el equipo médico del Hospital Vall d'Hebron se hacen cargo del desconocido.

Los muchachos observan alucinados a una veintena de personas en acción.

Un hombre de mediana edad se agacha junto al cadáver congelado.

—Está rígido y no hay muestras de vida. Temperatura 18 °C —grita—. Es una hipotermia grado cuatro, así que movedlo despacio. Lo trasladaremos a Campdevànol.

Dos sanitarios colocan el cuerpo con cuidado en una camilla y lo trasladan al helicóptero. Un bombero se acerca a los excursionistas.

—Chicos, buen trabajo. Nosotros notificaremos esto a la policía, pero deberíais explicar en comisaría lo que ha pasado. Todo lo que habéis visto antes de subir aquí.

—¿Está muerto? —pregunta Oriol.

—Sí. —Alguien grita y el bombero responde—: ¡Ya voy! Haced lo que os he dicho, chicos.

El helicóptero se eleva y ambos se giran para protegerse de la nieve que los golpea. Unos segundos después, el paisaje vuelve a quedar desolado, aparte de ellos dos.

—Oye, acabemos el porro y luego llamamos a la policía —dice Lucas.

—Podemos hacer las dos cosas a la vez —propone el otro mientras llama al 112—. Tardarán lo suyo en llegar hasta aquí.

LXXII

—¿Puede decirme su nombre?

Intenta abrir los ojos, pero una luz blanca y cegadora le obliga a cerrarlos de nuevo. Está muy cansado y esa voz lo irrita, solo quiere que se calle.

—¿Puede decirme su nombre? —vuelve a preguntarle.

Es la voz de un hombre maduro, agradable, le resulta vagamente conocida.

—Miles —consigue decir con una voz que no reconoce como propia. Solo quiere que lo deje en paz.

—Miles, soy el doctor Muñoz.

Doctor. Esa palabra hace que abra los ojos.

A su alrededor hay varias sombras borrosas y palpitantes. Los cierra un par de segundos y vuelve a intentarlo. Cuando consigue mantenerlos abiertos, las sombras comienzan a definirse. Son un montón de hombres y mujeres con batas blancas.

—Muy bien, Miles. Así me gusta —dice el médico.

Esas palabras, en vez de tranquilizarlo, le hacen entrar en pánico. Decir su nombre es algo muy básico. Si se alegran por eso, es que las cosas no están bien. Nada bien.

—Miles, estás en el Hospital Vall d'Hebron. Te han ingresado porque has sufrido un accidente.

La palabra «accidente» dispara una alarma en su cerebro. Desvía la mirada hacia su cuerpo. Tiene sondas conectadas en ambos brazos y electrodos en el pecho. Puede verse las manos vendadas y nota que, debajo de la sábana, sus piernas están recubiertas por el mismo material.

Un pitido rítmico que se oye de fondo le hace girar los ojos hacia una pantalla que muestra su ritmo cardíaco. Le duele la garganta, la cabeza, todo el cuerpo.

—Miles. ¿Comprendes lo que te digo? —El doctor espera unos segundos, hasta que él asiente con la cabeza—. Estás en el hospital. ¿Sabes qué año es?

Es una pregunta sencilla, tonta.

Se esfuerza en contestar.

—Mil novecientos noventa.

El médico abre mucho los ojos e intenta mantener el mismo tono suave.

—¿Puede que este sea tu año de nacimiento?

Asiente. Traga saliva y ese gesto le provoca un dolor agudo en la garganta. Quizás estaba conectado a un respirador. Es como si tuviese la peor faringitis de su vida.

—Era broma...

Cuando dice el año correctamente, el equipo médico estalla en aplausos. Eso consigue alejar un poco su pánico. Intenta recordar cómo ha llegado aquí, pero no puede.

—Miles —fija la vista en el médico, que insiste en llamarlo por su nombre—, lo rescatamos del Tuc de la Llança. Alguien lo abandonó en la nieve. Estaba atado.

El recuerdo surge de repente y lo llena todo.

Blue, un maletero, la nieve.

La silla a la que estaba atado.

Más nieve.

El frío.

La nada.

—*Blue. It was Blue.*

Los médicos se miran entre ellos, sin comprender.

Derek DiMaggio, que no es consciente de que ha hablado en inglés, vuelve a perder el conocimiento.

LXXXIII

Estrada y Nadia caminan detrás de un médico, un hombre de unos cuarenta años con el pelo corto y barba de dos días. El largo pasillo está bañado de una luz blanca y fría. Huele a antiséptico. Se cruzan con un par de enfermeras vestidas de azul que los miran con cara de asombro y cuchichean a sus espaldas.

El médico se detiene ante una puerta y les dice:

—Aquí podremos hablar con calma. —Entran detrás de él en un despacho pequeño, con una mesa blanca y dos sillas—. Es el despacho donde solemos atender a los familiares. Sobre todo, si son malas noticias.

Habla despacio, como si estuviera muy cansado tras un largo turno. A juzgar por su aspecto, seguramente lo está. Se sienta y pone las manos encima del escritorio.

—No es habitual que permitamos que la policía visite a un paciente en la UCI, pero este caso sin duda es especial. Hablamos de alguien que ha sobrevivido a un paro cardíaco de cuatro horas, lo cual es extraordinario. Como comprenderá, será una noticia que dará mucho prestigio a nuestro hospital, así que convocaremos una rueda de prensa cuando se recupere. Personalmente, es uno de esos casos que te hace sentir que todo esto —se toca la bata blanca, justo donde está bordado el nombre del hospital, como si fuese un jugador de fútbol— vale la pena. Por una vez, hemos sido capaces de salvar de la muerte a un caso perdido.

El doctor Muñoz se frota los ojos con los dedos, como si quisiera ahuyentar el cansancio.

—Sé cómo se siente —dice Estrada—. Salvando las distancias, así es como lo vivimos nosotros cuando conseguimos encerrar a un criminal. Es lo que nos ayuda a seguir, una compensación por todos los que se nos escapan —el médico asiente—. ¿Tiene algún dato de su paciente?

—No. Lo encontraron sin nada y, quien fuera que lo acompañaba, lo dejó allí tirado, seguramente creyendo que estaba muerto. Bueno, podemos decir que no se equivocó, técnicamente lo estaba. Creemos que es americano, por el acento y porque se llama Miles. Nos advirtieron de que vendría alguien de la policía cuando lo encontraron, porque tenía las muñecas atadas con bridas.

Estrada y Nadia intercambian una mirada cómplice. La detective busca en su móvil y se lo muestra al sanitario.

—Doctor, ¿puede mirar esta imagen y decirme si es su paciente?

Nadia le acerca el móvil y el médico lo estudia durante unos largos segundos.

—Sí, es él. ¿Cómo lo saben?

—Había una alerta por desaparición. Se llama Derek DiMaggio. —Estrada intenta que la urgencia no se note en su voz.

—Nos dijo que se llamaba Miles.

—Su nombre completo es Miles Derek DiMaggio, aunque suele utilizar el *middle name*, como lo llaman los americanos —apunta Nadia.

—Vaya. No lo reconocimos. Imagino que no estamos muy al día de los famosos.

—¿Cómo está su paciente? —pregunta Estrada—. Necesitamos hablar con él lo antes posible.

—Sorprendentemente bien, teniendo en cuenta que se congeló y tuvo el corazón parado durante al menos cuatro horas. Será un caso de estudio para la medicina de todo el mundo. Lo trasladaron a Campdevànol, pero allí no tenían la tecnología necesaria y el helicóptero lo trajo hasta aquí. Ahora mismo le están realizando una resonancia, así que tendrán que esperar, como mínimo, una hora.

—¿Lesiones cerebrales?

—Aún es pronto para saberlo, pero, cuando le retiramos la sedación, habló con normalidad y todas las pruebas han salido bien. De momento, no parece tener ningún daño significativo, aunque no recuerda nada de las últimas horas.

—Es realmente increíble... —interviene Nadia—. No sabía que pudieran resucitar a alguien después de tantas horas.

El médico sonríe sin ocultar su orgullo.

—Bueno, nosotros tampoco estábamos seguros. La hipotermia estuvo a punto de costarle la vida, pero a la vez lo salvó. Su organismo, sobre todo el cerebro, no se deterioró gracias a la congelación. Cuando llegó al hospital no tenía pulso ni actividad eléctrica en el corazón y su temperatura corporal era de veinte grados. Lo entramos en quirófano y le colocamos las cánulas de la máquina ECMO, que hace las funciones del corazón y los pulmones. Se le extrajo la sangre, que era oscura por la falta de oxígeno y se la devolvimos a sus venas roja como una manzana. —Se nota que Muñoz disfruta detallando su gesta—. Conseguimos aumentar la temperatura poco a poco, pero el paciente sufría un fallo multiorgánico. El corazón, los riñones y los pulmones no respondían. Siento decir que también le fracturamos el esternón y un par de costillas con los masajes cardíacos. Cuando conseguimos que llegara a los treinta grados, le dimos una descarga eléctrica y *¡voilà!*, el corazón volvió a latir.

—Sorprendente... —dice Nadia—. Una curiosidad: ¿por qué intentaron reanimarlo? Quiero decir que, después de cuatro horas, podrían haberlo dado por muerto.

—Es el protocolo. En los casos de congelación, no se da por fallecida a una persona hasta que recupera la temperatura corporal de treinta y siete grados. Si le digo la verdad, no creímos que volvería a la vida. Aún deberá permanecer un par de días en la UCI, pero esperamos subirlo a planta dentro de cuarenta y ocho horas.

—Doctor Muñoz, es muy importante que hablemos con él. Llevamos un caso en el que hay varias víctimas.

—Está en radiología, pero hablaré con su enfermera para que uno de ustedes pueda visitarlo en la UCI.

Nadia y Estrada vuelven a intercambiar miradas.

—De acuerdo —concede Estrada—. Entraré yo. Camino al hospital hemos leído por encima el atestado policial. Los dos chicos que llamaron no pudieron proporcionar a la policía de Lleida una descripción del hombre que lo acompañaba. ¿Ha dicho algo en ese sentido?

El médico lo mira intrigado.

—No recuerda las últimas horas, ya se lo he dicho. Aunque dijo algo extraño cuando recuperó la consciencia. Textualmente fue: *It was Blue.*

LXXIV

Nadia camina hacia el coche con paso rápido. En el parking se cruza con numerosos visitantes que han salido a fumar; también con algunos enfermos con el pijama debajo del abrigo. Le parece triste que, incluso con la enfermedad reflejada en sus rostros, necesiten su dosis de nicotina.

El aire es frío, pero, después del calor sofocante del hospital, le resulta agradable. Habría preferido quedarse con Estrada para entrevistar a DiMaggio, pero el médico solo permitirá entrar a una persona y hay que esperar a que lo suban de radiología.

Y tiene un montón de trabajo.

Nota en el estómago una sensación de vacío, el presentimiento de que están a punto de atrapar a Squark. Sabe que las próximas horas serán cruciales. Estrada le ha pedido que informe al equipo y que aceleren las verificaciones de los coches, un trabajo que podría llevarlos hasta el asesino. Y con una víctima que, si se recupera, podría identificarlo, sería un cierre redondo para el caso.

Saca el móvil y ve que tiene un mensaje de su madre. Le pregunta si irá a cenar. Sin dudar, le contesta que no la espere. Recibe otro mensaje. «Tu hermano quiere hablar contigo. Tiene una oferta de algo de la tele».

Deja escapar un soplido. Le duele que su madre tenga que cuidar de ese adolescente atrapado en el cuerpo fofo de un adulto. Escribe: «No le hagas caso». Y añade muchos corazones. Sabe que a su madre le gustan.

Después llama a Borrell y le explica, tratando de contener su excitación:

—Hemos confirmado que es DiMaggio, pero el médico no me ha dejado entrar con Estrada a la UCI. Ha sufrido hipotermia grave, pero ese tipo es el puto Houdini de la supervivencia. Prácticamente, lo han hecho regresar de las puertas del infierno. Solo él sabe cómo es Squark, y Estrada se quedará ahí hasta que pueda hablar con él. También me ha pedido que envíes un par de agentes para protegerlo.

—Sin duda. Estamos desbordados y habrá que mover algunos escoltas, pero ahora mismo mando una patrulla. ¿Puede hablar? ¿Recuerda algo?

—Parece que no tiene lesiones cerebrales, así que es posible que sí. Estrada nos llamará en cuanto lo suban a la habitación y consiga hablar con él. Mientras tanto, puedo echarte un cable. ¿Qué sabemos de los coches?

—Estamos siguiendo unas cuantas pistas. Nos quedan por identificar sesenta y ocho posibles sospechosos y hemos descartado otros tantos.

—¿Sesenta y ocho? No me jodas...

—Puede que más. Y se trata solo de los hombres que salieron conduciendo solos. No son tantos, es un parking céntrico. Hay muchas oficinas y bancos en la Diagonal.

—Joder. ¿Y quién está con ello?

—Todo el mundo. Hemos recibido apoyo de la Policía Nacional. Aún no hemos dicho que se trata de Squark, pero el comisario jefe acaba de decirme que convocará una rueda de prensa dentro de cuatro horas. Así que tenemos efectivos de todas las comisarías comprobando las coartadas de cada conductor que salió del parking después de que entrara DiMaggio.

—¿Algún resultado?

—De momento no. Y no sé si podremos investigarlos a todos en el plazo de cuatro horas.

—Vale, dime qué hago.

—¿Vas sola?

—Sí. Pero no te preocupes, no voy a hacer ninguna heroicidad.

—Ya, pero no me gusta. —Borrell hace una pausa mientras consulta la pantalla del ordenador—. Espera, tengo algo para ti. En la lista hay un par de vehículos de la misma empresa, te pilla cerca de donde estás. Es en Vallvidrera. Podrías ir a sus oficinas y comprobar quiénes eran los empleados que aparcaron allí.

—¿Una empresa? No me jodas. Dame alguien que sea más probable.

—¿Sola? Ni hablar. Haces eso, o esperas a Estrada. También puedes venirte a la central hasta que pueda asignarte algún compañero.

—Vale... —Nadia cambia a la aplicación de notas en el móvil—. Visitaré la empresa. Dispara.

—Según he visto, ofrecen servicios de todo tipo. El gerente es un hombre de cincuenta y nueve años llamado

Carlos Turiel. Cierran a las seis, pero si te das prisa te da tiempo a llegar. Aparcaron un Toyota Yaris y una Berlingo. Pide por el jefe y que te dé los datos de los conductores. —Borrell hace una pausa—. Una cosa, Nadia: llámame cuando acabes. Si te dan los datos de algún sospechoso, ni se te ocurra ir por tu cuenta.

—No pensaba hacerlo. Ya sabes que tengo que cuidar de mi madre y de un hermano *borderline*. Consigo esos datos y te llamo. Eso sí, mándame tú también un mensaje en cuanto sepáis algo. Creo que estamos muy cerca.

—Sí, solo espero que sea pronto. Cuando una bestia está acorralada, es cuando muestra las garras. La empresa se llama Turiel Global Tech.

LXXV

Nadia camina por la calle vacía y mal iluminada pensando en Estrada. Quiere acabar con el trámite lo antes posible y saber qué le he dicho Derek DiMaggio. Según el GPS, ha llegado a su destino, pero no ve ninguna oficina. Comprueba el teléfono y ve que no hay cobertura.

«Mierda», maldice para sí misma.

Recorre la calle con la mirada. Es tarde y aún hay algo de luz, pero no se ve un alma. Aunque Nadia es alta y está en buena forma, nota que le falta el aliento. Tal vez sea porque están a punto de atrapar a uno de los asesinos más famosos de la historia, pero no está segura. Es una sensación angustiosa, como si sobre aquella urbanización desierta planease alguna amenaza.

—Vaya sitio para montar una empresa de servicios —dice para nadie.

La calle silenciosa no está iluminada y los árboles se agitan como si quisieran advertirla de algo. Las nubes oscurecen el cielo cada vez más deprisa.

Unos metros más adelante, encuentra el número de la calle. Es una parcela grande, con un muro cubierto de hiedra y un portón de hierro. Parece que solo hay pinos, pero al final del terreno distingue una especie de *bungalow*, una de esas casas prefabricadas con el techo plano.

En la verja de la entrada hay una pequeña placa de metacrilato: *Turiel Global Tech*.

Mira alrededor y no ve a nadie, solo se oye el canto de los pájaros.

—Global, los huevos —dice para sí misma mirando el móvil—. Si no hay ni cobertura.

Llama al timbre y espera unos segundos.

Vuelve a llamar.

Ya ha metido su tarjeta en el buzón y empieza a caminar cuando oye que la puerta se abre a sus espaldas. Se obliga a desandar los pasos, aunque lo que en verdad quiere hacer es largarse y llamar a Estrada para saber qué le ha dicho DiMaggio.

Un hombre joven y atractivo le sonríe desde la entrada. Detrás de él, en el portal de la casa, hay un anciano de mirada inexpresiva en silla de ruedas. Ella sonríe también, no puede evitarlo.

—Perdona —se excusa el hombre—, estaba ayudando a mi padre. Tuvo una embolia y bueno... ya sabes.

El chico se encoge de hombros con cierta tristeza.

—Soy la detective Nadia Mateo —se presenta mientras le enseña la placa—, querría hablar con el gerente de la empresa.

—Legalmente es mi padre, pero soy yo quien lleva la gestión. Albert —le extiende la mano y Nadia se la estrecha—. ¿En qué puedo ayudarla?

—Es solo una comprobación rutinaria. ¿Suele usted visitar a clientes?

—No. Yo me encargo solo de los números y de coordinar al personal. Suelo estar siempre en la oficina. Son los trabajadores quienes se desplazan. Desde que mi padre sufrió el ictus, hago teletrabajo. No tenemos ayuda, así que intento pasar todo el tiempo que puedo con él.

Nadia observa al anciano. Es calvo, con los ojos azul hielo y la piel llena de manchas. Está tan delgado que se podrían palpar todos los huesos de su cuerpo. La nuez le sobresale en el cuello como un huevo de codorniz. Un lado de su cara parece flojo, como un helado que se derrite, y tiene un borbotón de saliva blanca en la comisura de la boca.

La detective aparta la mirada y la fija en los ojos azules del chico. Es como mirar lejos en el mar, obviando la suciedad de la orilla. Le viene a la mente su madre, que se hace cada vez más mayor. Siente una corriente de simpatía instantánea por el muchacho. Le parece admirable que, teniendo recursos, se haya montado la vida para cuidar de su padre enfermo.

—Hemos visto que tienen varios vehículos. —El hombre asiente con cara de preocupación—. Solo necesitamos comprobar cuál de sus trabajadores estuvo el jueves al mediodía en Diagonal.

—Tenemos cuatro coches, dos furgonetas y dos utilitarios. Si hablamos del jueves, seguramente me acuerde. No obstante, llevamos un registro de las visitas. Si me dice qué coches son, puedo darle los datos ahora.

—Perfecto. Uno era un Toyota Yaris.

—No hace falta que mire el registro. El jueves envié a un comercial con el Yaris a una tienda de Diagonal. Íbamos a hacer una demostración para un programa de gestión de *stock*. Se llama Eduard y trabaja conmigo desde hace años. Puedo darle el teléfono.

—¿Edad? ¿Casado?

—Tiene unos cincuenta y muchos. Casado, dos chicos en la universidad.

—De acuerdo. De todas maneras, necesitaré su contacto. ¿Y la Berlingo?

—La Berlingo... —el hombre hace una mueca de fastidio— se la llevó nuestro informático. Tenía que instalar unos equipos en un despacho de abogados en Poblenou. No llegó a presentarse y envió un mensaje diciendo que estaba enfermo. Según él, dejó la furgoneta en su garaje. ¿Me está diciendo que estuvo en Diagonal?

Nadia nota cómo se activan todas las células de su cerebro.

—¿Puede darme una descripción?

El padre hace un sonido extraño que el hijo ignora.

—Sí, claro. Es un chico alto de complexión fuerte. Veintiocho años, soltero. Según comentan, muy guapo. Ha hecho algo con nuestra furgoneta, ¿verdad? —Hace una mueca de enfado—. Lo imaginaba.

—Lo siento, pero no puedo darle información sobre el caso. ¿Tiene usted su contacto?

—Por supuesto. Dentro tengo su teléfono y dirección. Y, si quiere, también puedo imprimirle el currículum. Ahí hay una foto suya.

—Se lo agradezco... Le esperaré aquí.

Antes de que se meta en la casa, Nadia no puede evitar fijarse en sus ojos azules, en la forma en que el pelo negro le cae sobre la frente.

—Puede que tarde un poco —le avisa él desde la puerta—. ¿Seguro que no quiere un café?

—No, gracias.

El padre sigue en el mismo sitio, observándola con una mirada vacía.

Nadia nota el corazón acelerado. Tiene la sensación de que algo no va bien. Se da cuenta de que está a punto de atrapar a Squark y necesita avisar a sus compañeros. Unos minutos pueden ser cruciales para salvar a la siguiente víctima.

—¡Espere! —dice Nadia proyectando la voz al interior de la casa—. ¿Podría conectarme a su wifi?

Albert asoma de nuevo por la puerta y le dice:

—Faltaría más... En el despacho tengo un código QR para que los clientes se conecten. Mientras imprimo, entre para utilizar nuestra red, por favor. También tengo teléfono fijo, si lo necesita. Aquí la cobertura no es muy buena.

—Gracias. —Nadia lo sigue—. Ese informático, ¿qué puede decirme de él?

El hombre se gira y sus ojos azules refulgen al responder:

—Que es la persona más inteligente que he conocido.

LXXVI

La enfermera, una mujer de pelo corto, con unos bonitos ojos grises y la nariz afilada, le entrega a Estrada una camisa y un pantalón de color azul. Él los mira con aprensión, convencido de que le van a ir pequeños.

—Deje su ropa y sus cosas en la taquilla y ponga el teléfono en modo avión. Es por los aparatos —le explica ella—. Dentro hay mascarilla, gorro y fundas para los pies. Cuando esté vestido, espere aquí, que vendré a buscarlo. Puede que, cuando lo suban, el paciente esté adormilado. En ese caso, no lo atosigue. La visita durará un máximo de quince minutos. —La enfermera se detiene ante la puerta—. Aunque entiendo que es su trabajo, la prioridad es que ese hombre se recupere lo antes posible.

—Me hago cargo —contesta Estrada—, pero está en juego la vida de otras personas. Puedo esperar mientras hago algunas llamadas, pero no eternamente.

La enfermera le lanza una mirada severa.

—Haré lo que pueda. Pero ya le he dicho que nada de llamadas. Como mucho, tendrá que esperar una hora.

Estrada se viste y comprueba que, efectivamente, la ropa le va estrecha y los pantalones son cortos, como si fuera a cruzar el río. Decide esperar al último momento para ponerse los guantes de látex. Mientras tanto, aprovecha para repasar la declaración de los dos chicos que encontraron a DiMaggio. La lee un par de veces y no encuentra nada significativo.

Cuarenta y cinco minutos más tarde, la enfermera viene a buscarlo y lo repasa disimuladamente de arriba abajo.

—Los guantes y la mascarilla —dice a modo de saludo. Estrada, que se había olvidado de ponérselos, obedece mientras la mujer lo vigila—. Háblele despacio y claro. Si se duerme y no responde, llame al timbre. No lo atosigue.

—De acuerdo.

Cuando abren la puerta de la habitación, Estrada reconoce al hombre que está tumbado en la cama. Una mascarilla le proporciona oxígeno y le han pinchado vías en ambos brazos. La piel de su cara está enrojecida y se observan algunas abrasiones provocadas por el frío. Ambas manos, vendadas, reposan encima de la colcha blanca. Aparte de eso, su aspecto es razonablemente bueno, teniendo en cuenta que estuvo muerto durante cuatro horas.

La enfermera le habla con tono bajo:

—Mire esto —dice señalando las manos—, es la única parte donde ha sufrido signos de congelación severa. En las piernas también, aunque no tan grave.

Estrada asiente y repite lo mismo que ya ha dicho al conocer los hechos. Es lo único que se le ocurre y, además, ahora que sabe quién es, lo cree aún más:

—Este hombre es un milagro andante.

Ella asiente.

—Un verdadero milagro, así que tenga cuidado. Aunque su estado de salud es razonablemente bueno, necesita descansar para recuperarse. Volveré para avisarle cuando se acabe el tiempo.

—Gracias —dice Estrada.

Antes de marcharse, la mujer se queda quieta y mira a los ojos del inspector.

—Es usted el detective de las ruedas de prensa del asesino cuántico, ¿verdad? —Él asiente sin más—. Espero que lo atrape pronto. En fin, quince minutos.

Estrada se sienta al lado de la cama. De fondo se oye el pitido intermitente de un monitor de control. El policía se fija en las rayas verdes que dibujan picos y ondas.

Como si presintiese que lo observa, Derek abre los ojos lentamente. Tiene la mirada empañada.

—Señor DiMaggio. Soy el detective Estrada. Sé que no se encuentra bien, pero necesito hacerle unas preguntas.

El hombre asiente ligeramente con la cabeza y traga saliva. Al hacerlo, en su rostro aparece una mueca de dolor. La voz suena ronca.

—Squark.

—¿Fue Squark quien lo abandonó en la nieve?

Asiente a la vez que cierra los ojos. Tarda unos segundos en volver a abrirlos. Su voz es casi un susurro.

—Turiel.

Estrada no entiende qué quiere decir, así que acerca el oído a su boca.

—¿Puede repetirlo?

—Squark es... Turiel.

Estrada se separa un poco para observar al hombre, que pese a su debilidad le aguanta la mirada.

—Su apellido es Turiel... estuvo en Nueva York en abril... del año pasado. Vino a ver mi show.

—¿Está seguro? —pregunta Estrada sintiendo todo el cuerpo tensionado.

El convaleciente sonríe con amargura.

—Nunca olvido ningún dato.

—¿Puede describirlo?

Derek cierra los ojos, como si hubiese consumido todas las fuerzas. Estrada resiste las ganas de zarandearlo y le habla en tono suave.

—Señor DiMaggio... —Espera unos segundos—. Señor DiMaggio...

Derek vuelve a abrir los párpados al cabo de un minuto eterno. Mira a Estrada con los ojos velados, como si no supiese dónde está. La cama es un agujero negro que tira de él. Antes de volver a dormirse, dice algo que Estrada no comprende:

—Un hombre joven, ojos azules, alto. Dijo que él y yo éramos el condensado Turiel-DiMaggio. Como Manson y Tate.

Cuando termina su tiempo, Estrada vuelve a la sala para cambiarse.

Saltándose las reglas, se apresura a encender el móvil y reza para que sea como en los aviones, en los que nunca pasa nada si te conectas.

Aún con la ropa de hospital puesta, llama a Nadia, pero le salta el contestador. Le deja un mensaje. Luego escribe a Berta por WhatsApp:

Condensado Turiel-DiMaggio, ¿qué diablos es?

Acto seguido, llama a Borrell, pero comunica.

—¡Mierda! —Se quita la ropa de hospital usada y la tira al suelo.

Mientras se pone los zapatos, aún con la camisa desabrochada, le pita un mensaje. Es de Berta:

Eso no existe. ¿Te refieres al condensado Bose-Einstein? Es una fase de la materia a temperaturas extremadamente bajas.

Antes de que pueda contestarle, el teléfono vibra y ve que es Borrell. Sale de la sala y avanza por el pasillo, sosteniendo el móvil entre el hombro y la oreja mientras se abotona la camisa. Un par de enfermeras se apartan para dejarlo pasar y lo siguen con la mirada.

—Estrada, ¿cómo ha ido? —pregunta Borrell.

—Lo tenemos. El hombre del hospital es, en efecto, DiMaggio. Squark lo secuestró y lo llevó a un lugar perdido en el Pirineo. Creo que quería reproducir un experimento, el no sé qué Bose-Einstein.

—Lo del experimento ni idea, pero me ha llamado Nadia para decirme que DiMaggio ha sobrevivido. ¿Qué quieres hacer ahora?

—Tenemos datos que nos pueden conducir a él. DiMaggio apenas ha estado consciente, pero me ha dicho que su apellido es Turiel. Pide a la Interpol el registro de visados a Estados Unidos. Buscamos a alguien con ese nombre que viajara a Nueva York en abril del año pasado. Comprueba también si alguno de los coches del parking está a ese nombre. ¿Borrell? ¿Sigues ahí?

—Joder, Estrada. ¡¡¡Joder!!!

LXXVII

Paco Fuentes y el equipo del GEI están aparcados a cien metros de Turiel Global Tech, justo en una curva desde la que no pueden ser vistos desde la parcela. Dentro del furgón blindado repasan por última vez el plano de la casa.

Paco habla a sus hombres en un tono tranquilo, sabe que algunos conocen a Nadia y están ansiosos por actuar.

—Por lo que sabemos, ahí dentro hay una compañera nuestra y no vamos a utilizar material explosivo, a menos que sea absolutamente necesario. Squark no sabe que lo hemos descubierto, así que no nos espera. Si podemos escoger, usaremos botes de humo en vez de munición. No hace falta decir lo obvio sobre nuestra prioridad.

Todos asienten.

—Memorizad el plano de la vivienda —señala otra vez el papel—: son setenta metros cuadrados en una sola planta. Tres dormitorios, dos baños y un comedor con cocina abierta. Hay puerta delantera y trasera. La idea es que vosotros cuatro —señala a los policías— os despleguéis sin hacer ruido por el jardín, vigilando la puerta de entrada y las dos ventanas de la fachada principal. Vosotros tres cubriréis la puerta de atrás y las dos ventanas traseras. ¿Todo claro?

Los agentes especiales levantan el pulgar.

Salen en silencio y caminan medio agachados por la calle desierta. En solo media hora, el cielo ha pasado de gris plomizo a negro y Estrada y Borrell, dentro del coche policial, observan como se alejan. Detrás de ellos hay una unidad médica y un control policial corta la calle. Ninguno de los dos dice nada. Solo están ahí, preparados para recibir a su compañera cuando la rescaten.

O para saber si le ha pasado algo.

El grupo del GEI avanza en silencio y Paco Fuentes señala el coche de Nadia. Dos policías comprueban que está vacío. Levantan el pulgar y continúan avanzando.

Cuando llegan a su destino, las luces de la casa se proyectan entre los pinos.

Paco Fuentes observa a través de los prismáticos. Los árboles dificultan la visibilidad, pero el contraste con el interior oscuro le permite ver parte del comedor y la cocina. No se aprecia ningún movimiento.

Señala la puerta de la verja y un policía se acerca. Tarda un par de minutos en abrir la cerradura.

El grupo avanza sin hacer ruido. Utilizan los árboles para ocultarse y ocupan sus posiciones.

Dentro, las luces siguen encendidas, pero a través de la ventana la casa se ve vacía. Solo se oye el sonido lejano de un programa de televisión. Paco Fuentes hace el gesto de avanzar y tres de los suyos se dirigen con sigilo a la parte de atrás.

Ocupan sus posiciones mientras el resto vigila la fachada delantera.

El jefe levanta una mano con tres dedos. Dos. Uno.

Puño.

Dos policías colocan el ariete y la puerta se abre con un estallido.

Rápidamente acceden a la vivienda, con las armas listas para disparar.

—¡Despejado!

—¡Despejado!

Solo queda por comprobar los baños.

Un policía da una patada a la puerta. La madera es hueca, así que sale de los goznes y se resquebraja con facilidad.

Dentro, el cadáver de un anciano desnudo mira al techo con la cabeza echada hacia atrás. Un hilo de espuma resbala de la boca abierta. El cuerpo, extremadamente delgado, está lleno de llagas y morados.

—Me cago en todo —espeta Paco Fuentes—. Avisad al equipo forense, a la Científica y al juez de instrucción. Creo que hemos encontrado al gerente de la empresa. ¡Seguid buscando!

LXXVIII

El comisario jefe contempla la extensión infinita de manos levantadas. Le suda la frente y nota las manchas de transpiración que se extienden por sus axilas. Es consciente de que sus palabras se retransmitirán en canales de televisión de todo el mundo, así como en las redes digitales.

Es una rueda de prensa sin turno de preguntas. Sabe que ciertas cuestiones podrían acabar de hundir al departamento. Y, además, en unas horas, firmará un acuerdo con Netflix que le permitirá pagar la hipoteca y para el que prefiere guardarse ciertos detalles.

Con voz clara empieza a leer el comunicado mientras el silencio se expande por la sala abarrotada.

—A la luz de las pruebas recientes, hemos descartado que el señor Sergio Miranda fuese Squark, el asesino cuántico. Tras la aparición de un cadáver en Castellterçol, pudimos identificar el cuerpo sin vida del señor Sergio Miranda. Aunque la investigación para determinar las circunstancias de la muerte sigue abierta, todo apunta a que se trataría de la tercera víctima de Squark. Los familiares —el comisario jefe se guarda de pronunciar «familia»—

ya han sido notificados y les estamos brindando el apoyo necesario durante este difícil momento. Asimismo, les confirmo que otra víctima, de la que no podemos revelar el nombre, fue secuestrada por Squark hace tres días y ha sobrevivido. Se encuentra hospitalizada y no se teme por su vida. Estamos profundamente agradecidos por la rápida respuesta de nuestros equipos de emergencia y los servicios médicos. Gracias a su colaboración y a nuestros investigadores, se ha identificado a Albert Turiel como Squark. Numerosos efectivos de los Mossos d'Esquadra, en colaboración con la Policía Nacional y la Guardia Civil, han desplegado un amplio dispositivo para su captura, y esperamos dar con él en las próximas horas. Se proporcionará más información a medida que esté disponible. Solicitamos a los medios y al público respetar la privacidad de las familias afectadas en estos momentos de dolor y esperanza.

Un murmullo se extiende por la sala, como un ejército ansioso de que empiece de una vez la batalla. Cientos de manos se agitan en el aire, pero el comisario jefe las ignora. Espera hasta que las voces se acallen para seguir leyendo.

—Se ha activado un plan antifuga y trabajamos coordinados con los cuerpos policiales nacionales y europeos para la captura de Albert Turiel, conocido como Squark —en la pantalla aparecen varios números de teléfono—. Cualquier persona que pueda aportar información sobre él debe contactar en estos teléfonos. De momento, eso es todo lo que puedo decirles para no comprometer la investigación. Gracias a todos.

Las manos se agitan frenéticas y una cacofonía de voces llena la sala.

El comisario jefe dobla sus papeles y se levanta mientras cientos de *flashes* destellan delante de él y lo obligan a entrecerrar los ojos.

No ha dicho que hay una agente en peligro, pero la imagen de Nadia le viene a la mente una y otra vez.

La conciencia no puede ser multiplicada en copias espaciales o temporales, pero parece ser una entidad singular (...), debemos considerar la hipótesis de que esta entidad singular es idéntica en todos los individuos. Entonces no puede estar ligada a un individuo; todos los sucesos de la vida, incluso la muerte, no significarían nada para ella.

¿Podría uno entonces hablar en algún sentido de la supervivencia tras la muerte?

Erwin Schrödinger

LXXIX

Berta abre los ojos.

Se ha quedado dormida en el sofá. Soñaba otra vez que se hundía en el agua de la balsa, verduzca y helada, y nota el corazón muy acelerado. Pero no ha sido eso lo que la ha despertado. Ha sido una sensación de calor súbito, tanto que, en medio del sueño, ha pateado la manta.

Alarga la mano buscando a Estrada al otro lado, pero está vacío.

«¿Se ha levantado?». No, le mandó un mensaje y le dijo que se verían al día siguiente.

Desorientada, comprueba el reloj y ve que solo son las nueve de la noche.

En el edificio se oyen los ruidos amortiguados de los vecinos, pero en su piso hay mucho silencio. Y oscuridad.

De repente, oye el crujido de unas pisadas en el parqué. Eso la despierta del todo, como si acabara de recibir un puñetazo en el estómago. Ha dejado la puerta del comedor entreabierta, como a ella le gusta, y le ha parecido oír pasos en el pasillo.

Todo su cuerpo se tensa y el sudor le humedece las manos y la nuca.

Se dice que quizás es David, pero recuerda que no tiene la llave de su piso. Nadie, aparte de ella, tiene llaves de su piso.

Se incorpora despacio y gira la cabeza, como un animal que huele el peligro en el viento. Se queda escuchando durante unos segundos, en alerta, diciéndose que se ha confundido.

El corazón le palpita en las sienes e intenta tranquilizarse. Se levanta sin dejar de mirar hacia la puerta y empieza a caminar hacia atrás, procurando no hacer ruido.

Escucha claramente una respiración.

Hay alguien en el pasillo.

Todo el aire parece desaparecer de la habitación. El pánico hace vibrar todas las células de su cuerpo.

Sin dejar de mirar a la puerta, enciende el móvil con la mano temblorosa. Ve que tiene algunas llamadas perdidas de la comisaría, pero las ignora. La luz de la pantalla le ilumina los ojos vidriosos mientras busca el número de Estrada.

La puerta del pasillo se abre y una gran silueta se recorta en la oscuridad.

Berta deja escapar un grito que le sale extrañamente débil, como si estuviese dentro de un sueño. En un acto reflejo de supervivencia, sale disparada hacia el baño y la figura se lanza tras ella.

Caen al suelo.

El impacto es como si un muro le cayera encima. Quiere chillar con toda la fuerza de sus pulmones, pero el peso del desconocido la obliga a exhalar el aire de golpe.

La aplasta con su cuerpo, no puede respirar ni moverse.

Nota un pinchazo en el cuello antes de sumergirse en la oscuridad.

LXXX

Squark conduce la Berlingo con la vista fija en el camino, sin mirar el paisaje que se escurre veloz a ambos lados. De niño visitó el pantano innumerables veces y, desde que empezó con los experimentos, ha vuelto regularmente para instalar algunas cámaras y estudiar la zona con detalle.

La furgoneta es un modelo antiguo y falla la suspensión. Cada vez que toma un bache, oye el golpe sordo de los cuerpos de las dos mujeres que lleva en la zona de carga. No van a llegar demasiado bien, pero sabe que no le queda tiempo.

Aparca en el mismo claro al que lo llevaba su padre, una especie de cala artificial rodeada de paredes rocosas y grises.

La única vía de acceso es una pista forestal que atraviesa el bosque, que en esa zona es tupido y salvaje. En un lado de la playa artificial hay un embarcadero deteriorado, un recuerdo de cuando se hicieron las obras de la presa. Ahora solo lo utilizan los pocos pescadores que conocen el lugar.

Cuando sale del vehículo, un viento helado se le cuela por el abrigo y le golpea las mejillas.

Mira el pantano que se extiende hasta la presa. Está mucho más vacío de lo que recuerda en su infancia. La luna llena se refleja en sus aguas oscuras, en los millones de litros que cubren el pueblo muerto y olvidado.

La sequía ha sacado a la superficie los restos de algunas casas y Squark reconoce las ruinas de la masía donde nació su madre, inconfundible gracias al tronco de un olmo centenario que aún se mantiene en pie. Más allá de todo esto, se alza imponente el muro de la presa, un inmenso acantilado de hierro y cemento.

Sabe que, en algún punto de ese lago, descansa su madre.

Como siempre que vuelve a ese lugar, la voz de su padre resuena estridente en su cabeza. «¿Qué haces aquí parado? Tienes cosas que hacer». Lo sabe, pero es consciente de que lo buscan y debe apresurarse para terminar lo comenzado.

Tiene también un deseo voraz.

Desea que su nombre pase a la eternidad junto a físicos de la talla de Niels Bohr y Oppenheimer.

Desea demostrar que es mucho más listo que todos los que pretenden atraparlo.

Desea, antes de marcharse muy lejos de ese lugar, despedirse de su madre.

La voz de su padre vuelve a resonar dentro de su cabeza: «Tuve que hacerlo. Ella quería irse, apartarte de mí. Te habría convertido en uno de esos putos retrasados».

—CÁ-LLA-TE. Ya estás muerto.

Decirlo le sienta bien.

Matarlo le ha sentado aún mejor, como si se hubiese quitado un gran peso de encima.

Abre las puertas traseras y contempla a las dos mujeres. Nadia se ha despertado, pero Berta aún sigue inconsciente.

Agarra el teléfono de la detective y hace una foto de ambas.

—Imagino que no te importará que haya usado tu dedo para desbloquear el móvil —le dice mientras envía la foto a Estrada.

Con dedos hábiles escribe:

> Estamos en el embarcadero abandonado del pantano.
> Ya sabes cuál, lo visitaste muchas veces.
> Te estaré esperando. Ven solo.
> Si crees que puedes apostar a un tirador, olvídalo.
> He colocado cámaras en el perímetro.
> Si vienes con alguien, las mataré a las dos.

Enciende el ordenador y se conecta a las cámaras infrarrojas que enfocan la pista de tierra.

Estrada no es la única visita que espera.

Vuelve a mirar a las mujeres. Berta gime mientras el aire frío le agita el pelo. Hace un intento de abrir los ojos.

—Doctora Fernández, o debería decir Quark. Estamos esperando a un nuevo observador para el experimento. Seguro que le hará ilusión.

Berta se esfuerza por seguir el sonido de la voz, pero no puede. Alguien ha substituido su cerebro por algo pesado e inútil. Trata de tomar aire, pero la mordaza le impide respirar por la boca.

Cerca de ella, Nadia resopla y pequeñas nubecillas blancas salen de su nariz. Tiene los ojos llorosos, uno de ellos medio cerrado por la hinchazón. En algún momento se ha golpeado contra la carrocería.

—Desde el principio de la historia —sigue Squark—, los científicos han usado cuanto estaba a su alcance por el bien del progreso. Es una cuestión de proporcionalidad: unas pocas vidas humanas a cambio de avanzar, de llevar al resto de la humanidad a un lugar mejor.

Berta parpadea varias veces. Intenta comprender lo que está diciendo, pero es como si alguien desordenase las palabras.

—¿Sabe? Mi sueño, el que mi padre me inculcó desde niño, era ser un gran científico. Un físico, como usted. He escogido un camino fuera de la normalidad, lo sé, pero todos los genios son incomprendidos en su tiempo. Tenía claro que no solo debía llevar al extremo el experimento de los demás, debía crear el mío propio. Cuando estudiaba Física en la universidad, navegaba en un mar de dudas, pero nada es tan interesante como la gran pregunta... ¿Cuál es la gran duda de la humanidad? —Hace una pausa, como si pudieran contestarle—. ¡Exacto! ¿Qué pasa con nuestra alma después de la muerte? Nosotros tres lo descubriremos esta noche, pero no podemos hacerlo de cualquier manera. Un genio como usted se merece un gran experimento. Estoy convencido de que también siente curiosidad por saber qué pasaría si, dentro de la caja blindada, estuviesen juntas la gatita de Schrödinger y una observadora. ¿No le parece una forma maravillosa de morir?

LXXXI

Una docena de agentes registran la casa de Albert Turiel bajo la atenta mirada de Borrell, que recorre las estancias con el ceño fruncido. La cocina está impecable, a excepción de un par de platos sucios en el fregadero, como si hubiesen salido de repente.

Abre la puerta de la nevera y comprueba que está casi vacía. Detrás de la barra americana, tiene una perspectiva del comedor, que es frío e impersonal. Hay algunos muebles funcionales, un sofá de dos plazas y una televisión enorme con un sistema de sonido envolvente. Ninguna foto, ni planta, ni objeto de decoración.

Solo un cuadro; una lluvia multicolor que, sin saber por qué, le provoca una sensación de infinito.

Entra en una pequeña habitación de paredes amarillentas. Es un santuario a la tecnología, donde reina un altar-escritorio con tres pantallas, un teclado y otros aparatos que no sabe qué son. Un policía joven revisa, agachado, el interior de un cubo. Cuando Borrell se acerca, ve que está lleno de agua. Dentro hay sumergida lo que parece una caja negra. Al lado hay otro cubo igual. Todo el ambiente huele a amoníaco.

—¡Qué cabrón! —exclama el agente sin poder evitarlo—. Se ha cargado los ordenadores.

Borrell se da cuenta de que es muy joven y no lo conoce. Cada vez le pasa más a menudo, lo cual significa que se acerca al cementerio de los elefantes.

—¿Está completamente destruido? —le pregunta.

—Seguro. Me temo que no van a poder hacer nada con esto —dice mientras se lleva los cubos.

Borrell repasa la estantería de libros. Hay algunos tratados de física clásica, pero la mayoría son de mecánica cuántica. Toma con las manos enguantadas un par de fotografías enmarcadas. En ellas, un chico alto y atractivo sonríe a la cámara delante del mar. Los ojos azules son del mismo color del agua.

—Squark —susurra ansioso—: ¿Qué has hecho con Nadia?

Un miembro de su equipo se acerca con el móvil en la mano.

—Comisario, tenemos todos los datos del tipo que vive aquí: Albert Turiel, informático, veintiocho años. Renovó el carnet de identidad y el pasaporte hace seis meses, por pérdida. —Le muestra en la pantalla una foto del documento, un chico con gafas y aspecto normal—. Es el tipo más discreto del mundo. No tiene redes sociales, ni siquiera un perfil en Tinder —el agente toquetea la pantalla del móvil y vuelve a mostrársela—, pero en la web de la empresa hemos encontrado su foto.

Borrell observa la imagen. En ella, Squark se muestra más serio y va vestido con una camisa blanca, pero es el mismo de las fotografías.

—Buen trabajo —le entrega al agente los dos retratos de la estantería—, que la central escoja la que tenga mejor resolución y prepare un aviso. Asegúrate de que la reciban todos los agentes.

El policía asiente y se aleja con las dos fotografías en la mano.

Borrell sale del despacho y se dirige al baño. Duda si mandar un mensaje a Estrada. Su compañero ha querido ir personalmente a hablar con la madre de Nadia y sospecha que la situación no debe ser fácil. Decide esperar un poco más. Conociendo a Estrada, lo llamará en cuanto acabe.

Arruga la nariz al entrar. Hay una cuña colgada en la pared y una grúa geriátrica para bañar a personas. Un agente de la Científica está agachado al lado del cadáver.

—Comisario —saluda a la vez que se levanta—. Estamos casi seguros que este fiambre es el padre, Santiago Turiel. Tenía esclerosis múltiple, pero debemos esperar al análisis forense para establecer la causa de la muerte.

—¿Habéis encontrado algún pariente para que pueda identificarlo?

—No. Parece ser que era el único familiar. No hay hermanos, ni tíos, nada. Tampoco relación con la familia materna. La madre nació en Susqueda y desapareció hace veinte años.

El jefe de unidad nota un escalofrío que le recorre la columna. Antes de que pueda preguntar nada, otro agente de su equipo lo llama.

—¡Borrell! —grita—. ¡Ven a ver esto!

Se acerca a su compañero. Tiene una caja grande de plástico en medio de otra habitación que huele a enfermedad y lejía. Solo hay una cama pequeña de hospital y un mueble con cajones. Ha sacado algunas cosas que están esparcidas por el suelo: viejas fotografías, documentos y escrituras.

—Fíjate en esto —dice—. Estaba debajo de la cama del viejo.

Borrell mira el contenido que queda en la caja. Hay un bolso pequeño de tela, una cartera de nylon y dos móviles. El agente levanta la cartera con cuidado y la abre. Los guantes de látex dificultan sus movimientos, pero consigue extraer una tarjeta bancaria y un DNI.

Borrell abre el bolso sin más espera. Dentro, hay otra cartera. Las manos le tiemblan un poco cuando saca un carnet de conducir.

—Son ellos... —murmura aturdido—. Son esos chicos que mataron en el pantano.

Contempla las fotografías de los documentos con la misma expresión que si acabase de ver un fantasma. Tiene la piel de gallina.

—Llévate esa caja y márcala como prueba. Que nadie la toque, asegúrate de que llega al laboratorio forense. Que se la entreguen a Ivanka. Ella fue la forense del caso del pantano.

—De acuerdo.

Borrell marca el número de Estrada, pero le sale el contestador. Maldiciendo en voz baja, repite la llamada.

—Vamos, Estrada. ¿Dónde coño te has metido?

Cuando vuelve a saltar el contestador, Borrell le deja un mensaje. Antes de que pueda guardar el móvil, suena una llamada.

—Jefe, soy Álvaro. Ha aparecido otra nota en la *dark web.* —El hombre se pasa la mano por la sien y deja escapar el aire. Parece que todo esté pasando a la vez—. ¿Me oyes? ¿Te la mando?

—Sí, perdona.

—Hecho. La tienes en tu móvil. Se publicó hace cinco minutos.

Borrell pone el altavoz, para seguir hablando, y abre el mensaje de Álvaro.

¿VIVOS O MUERTOS?
MI EXPERIMENTO FINAL SOBRE LA CONSCIENCIA
LOS RESULTADOS CAMBIARÁN NUESTRA
COMPRENSIÓN DE LA VIDA Y LA MUERTE

SIGUE EL PROGRESO EN ESTE LINK:
http://schrodingersquarkxx2.onion/live

—No me jodas, ¿eso es un puto link?

—Sí.

—¿Podemos localizar desde dónde se emite, Álvaro?

—Lo estamos intentando. Colaboran especialistas de toda Europa, pero viene de Tor, un servidor que redirige el tráfico de internet a través de una red de servidores voluntarios en todo el mundo. Ese majara lo ha montado muy bien. Resulta enormemente difícil rastrear el origen de cualquier sitio específico.

—¿Y las imágenes? —pregunta Borrell.

—Aún no está retransmitiendo.

—Vale, Álvaro. ¿Qué ha dicho Estrada?

El chico tarda unos segundos en responder. Parece sorprendido.

—¿No está contigo?

Borrell vuelve a cerrar los ojos y exhala el aire. A pesar de que hace frío, está sudando por debajo de la camisa.

—No, salió para hablar con la madre de Nadia hace más de una hora y no sé dónde diablos... Voy para allá. Si localizas a Estrada, dile que me llame enseguida. Y llama a Berta, que vaya también a la central para ayudaros con la interpretación de la nota y las imáge...

—Borrell —el chico parece dudar—, ya la he llamado, pero tampoco localizamos a Berta.

—¡No me jodas! Envía un coche patrulla a casa de Berta y encuentra ya el coche de Estrada. Voy para allá.

—¡Borrell! —Álvaro eleva el tono de voz—: Han empezado a emitir.

—¿Puedo conectarme al link?

—Necesitas un ordenador. Puedo hacerte videollamada, pero ahora mismo solo se ve un montón de agua oscura y una estructura al final.

El jefe de unidad nota que se le erizan los pelos de la nuca.

—¿Podría ser un pantano y una presa?

—Pues ahora que lo dices, tiene toda la pinta. ¿Cómo lo sa...?

—¡Localiza a Estrada! Y llámame si hay cualquier cambio.

Borrell busca con la mirada hasta que distingue al policía que se llevaba los cubos.

—¡Tú! —El chico se gira para ver si hay alguien a sus espaldas; se señala el pecho con cara de interrogación—.

Sí, ¡a ti te hablo! Coge las llaves de un coche patrulla. Quiero que me lleves a toda hostia a la central.

El chico asiente y sale corriendo en busca del coche.

Borrell hace una llamada mientras sale de la casa a grandes zancadas.

Paco Fuentes, del GEI, se ha quitado las protecciones y está apoyado en uno de los vehículos. Parece agotado, aunque solo son las diez de la noche. Cuando Borrell lo llama, se incorpora de un salto.

—¡Paco! Creo que sé dónde ha llevado Squark a Nadia. Prepara a tu equipo y el helicóptero. ¡En veinte minutos salimos de la central!

LXXXII

—Querida Quark —le dice mientras la saca de la furgoneta—, leí en tu libro las anécdotas sobre tu infancia en el bar y supe enseguida que éramos almas gemelas. Los dos, de alguna manera, tuvimos padres que marcaron nuestro destino.

Berta mira a Nadia y nota una opresión intensa en el pecho. Mucho más que miedo, es la misma sensación que sintió cuando cayó de la balsa y el agua helada y viscosa la envolvía. Squark continúa hablando:

—¿Conoces la teoría de los multiversos?

Berta asiente con los ojos llorosos. Nota una presión en la garganta, como si hubiese tragado algo demasiado grande.

—Mi madre nació aquí, en el pueblo que había antes de la presa, y ahora descansa bajo millones de litros de agua. Mi padre la mató y ocultó su cadáver en el pantano. A ella le gustaba este sitio e imagino que a él le pareció apropiado. Cuando era pequeño, veníamos todos los años y dejábamos un ramo de flores en la orilla. Yo no entendía por qué, o quizás no quería entenderlo... —Hace una pausa—. Aunque me lo confesó hace unos años, creo que una parte de mí siempre supo lo que había pasado. Muchas veces me pregunto si, en otro universo, la presa nunca se construyó y el pueblo continúa en el valle. Hay otra realidad donde los niños siguen jugando en sus calles y mi madre espera en una de esas casas de piedra a que yo vuelva del colegio. Puede que, en otro universo, mi madre y yo vivimos juntos y felices. En cambio, en esta realidad, lo único cierto es que ella pasará la eternidad entre paredes cubiertas de algas.

Sin poder evitarlo, Berta vuelve a desviar su mirada hacia Nadia. Está tendida sobre un costado, con las manos y los pies atados con bridas. Al caer, se ha golpeado con una piedra y tiene una herida muy fea encima de la ceja. La sangre le mana por el párpado y gotea desde la sien hasta el suelo.

Squark sujeta a Berta por la barbilla y le gira la cara con brusquedad, obligándola a mirarlo.

—¿Te preguntas si su muerte fue lo que me convirtió en Squark?

Berta niega con la cabeza. Los faros del coche recortan la figura de Squark en la oscuridad, confiriéndole el aspecto de un ángel de la muerte.

—No puedo negar que su ausencia fue traumática, pero sé con certeza que, de haber sido por ella, nunca me habría dedicado a la ciencia. Fue mi padre quien me obligó a estudiar día tras día; quien consiguió, a veces con gran dolor, que me convirtiese en el científico que soy ahora. ¿Sabes qué decía mi padre? —Berta niega con los ojos llenos de lágrimas—. «Las personas más excelsas son aquellas que aprenden con sufrimiento».

Squark adopta una voz distinta al decir esto, mientras sus ojos azules se vuelven del color del lago, oscuros y tristes. Otro relámpago cruza el cielo y se pierde más allá de la presa.

Berta nota una sensación súbita de calor. De repente, la esencia de Squark se vuelve diáfana para ella, como si la luz de los faros revelase su engranaje interior. Comprende las experiencias traumáticas que lo modelaron y lo llevaron a la locura. Un pensamiento terrible cruza su mente en este instante: la idea de que ambos son dos caras de una misma moneda, que ambos han crecido bajo la influencia de fuerzas opuestas que los han llevado a ser quienes son.

Squark comprueba algo en el ordenador y deja escapar un suspiro de satisfacción.

—Está a punto de llegar un colaborador, alguien cualificado para explicar al mundo lo que viviremos aquí. Afortunadamente, tenemos a esta policía que se presentó en mi casa. Nadia, ¿verdad? —Ella se limita a mirarlo con pánico—. Tienes como misión hacer de observadora interna, acompañarás a la doctora dentro de la caja. —Las dos mujeres intercambian una mirada aterrada—. Un observador externo que abra la caja añadirá emoción al experimento. ¿No es brillante?

Squark vuelve a la furgoneta con paso tranquilo. Saca un arcón de resina plástica, de los que se usan en los jardines para guardar las herramientas. Al arrastrarlo fuera del vehículo, el arcón chirría contra el suelo metálico. Finalmente, cae con un golpe sordo contra el suelo.

A continuación, saca un carro con cuatro ruedas plegadas, como los que se utilizan para llevar embarcaciones pequeñas hasta la playa. Lo monta y coloca la caja encima. Lo conduce hacia la orilla del lago sin dejar de hablar.

—Sé que esta caja es un poco zafia, pero será efectiva. Esperaba tener algo más de tiempo, pero el último sujeto de mi experimento ha superado todas mis expectativas y ha precipitado las cosas. Lamento que vayáis a estar un poco apretadas, pero dudo que sea por mucho tiempo. Aquí no habrá contador Geiger ni veneno, he tenido que adaptar el experimento.

Squark saca una tabla de *paddle surf* de la furgoneta y la deja al lado del arcón. Acto seguido, abre la puerta del conductor y saca un paquete. Es un artículo nuevo, aún está recubierto por una fina capa de plástico. Lo abre con cuidado.

En el suelo, Nadia deja escapar un gemido ahogado.

—Esto es una cámara de alta sensibilidad, me permitirá registrarlo todo y emitirlo en directo al mundo entero. —Squark sonríe como si les estuviese entregando el mejor regalo posible—. Sé que, a simple vista, el experimento no parece agradable, pero hay que pensar más allá de este momento. Celebrad que pasaréis a la historia. Obviamente no seréis tan reconocidas como yo, pero sí bastante famosas. Van a veros millones de personas.

Tras este discurso, entra en el coche y cambia los faros a la posición de largas. Dos potentes haces de luz inundan ahora el embarcadero y se pierden por encima de las aguas. Squark desenvuelve un último paquete alargado. Nadia y Berta observan aterrorizadas cómo coloca un trípode y se asegura de que quede estable entre las piedras.

Durante unos minutos trabaja enfocando la cámara para obtener la máxima resolución en la oscuridad. De fondo solo se oye el viento entre los árboles y el roce del agua en el embarcadero. De vez en cuando, Squark mira algo en el portátil y hace algún ajuste.

Estallan más rayos en el cielo que se reflejan en el lago.

En el suelo, Nadia abre los párpados, pero los cierra enseguida. Está desorientada, como en una mañana de resaca. La sangre se le ha metido en un ojo y le escuece. Hace un nuevo intento, guiñando un ojo, de mirar a su alrededor.

Squark retoma su charla sin dejar de trabajar, como si fueran unas amigas a las que ha decidido confesar algún secreto.

—Es curioso. Desde que empecé con los experimentos, no ha dejado de sorprenderme la conducta humana, la tenacidad con la que las personas se agarran a la vida. Incluso cuando comprenden que no hay escapatoria posible, obedecen. Es por miedo a morir unas horas o unos minutos antes. Se aferran a la esperanza, a que ocurrirá algo en el último segundo que cambiará su suerte. Eso es algo que me habría gustado estudiar. Investigar por qué los sujetos, sometidos a mucha presión, actúan de la forma en que lo hacen. Supongo que debe de ser algún mecanismo de nuestra consciencia. Un ejemplo más de que somos seres cuánticos. ¿O acaso no actuamos de forma distinta cuando alguien nos observa?

Squark levanta la vista del ordenador, satisfecho con el encuadre.

Nadia hace balance de la situación. Está atada de pies y manos, totalmente indefensa. Mira a Berta durante un instante y comprende lo que ella le dice con los ojos.

Van a morir en la presa.

Berta parpadea y unas lágrimas gruesas y calientes corren por sus mejillas. Asiente imperceptiblemente con la cabeza, como si aceptase con dolor la fatalidad.

—Sin duda —continúa Squark—, es algo digno de estudio la capacidad humana para obedecer, para cumplir con las instrucciones que los conducen a la muerte —le viene a la mente Sergio Miranda y hace una mueca de disgusto—. Aunque, a veces, los sujetos pueden reaccionar de manera asombrosamente imprevisible.

Nadia clava en Berta sus ojos verdes, que se han vuelto del color de la laguna. Ella escucha absorta las palabras de Squark, parece resignada a su destino.

Si pudiera hablar, Nadia gritaría por qué sus víctimas se comportaban así. Gritaría que lo hacen porque, mientras hay vida, hay esperanza.

Cierra los ojos y sus lágrimas se mezclan con la sangre que se ha adherido a las pestañas. Nota los párpados pesados. Quisiera gritar con toda la fuerza de sus pulmones, pero no puede.

En su mente, repite el nombre de Estrada una y otra vez, como si fuera un mantra, el único conjuro que podría salvarlas.

EL CASO
(6 años antes – agosto)

Carlos Turiel sale del Land Rover. Estira los brazos e intenta arquear la espalda, pero sus movimientos son extraños, los de un muñeco articulado al que comienzan a fallarle los engranajes. Cada vez le cuesta más conducir, pero necesita despedirse.

Necesita decirle adiós.

Está cansado y le duelen los músculos, pero su malestar no es solo producto de la enfermedad. La noche ha sido especialmente calurosa. Otra vez.

Cada año se supera un nuevo récord, como si la tierra hubiese empezado a acercarse al sol.

Contempla el embalse con odio. Las aguas han retrocedido y puede verse un círculo de lodo cuarteado rodeando el agua, un dibujo geométrico lleno de restos de algas y basura. Cerca de la orilla empiezan a asomar algunas ramas de árboles ahogados, como restos de fósiles oscuros.

Si el agua sigue bajando, el cuerpo de su mujer podría aparecer. No es que le preocupe que aparezca el cadáver y lo identifiquen. Esa posibilidad hace años que dejó de robarle el sueño.

Lo que le molesta es que, si la encuentran, se la llevarán del pantano.

El hombre se para justo al borde del agua. Sus botas se hunden un poco en el barro y ese desnivel imperceptible hace que esté a punto de perder el equilibrio. Deja escapar un soplido de frustración y se seca el sudor de la frente con un pañuelo.

Es casi mediodía y la luz del sol pega con fuerza. Los rayos arrancan destellos en el agua plana y quieta, que refleja como un espejo oscuro el cielo sereno y sin nubes. Carlos se queda mirando la superficie, hipnotizado. Escucha el agua chapoteando contra el embarcadero y el viento que parece hablarle con *su* voz.

Han pasado quince años.

Quince.

Y no ha fallado ni una sola vez. Pero, ahora, las cosas han cambiado y debe explicárselo a su mujer.

—Esta es la última vez que vendré —le dice al agua inmutable—. Y no es porque no quiera, sino porque, dentro de poco, la esclerosis no me lo permitirá... —Hace una pausa para controlar la emoción—. Me hubiera gustado acabar aquí. Quizás lo haga, pero creo que nuestro hijo aún nos ne...

El ruido de unas pisadas lo arranca de su trance y lo obliga a girarse.

Una pareja joven se acerca al embarcadero. Cargan un kayak entre los dos y caminan despacio, un poco ladeados para contrarrestar el peso. El chico hace un movimiento brusco a propósito y ella se desequilibra y da un traspiés.

—¡Serás burro! —le regaña con fingida cara de enfado.

Por toda respuesta, el chico suelta una carcajada.

Al cabo de tres pasos, ella trata de hacerle lo mismo, pero el chico es mucho más robusto y ni se inmuta. Ella frunce el ceño y él se vuelve a reír.

Carlos los contempla con cara de asco, como si mirara dos insectos gigantes. Esos dos retrasados van a fastidiarle el día que ha escogido para despedirse de su mujer.

Exhala una bocanada de aire, deseando que se adentren en el lago y se marchen de allí de una maldita vez.

Los chicos saludan con un «buenos días» cuando pasan por su lado, pero él los sigue con una mirada severa y no les devuelve el saludo. Pau alza un poco las cejas y Martina abre mucho los ojos. Los dos ahogan una risita.

Carlos mueve la cabeza de un lado a otro. La rabia acentúa la rigidez de su cuello y el dolor le recorre la columna vertebral.

«Autocontrol», se dice.

Ignora las «risitas» de la pareja, igual que fingía no oír las «risitas» de sus alumnos a sus espaldas. Eso es lo que ha conseguido la sociedad. Niños que mandan y adultos que se han convertido en sus esclavos. Niños que crecen sin haber aprendido nada, a los que sus padres hablan como a príncipes, que comen lo que quieren y se comportan sin ningún tipo de control. Niños que acaban convertidos en jóvenes tiranos, incultos y malcriados, como copias mezquinas de los peores emperadores romanos.

Jóvenes como esos dos.

Irrespetuosos, estúpidos, sin nada de cerebro, pagados de sí mismos.

Los chicos dejan el kayak en el agua y, cuando se adentran para navegar en el lago y ya no pueden oírlo, Carlos intenta retomar el hilo.

—Como te decía, nuestro hijo, a pesar de mis esfuerzos, ha dejado la carrera de Físi...

Los gritos de los chicos vuelven a distraerlo.

Han caído del kayak y han empezado a salpicarse. Chillan y ríen como si tuviesen cuatro años.

Carlos mueve la cabeza de lado a lado, rechinando los dientes. Nota las piernas rígidas y adormecidas y la vista borrosa.

«Autocontrol», se dice. Eso es lo que ha hecho toda su vida.

Controlarse para no dar un par de bofetadas a esos alumnos retrasados que no entendían nada.

Controlarse para educar a ese estúpido hijo suyo, que ha abandonado la carrera de Física.

Controlarse para no confesar que mató a su mujer.

Controlarse para afrontar un diagnóstico terrible.

La chica vuelve a chillar y se da la vuelta para salir, pero el muchacho la envuelve con sus brazos fuertes y la obliga a girarse. Le arranca la parte de arriba del bikini, con lo que la deja con los pechos al aire. Ella ríe a carcajadas, como si eso fuera muy divertido. Se echa encima de él, tomando la iniciativa.

Ahora se besan y manosean como si estuviesen solos en el lago.

Como si delante de ellos no hubiese un hombre que podría ser su padre. O su maestro.

Alguien a quien deberían mostrar más respeto.

Alguien que está harto de todo.

Con paso inestable, va al maletero del coche y coge la pistola. Es una Glock 17 de nueve milímetros. La misma que usó para matar a su mujer.

Los chicos han salido del agua y están en la orilla.

Sentados en el suelo, jadean y ríen como dos perros estúpidos y felices. La ropa y los zapatos forman dos montones al lado y el kayak descansa ahora sobre la tierra.

Cuando Carlos se acerca con paso renqueante, alzan el rostro entrecerrando los ojos por el sol, con media sonrisa.

Pero algo en la expresión del hombre borra la sonrisa de sus caras juveniles. La pareja intercambia una mirada asustada.

Sin mediar palabra, Carlos dispara al chico en el estómago. La boca del muchacho dibuja una «o» perfecta, mientras se mira el vientre liso lleno de sangre. Su expresión es de sorpresa. No puede creer lo que sucede. No entiende que acaba de recibir un pasaporte para la muerte. Un segundo disparo hace que se encorve sobre sí mismo con una mueca de dolor.

La chica reacciona gritando con toda la fuerza de sus pulmones, hasta que una bala le atraviesa el cráneo y la silencia para siempre. Se desploma sin hacer ruido.

El chico se incorpora y murmura su nombre:

—Martina...

Vuelve a mirar a Carlos, que lo apunta con la pistola. Querría acercarse más, pero la rigidez de las piernas se lo impide. Pau extiende el brazo con la mano abierta y murmura un «no» ahogado.

El tiro le atraviesa la palma de la mano y el corazón. Un instante después, se desploma sin hacer ruido.

Carlos contempla con satisfacción los cadáveres de los jóvenes.

Toda su vida guardando las formas, contando hasta diez antes de hablar, respirando profundo para no chillar o golpear a todos esos retrasados.

Toda su vida controlándose.

Y resulta que, al final, lo más satisfactorio es dejarse llevar.

Y lo sabe ahora, justo cuando se le agota el tiempo.

LXXXIII

Squark se sitúa delante de la cámara.

Es un hombre atractivo y ese hecho, a pesar de la brutalidad de sus actos, sabe que genera una corriente de simpatía entre los espectadores. Le ha pasado toda su vida. La gente tiende a confiar en él por una razón tan estúpida como es la belleza. Con los años ha aprendido a perfeccionar ese «don», a sonreír con cuidado, a clavar la mirada, a vestir elegante.

Ha leído que algunos asesinos reciben cientos de cartas de amor en la cárcel y sospecha que, si lo atraparan, a él le pasaría lo mismo. Pero no es tan retrasado como esos psicópatas, él no piensa dejarse atrapar. Por eso lleva el rostro cubierto con una máscara que solo deja ver sus ojos.

Tiene un plan perfecto que ejecutar.

Mira directamente al objetivo y la luz de los faros resalta el azul de sus ojos, que refulgen como dos zafiros capaces de cortar el cristal.

Comprueba en la pantalla que algunos de sus seguidores en la *dark web* han comenzado a retransmitir en *streaming* la conexión, de modo que cualquiera pueda verla. Imagina que, por todo el mundo, millones de personas le contemplan, esperando que hable.

Su voz grave reverbera en el pantano:

—Estimados amantes de lo desconocido. —Hace una pausa de un par de segundos—: Voy a compartir con vosotros uno de los mayores misterios de la ciencia y de la existencia humana. Un último experimento. Vais a conocer la muerte a través del prisma de la física cuántica. Considerad esto: las partículas se comportan de manera diferente cuando son observadas; por lo tanto, a los seres humanos, que estamos hechos de átomos, ¿podría aplicársenos lo mismo? Y, si es así, ¿qué pasa con nuestra conciencia cuando abandona este plano mortal?

»¿Recordáis el experimento de la doble rendija? Un electrón puede estar en diversos lugares, y solo cuando nosotros lo observamos lo obligamos a ocupar una posición concreta. Creo que eso ocurre porque somos incapaces de comprender la realidad y ajustamos lo que vemos a nuestra idea del tiempo y la física. Nuestra mente, incapaz de asimilar lo que sucede, sitúa el electrón en un solo lugar. Pero no está sucediendo así.

»De la misma forma creemos que, al morir, nuestra existencia se acaba, pero es tan solo una forma limitada de ver la vida y la muerte. —Squark se gira y señala con la mano a las dos mujeres, que están en el suelo detrás de él. Las luces del coche provocan sombras extrañas en sus facciones y resaltan la palidez de sus rostros—. Ellas son los sujetos de mi experimento. La doctora Berta Fernández, a quien suelo llamar Quark, y una policía cuya única función es hacer de observadora dentro de esa caja que podéis ver detrás de mí.

»Vida y muerte.

»Quark y Squark.

»Ambos somos parte de lo mismo. En realidad, todo está interrelacionado, estamos hechos de la misma materia cósmica. Os habréis preguntado qué ocurre con la energía que mantiene unidos nuestros protones, neutrones y electrones cuando morimos. Es muy posible que esas fuerzas transiten hacia otra cosa, puede que adopten un nuevo estado que actualmente no somos capaces de ver.

»La física cuántica estudia el comportamiento de lo muy pequeño, un mundo sorprendente e impredecible. Pero... ¿acaso un ser humano no está formado por billones de pequeñas partículas? ¿Qué pasará con todas las partículas que forman mi consciencia cuando muera y dejéis de observarme?

»Los físicos creen que nuestro cerebro es demasiado grande y cálido para ser un dispositivo cuántico. Pero yo he demostrado, mediante el condensado Turiel-DiMaggio, que, cuando nuestro cuerpo se enfría, surge una metaconsciencia. Cuando las células de nuestro cuerpo mueren, cuando nuestro calor se apaga, los átomos de los que estamos hechos adquieren un nuevo orden, una misión más elevada.

»¿Estaremos vivos y muertos a la vez?

»¿Podremos entrelazarnos con otros seres humanos?

»Al enfriarnos, ¿mutamos a un estado extraño e invisible a los ojos humanos, formando parte de una supraconsciencia?

»Los seres humanos nos hacemos preguntas y creemos en lo que la ciencia nos dice hasta que encontramos mejores respuestas. Pero la ciencia no avanzaría si no nos cuestionásemos esas respuestas. Por eso estoy aquí.

»Ahora es el momento de una última pregunta, de un último experimento.

»Gracias a nuestra observadora dentro de la caja, a la que monitorizaremos de cerca, vamos a comprobar que la muerte no es más que un paso a una forma distinta de existencia que ya no estará regida por la física clásica.

»Quark y su observadora me ayudarán a desentrañar este misterio.

LXXXIV

Nadia mira a Squark, que se acerca con paso decidido. Cuando se agacha a su lado, ella se encoge sobre sí misma. Él alarga la mano para arrancarle la cinta americana de la boca con un tirón brusco.

Los ojos se le llenan de lágrimas que tiñen de rojo sus mejillas. Después le corta las bridas de los pies y se retira unos pasos.

—Levántate.

Detrás de Squark, Berta continúa hecha un ovillo.

—No te lo voy a repetir.

Nadia obedece a la vez que otro relámpago rompe el cielo. Un destello de luz ilumina el claro y ella intuye, más que ve, el brillo de una navaja en su mano.

Squark la obliga a caminar. Necesita ganar tiempo, así que finge que resbala con las piedras húmedas y se deja caer de rodillas. Un dolor lacerante le sube hasta las caderas. Se queda un rato allí, con la cabeza sobre los muslos, como si rezara.

Quizá podría patearlo, pero tiene las manos atadas y él tiene un cuchillo. Además, incluso estando libre, él es mucho más fuerte y podría vencerla con facilidad. Su mejor opción es ganar tiempo, agarrarse a la esperanza de que Estrada llegue para salvarlas.

Squark la coge del brazo y tira de ella con fuerza, obligándola a levantarse. Ella deja el peso muerto, como si le fallasen las piernas.

—MÉ-TE-TE en la caja —susurra—. O te degüello aquí mismo.

Nadia sabe que no dudará en hacerlo.

Al incorporarse, todo su cuerpo tiembla de forma incontrolada.

Squark le aprieta el brazo con tanta fuerza que sus manos parecen garras. Contiene un gemido.

La caja, encima del carro, está muy alta, así que primero pasa una pierna y luego la otra. Sus movimientos son deliberadamente lentos para ganar tiempo. Sabe que su vida y la de su compañera pueden pender de unos segundos.

Squark deja escapar un soplido.

—Métete dentro.

—Tengo claustrofobia.

Aunque es cierto, no puede evitar que suene a broma; ni siquiera ahora, que está a punto de morir.

Squark no dice nada. Simplemente, le clava la pistola en la frente con un golpe seco. La ceja vuelve a sangrar y Nadia se mete dentro de la caja con una mueca de dolor.

Un relámpago, más cercano, ilumina sus rostros.

Sin más contemplaciones, Squark baja la tapa y corre el cerrojo.

Luego va a por Berta.

Cuando ve que se acerca, ella se queda inmóvil, con los ojos cerrados. Contiene la respiración, como si pudiera detener el tiempo. Teme que Squark la haya visto contonearse para intentar liberarse y se enfurezca, pero él la trata con deferencia.

Le arranca la mordaza con delicadeza, aunque igualmente el dolor la hace gemir.

—¿Preparada?

Lo pregunta con voz suave, pero ella intuye la violencia que irradia todo su ser. Y hay algo más. Quizás excitación.

—Escúchame, aún estás a tiempo de parar esto —le dice Berta.

Él se ríe entre dientes y contesta:

—Créeme que no. Ya no queda tiempo.

Caminan en silencio. Berta puede oír el agua lamiendo las piedras, mientras busca desesperadamente algo que decir. Recuerda a su padre, que empezaba una conversación cuando alguien había bebido demasiado, gente desesperada que buscaba una anestesia efímera para el dolor. Sin duda, este hombre está lleno de dolor.

—Debió de ser terrible lo de tu madre. Quedar abandonado tan joven. Me imagino que, durante mucho tiempo, fuiste un niño asustado.

Squark se detiene y la mira a los ojos mientras nota que una mano invisible le agarrota las entrañas. La intensidad de los faros confiere a su rostro un aspecto fantasmagórico.

Recuerda las palabras de Derek DiMaggio: «Tú eres un niño asustado».

Es lo que siempre ha sido.

¿Qué soñaba de niño? Aunque no puede recordar su infancia, sospecha que no era nada de esto. O quizás sí. Quizás soñaba con huir a este lago y reunirse con su madre.

La voz de su padre resuena dentro de su cabeza: «Quiere distraerte, apartarte de tu objetivo. Pero en este experimento, el gran científico eres tú, no ella. Métela en la caja antes de que sea tarde».

Squark mira hacia al lago y después al arcón donde está encerrada Nadia. Por último, a la cámara. Exhala el aire antes de hablar.

—Doctora, valoro mucho sus opiniones, pero debemos acabar este experimento.

—Escu...

Squark acaricia a Berta con el revés de la mano y el contacto la hace trastabillar.

—En otro universo, me habría enamorado de ti y habríamos tenido este tipo de conversaciones. Ahora necesito que te metas en la caja. No quiero hacerte daño, pero lo haré si es necesario.

Squark empuja a Berta, obligándola a entrar en la caja. Las dos mujeres se miran aterrorizadas, mientras intentan acomodarse. Entrelazan las piernas con dificultad, se retuercen para encajar en ese pequeño espacio. Les duelen los brazos y las muñecas.

Pero lo peor es el pánico.

Squark baja la tapa del arcón y lo cierra.

Dentro, la oscuridad es absoluta.

Él empuja el carro hacia el lago.

Aunque las ruedas están pensadas para la playa, las piedras dificultan el avance. El carro emite un quejido ahogado, como un animal de carga cuando utiliza toda su fuerza.

Antes de seguir empujando, Squark aparta las piedras con un pie, dejando tras de sí un rastro de tierra removida. El agua ya está cerca.

De repente, se detiene y alza el rostro sudoroso hacia el cielo con los ojos entrecerrados, como si escuchara.

Se oye el sonido de un coche que se acerca.

Sonríe satisfecho. Todo está saliendo como esperaba. Se inclina hacia la caja y dice:

—Doctora, no imagina qué sorpresas le tengo guardadas.

LXXXV

Ramon Pons observa en la pantalla de su móvil la imagen de Squark. La habitación está a oscuras y se encuentra sentado en la cama, con la espalda recostada contra el cabecero. Lleva los auriculares puestos y tiene el volumen muy alto, pero le resulta difícil entender las palabras. Es como si ese monstruo de ojos azules hablase su mismo idioma, pero dijese cosas sin sentido. La máscara le confiere un aire de misterio y piensa que es el tipo de hombre por el que Sara, su hermana pequeña, se habría sentido atraída.

Una sensación de pena y odio le revuelve el estómago.

Al otro lado de la cama, su esposa duerme tranquila y deja escapar un ronquido suave. No quiere despertarla. Sería terrible compartir con ella lo que está viendo, pero él no puede dejar de mirar.

Una mancha húmeda aparece de improviso en la pantalla del móvil.

Parpadea y cae otra gota.

Y otra.

Se pasa la palma de la mano por la mejilla y ve que está mojada. Sin darse cuenta, ha empezado a llorar. Los auriculares le impiden oír sus propios sollozos, pero despiertan a su mujer, que se incorpora y lo abraza mientras lo besa una y otra vez en la frente.

Él le explica, con voz entrecortada, lo que está sucediendo. Con las manos entrelazadas, escuchan a Squark.

En el dormitorio hace frío y Ramón siente de forma física el dolor por la muerte de Sara.

Y entonces le asalta un recuerdo.

Los dos están en el taller de Sara, donde siempre hace frío, y llevan puestas las chaquetas. Contemplan, con una cerveza fría en la mano, el cuadro en el que lleva varios días trabajando.

Se levanta y va hacia al comedor. Necesita verlo de nuevo.

Apoyado en la pared, descansa el cuadro de su recuerdo. Es el mismo que la policía ha recuperado y del que Ramón no piensa desprenderse jamás.

Contempla en trance la pintura. Sobre un fondo negro, se superponen cientos de gotas de colores. Recuerda las palabras de Sara, que le dijo que se había inspirado en la lluvia, que cada gota era portadora de múltiples posibilidades, que todas estaban conectadas de alguna manera.

Se acerca un poco más. Es como si una parte de su hermana viviese dentro del cuadro, como si quisiera hacerle notar su presencia.

Ramón se desliza por la pared hasta quedar sentado en el suelo, con la vista clavada en la pintura.

Siente el dolor por la muerte de Sara y algo más: una pequeña esperanza, como si, de alguna forma que no alcanza a comprender, también continuase viva.

Viva y muerta dentro de ese cuadro.

LXXXVI

Borrell va en el helicóptero con Paco Fuentes. Ambos conocen la zona, la recorrieron desde el aire varias veces hace seis años. Oyen la voz del piloto a través del comunicador, los gruesos auriculares les permiten aislarse del ruido de las aspas:

—Equipo, tenemos una tormenta delante. Tenemos que aterrizar ya.

Uno de los hombres señala un claro en medio de la espesura.

—Allí, cerca del embarcadero, se ven las luces de un coche —dice el agente.

Los dos hombres siguen el rumbo del brazo extendido.

—Si nos acercamos demasiado, seremos un blanco fácil —dice Paco Fuentes—. Además, podríamos asustarlo y matará a las rehenes. A diez minutos andando hay una zona despejada donde podríamos aterrizar.

Borrell asiente. Le duelen el cuello y los hombros por la tensión, o quizás por el frío gélido. Debajo del chaleco antibalas, solo lleva una camisa fina.

Quiere gritar al piloto que se dé prisa, pero sabe que hace todo lo que puede.

Nota la vibración del móvil y comprueba que ha recibido un mensaje de Álvaro:

> Squark está hundiendo a Nadia y Berta en el lago, dentro de una caja.

Borrell cierra los ojos y toma aire. Luego le enseña el mensaje a Paco Fuentes, que lo lee sin comentar nada.

Se cruzan las miradas, hay en ellas un mudo reconocimiento, cierta desesperación. Se dan cuenta de que diez minutos es mucho tiempo. Diez minutos puede ser demasiado tarde.

LXXXVII

Jordi Untamed tiene los ojos rojos fijos en la pantalla del ordenador. A su lado, sus padres miran la charla de Squark con expresión conmocionada, como esas personas que caminan entre escombros después de una explosión. Querría ahorrarles las imágenes, protegerlos de todo ese dolor, pero, como divulgador en redes sociales, sabe que es tarea imposible.

Nadie puede guarecerse de una tormenta capaz de traspasar todos los tejados, todas las ventanas.

El hombre que habla a la cámara es atractivo, tiene una mirada salvaje que traspasa la máscara. Entiende que su hermano se prendara de él.

De repente, siente un odio profundo hacia Squark, una rabia más intensa de la que ha sentido nunca en su vida. Le oprime la garganta, se expande de tal manera que cree que no podrá contenerla, que saldrá de él como una explosión de energía.

Nota un pequeño temblor en el labio y se lo muerde para contener las lágrimas.

Y entonces ocurre algo inexplicable. Le viene a la mente el día que se rompió el brazo. Recuerda que Joan le explicó la sensación que tuvo, un dolor que era un eco de su propio dolor.

Ahora él siente lo mismo; una especie de calambre en las entrañas. Solo que no es dolor, es otra cosa. Lo que él nota es más bien consuelo, como si su hermano estuviese a su lado y le tomase la mano.

Se le eriza el vello de la nuca y mira a su alrededor, buscando alguna señal, una luz o quizás una sombra. Ve su reflejo distorsionado en la puerta del comedor y esa sensación se hace más fuerte, le roba el aliento.

Entonces nota en la nuca algo imperceptible, una caricia como un soplo de aire, una percepción que no sabe describir, que viene de algún otro lugar. Es una sensación que no puede explicar. Deja escapar un gemido ronco y se abraza a sus padres.

Es como si, más allá de la muerte, los dos hermanos continuasen entrelazados.

LXXXVIII

Berta y Nadia no pueden moverse. Sus cuerpos están encajados, son un amasijo doloroso de rodillas, codos y pies. Vibran y se sacuden mientras Squark dirige la caja en la que están metidas hacia el centro del lago, donde las aguas son más profundas.

Las ruedas del carro se atascan en el lodo, y el asesino tiene que empujar con todas sus fuerzas. Gruesas gotas de sudor le empapan las axilas, le humedecen las manos. Avanza con dificultad, pero, conforme se adentra en el pantano, la resistencia es menor.

La caja empieza a flotar.

Tras un par de intentos, Squark consigue colocarla encima de la tabla de *paddle surf*. Le propina un fuerte empujón y la caja se adentra, como una barca mortuoria, en las aguas oscuras. Sigue empujando hasta que deja de hacer pie.

Coloca los pies en la tabla para darle un último impulso hacia el centro del lago y la caja navega unos cuantos metros, inestable, hasta que se ladea y cae de la tabla sin apenas hacer ruido. Squark contempla cómo salpica un poco de agua, antes de que aparezcan círculos concéntricos que se extienden por la superficie hasta perderse en la oscuridad.

Durante unos segundos, el arcón se bambolea de un lado al otro. Parece a punto de hundirse, pero vuelve a su posición original y las corrientes del pantano lo alejan un poco más.

En el cielo, otro rayo parece querer partir el muro de la presa. Cuatro segundos después, un trueno estremecedor resuena en la cala.

Squark, satisfecho, vuelve nadando a la orilla y sale arrastrándose, jadeando por el esfuerzo. Tiene el rostro lívido y los labios azules por el frío.

Extasiado, contempla su experimento con los brazos en jarras. Se pregunta qué sentirán. Le gustaría que las dos mujeres chillaran, pero no se oye nada.

Se vuelve y sonríe a la cámara antes de desconectarla.

Después se mete dentro de la furgoneta y apaga las luces.

Unos pasos se acercan por el camino.

Todo está saliendo como planeó.

LXXXIX

Bruna mira el móvil. Delante de ella, hay un cenicero rebosante. Está rodeada de botellas vacías de cerveza, aunque en la mano tiene un vaso sucio con restos de diferentes licores. Llevaban meses olvidados en un armario de cocina y los ha ido consumiendo uno tras otro.

Su compañera del hospital la ha llamado para avisarla de que llevan emitiendo la aparición de Squark desde hace veinte minutos. Está agotada y solo querría dormir, pero la imagen de ese hombre hablando a la cámara activa todos sus sentidos.

Conoce esa voz.

Hace una captura de pantalla porque su mente se niega a aceptar lo que ve. Con dos dedos amplía la imagen y observa los ojos azules. Un escalofrío le recorre la espalda.

Regresa a aquel día. Está sentada en el metro, leyendo. Es una versión de ella misma mucho más estúpida y confiada. Puede ver a Squark sentado frente a ella con el mismo libro de poesía en las manos. Sin duda, lo ha comprado después de vigilarla varios días.

Quiere gritar a ese «yo» que no levante la vista, que fije sus ojos en los versos que, después de ese encuentro, leerá cientos de veces y que ahora querría olvidar.

Sin duda es él. El hombre con quien engañó a su marido. Su asesino.

Es extraño, no logra entender por qué llegó a sentirse tan atraída por él. Ahora esa belleza le parece falsa y no despierta en ella más que repugnancia y odio.

Amaba a Sergio.

A pesar de que la engañara, se da cuenta de que eso no cambia lo que sentía por él. No cambia todo lo que hizo por ella.

Las lágrimas corren en cascada por sus mejillas, mientras con voz rota repite su nombre: «Sergio... Sergio... Sergio...».

A seiscientos kilómetros, en un piso de Madrid, Candela mira el móvil en estado de shock. Su hijo duerme al lado.

Encima de la mesa hay una caja con media pizza que el pequeño ha devorado y que ella apenas ha tocado. Los últimos meses suele pedir comida rápida por la noche, algo que antes era excepcional y que sabe que no es bueno. Pero se ve incapaz de comprar, de cocinar, de luchar con su hijo para que se coma las verduras.

No tiene ni idea de cuántas veces ha visto ese vídeo. Quizás diez, quince o más. Y todas y cada una de las veces, esos ojos azules le provocan un escalofrío, como dos tentáculos helados capaces de traspasar la pantalla.

Ese hombre es el asesino de su marido.

Desde la muerte de Sergio se ha obligado a levantarse cada día. Sale a la calle mientras nota las miradas de los vecinos clavadas en su espalda. Despide con un beso a su hijo en la puerta del colegio. Muestra indiferencia cuando los padres murmuran a su paso.

De repente, rompe a llorar. Eso le sorprende a sí misma, porque en todo ese tiempo no ha logrado hacerlo.

A pesar de todo, echa de menos a Sergio.

Aunque es consciente de que vivía en una mentira, era feliz.

Deja que las lágrimas corran libremente por sus mejillas. Son liberadoras, como si su cerebro fuera una esponja cargada de un líquido tóxico que, por fin, puede soltar.

Sin dejar de sollozar, murmura el nombre de Sergio repetidamente.

Las dos mujeres pronuncian el nombre a la vez, como si una fuerza invisible las obligase a pasar por la misma rendija.

XC

—Es mejor que no nos movamos —susurra Berta en la oscuridad—, esto es plástico y puede flotar un rato. ¿Oíste el coche?

—Sí, estaba muy cerca. —Nadia intenta que el terror no se refleje en su voz.

Ha empezado a pensar en su madre y ahoga los sollozos. Sabe que su muerte acabará con ella, que no lo superará.

Berta dedica sus pensamientos a Estrada. Ruega mentalmente que Squark no lo mate, que consiga venir a ayudarlas, que las saque de ahí y las abrigue con una manta y les diga que todo se ha acabado.

Traga saliva y coge una bocanada de aire.

—Nadia...

No le contesta. Oye su respiración agitada, nerviosa. Lo intenta de nuevo:

—Nadia.

—Dime. —Su voz suena espesa, como si alguien le apretase la garganta.

—Concéntrate en la respiración. Inspira y exhala lentamente. Inspira y exhala.

No pueden verse, pero cada una oye la respiración de la otra, como dos animales enjaulados y aterrados.

En algún lugar a lo lejos se oye el motor de un coche.

—Vienen más coches. Solo tenemos que mantenernos a flote un poco más.

Nadia quiere decirle que lo entiende, pero no le sale la voz. Nota la ansiedad expandiéndose por su pecho y el cuerpo bañado en sudor. Tiene ganas de gritar, de golpear con manos y pies para salir de la caja. Le cuesta respirar y empieza a jadear. El corazón le late desbocado.

Berta nota su pánico, casi puede percibir el temblor; la oye boquear, como si en la caja no hubiese suficiente aire para las dos.

—Nadia, vendrán a sacarnos. Esta caja no es hermética, entra oxígeno. Céntrate en respirar. Tú solo piensa en respirar.

—N-no puedo. Me ahogo. Tengo que salir de aquí.

Por encima de sus cabezas se oye el sonido de un helicóptero.

—¿Lo ves? —pregunta Berta—. Nuestros amigos ya están aquí.

Nadia contiene los sollozos e intenta respirar.

XCI

En la planta de medicina interna de la Vall d'Hebron, el tiempo se ha detenido. Un par de timbres parpadean en la pared, pero nadie del personal hace caso. Las enfermeras están agolpadas delante de la pantalla del ordenador y en la sala solo se oye la voz de Squark.

Tres puertas más allá, está la habitación en la que Derek se recupera.

El Enigmista mira a Squark en la pantalla de su móvil, aunque sigue pensando en él como Blue. Cuando mira sus ojos, el frío de la montaña lo envuelve de nuevo y siente decenas de agujas heladas clavándose en sus manos.

Puede ver con una claridad casi sobrenatural lo que Squark pretende.

Está al final de la partida y va a apostarlo todo a una última mano.

Tiene preparada una gran jugada.

De repente, sus ojos azules parecen mirarle solo a él. Nota una punzada de hielo en el pecho. Sabe que el rostro que habla a la cámara es solo una máscara, él ha visto su verdadera naturaleza y sabe que por dentro está furioso. Adivina que Squark piensa en él como en un cabo suelto, un experimento inacabado.

El condensado Turiel-DiMaggio.

«No debería estar viendo esto», se dice. Sabe que el recuerdo quedará grabado en su mente y lo asaltará una y otra vez sin que pueda remediarlo. Pero le resulta inevitable.

De pronto, un Squark empapado se acerca a la cámara y la pantalla se funde en negro.

La voz en *off* del programa explica que se ha cortado la conexión. Derek apaga su móvil. Hunde su cabeza contra la almohada y deja escapar un gemido. A pesar de que siente frío, nota todo el cuerpo sudado.

Tiene que salir de ese hospital. Tiene que huir, ocultarse en un lugar seguro.

De algún modo, sabe que Blue y él están conectados, que nunca dejará de perseguirlo.

XCII

Estrada conduce por la pista forestal que lleva al embarcadero abandonado. Las ramas de los árboles arañan las ventanillas. Suena como si miles de manos sobrenaturales quisieran detener el coche.

La pista está llena de baches y socavones. De repente, oye un golpe seco en la rueda del acompañante. Durante unos segundos aterradores, piensa que ha reventado un neumático, pero no nota ningún vaivén y se tranquiliza. Sus manos parecen soldadas al volante. Aprieta el pedal con más fuerza mientras se obliga a conducir con más cuidado.

Al cabo de diez minutos los faros iluminan la parte trasera de un Dacia blanco con un soporte metálico en el techo.

Estrada aminora aún más la velocidad. Cuando está casi encima, se da cuenta de que alguien lo ha abandonado allí y bloquea el camino. Maldice en voz baja, pero está ya cerca, así que coge la pistola y una linterna de la guantera y abandona el coche en medio de la pista.

Recorre el resto del camino a paso rápido, casi corriendo.

En los márgenes, la vegetación es densa y salvaje, pero los arbustos están secos y amarillentos; parecen enfermos de sed. Avanza despacio, alumbrándose con la linterna. A pesar de que hace un frío húmedo, el paisaje le provoca la misma sensación asfixiante de años atrás, así que se desabrocha la chaqueta.

El tic en el ojo se vuelve más intenso, como si dentro de su cerebro un metrónomo le marcase el ritmo con golpes dolorosos. Se dice a sí mismo que nada de esto tiene que ver con aquel crimen, pero la sensación de que están relacionados, de que Squark es el hilo conductor entre todas las muertes, es demasiado fuerte.

Se detiene junto al vehículo y comprueba que está vacío. Tiene dos ruedas pinchadas y deduce que ese es el motivo por el que lo han abandonado.

Agudiza el oído, pero solo se escucha el canto lejano de una lechuza, así que reemprende el camino.

No ve ninguna cámara, pero sabe que Squark es inteligente y lleva mucho tiempo planeándolo todo. En esa zona, los árboles están muy juntos y apenas dejan pasar la luz de la luna, es muy fácil ocultarlas. Enfoca las copas, pero el haz de la linterna es incapaz de disipar la oscuridad.

Se mueve despacio para no hacer ruido. Va un poco encogido, con la pistola en una mano y alumbrando con la otra.

Cuando llega al lugar que le ha indicado Squark, se esconde tras un roble de hojas secas y amarillentas. En la pequeña playa a orillas del pantano no hay árboles y el brillo de la luna ilumina una Berlingo muy antigua y a un hombre al que no puede verle la cara.

Sabe que es él.

Las luces interiores de la furgoneta están encendidas y el hombre mira dentro, después dirige la vista hacia el pantano. Estrada sigue el rumbo de su mirada. Una caja flota en medio del lago, un objeto extraño que le provoca un escalofrío.

El hombre pasea la vista alrededor y deja escapar una maldición. Por sus movimientos, puede ver que está muy nervioso. Se pone de cuclillas y mira algo en una cámara. Tiene la mano derecha enyesada y los movimientos con la izquierda son muy torpes, le tiembla la mano.

Un relámpago estalla en la distancia y unos segundos después llega el trueno.

El hombre da un respingo y suelta una maldición en otro idioma.

Estrada sale de entre los árboles apuntando con la pistola.

—¡¡Alto!! —grita.

Empieza a percutir el latido detrás de su ojo, a la vez que siente un gusto metálico en la boca. Intenta que la mano que sostiene la pistola no tiemble.

El hombre se gira lentamente. Es alto y atractivo. Sus ojos azules refulgen con sorpresa. Estrada recuerda la descripción de DiMaggio.

Squark levanta lentamente las manos a la vez que se incorpora.

—Pon las manos cruzadas sobre la cabeza.

—Inspector Estrada. —El hombre tiene un acento marcado—. No dispare...

—¡Obedece o te pego un tiro!

Estrada se acerca despacio. Siente que la cabeza le va a reventar. Nota el pulso intermitente en los oídos, pero ignora el dolor.

Lanza una mirada rápida a la parte trasera de la furgoneta y comprueba que está vacía. Aprieta los dientes y mueve la cabeza, como si negara. Se le abre un agujero en el pecho, una furia sorda que le nubla la vista.

No puede pensar con claridad, solo quiere apretar el gatillo y buscarlas.

El hombre se mueve despacio y habla con voz suave.

—Inspector, yo...

—¡De rodillas! —grita furioso, y el hombre obedece—. Mantén las manos cruzadas detrás de la cabeza. ¿Dónde están las chicas? Tienes cinco segundos antes de que dispare.

El otro se lleva las manos a la nuca y se deja caer de rodillas. Hace una mueca de dolor cuando aterriza sobre las piedras.

Intenta hablar de nuevo:

—Por favor, escúcheme. Yo no...

—Tres segundos.

El hombre traga saliva.

—La respuesta está en la cámara. Ellas están en el lago, en esa caja... —Y después de señalar hacia el arcón, añade—: Dios, se están hundiendo...

Estrada se gira hacia al pantano y ve que la caja se ha inclinado. Comprende demasiado tarde que Berta y Nadia se encuentran allí dentro.

Están ahí y su tiempo se agota.

Por el rabillo del ojo detecta que Squark se ha puesto en pie y tiene la mirada fija en el lago. Parece a punto de salir corriendo.

La migraña es tan intensa que Estrada ve formas geométricas danzando ante sus ojos. Squark da un paso hacia él.

—Escuche, tenemos que...

Enmudece cuando un disparo reverbera en el pantano.

Abre la boca, pero en lugar de un grito sale una bocanada de sangre. Durante un par de segundos eternos, solo se oye el eco de la detonación en la presa.

Estrada siente un extraño *déjà vu.*

Ha oído antes ese sonido, el disparo de un cartucho de nueve milímetros en ese embarcadero. Fue el día que se hicieron las comprobaciones con la jueza para determinar dónde habían matado a los jóvenes asesinados seis años atrás.

El hombre abre desmesuradamente los ojos y, en su pecho, una rosa roja se extiende rápidamente. Se desploma sobre las piedras que empiezan a teñirse de sangre.

Abre la boca de nuevo y Estrada se da cuenta de que quiere decirle algo, pero la sangre le inunda la garganta y solo consigue emitir un sonido agónico.

No puede detenerse, no tiene tiempo para ocuparse de él.

Se quita los zapatos, la chaqueta. Una zancada, dos. Tres.

Corre hasta hundirse en el agua helada.

XCIII

La caja se ha inclinado hacia el lado de Berta.

La científica se da cuenta de que ella es más bajita y compacta. En la última década ha ido ganando peso, añadiendo una talla más de ropa cada dos años. Y esa diferencia de peso desequilibra la caja.

Al notar la espalda mojada, comprende que el agua ha comenzado a filtrarse. A medida que el nivel del agua aumenta, la inclinación de la caja se hace más pronunciada.

Desde fuera, la imagen recuerda al Titanic en sus últimos momentos.

Algo se clava con fuerza en su pierna. Suelta un gemido.

—¡Ayúdame a empujar para abrir! —La voz de Nadia, llena de pánico, retumba en la caja.

Un pie o una rodilla se clava en el costado de Berta, lo cual la obliga a expulsar el aire.

—¡Tenemos que salir de aquí! —grita Nadia, retorciéndose y empujando con todas sus fuerzas contra la tapa.

—Espera, Nadia... —La voz de Berta suena apagada. Apenas tiene espacio y hace presión con las manos atadas para impulsarse hacia arriba.

Pero Nadia no puede oírla.

Berta comprende que está sufriendo un ataque de pánico, pero no le queda tiempo, es algo que no puede controlar. Nota que el agua le llega al cuello e inclina la cabeza hacia atrás para mantener la boca fuera del agua el máximo de tiempo posible.

—¡Socorro! —Nadia grita con desesperación.

Berta coge aire antes de que el agua la cubra la completamente. Tiene buenos pulmones, después del accidente en el que casi se ahoga, sus padres la apuntaron a natación. Amortiguada por el agua, oye la voz de Nadia gritando.

Cierra los ojos y se concentra en ralentizar el ritmo de su corazón.

XCIV

Estrada da brazadas furiosas, golpea la superficie con piernas y brazos. El agua parece explotar a su alrededor. Fija la vista en la caja y se concentra en el ritmo, en avanzar lo más rápido posible.

Más allá, en las aguas negras y quietas, la caja, en posición vertical, es engullida por la oscuridad del pantano.

Estrada suelta gemidos de impotencia sin dejar de nadar. Grita el nombre de Berta, quiere que sepa que va hacia ella. Agita las piernas con fuerza, coloca un brazo detrás de otro, ignora el cansancio. Sabe que la distancia es demasiado grande, y su tiempo se agota.

Una nube cubre la luna y la oscuridad se abalanza sobre el pantano.

El nadador no puede ver nada, con cada brazada se multiplica su desesperación. Está cerca, pero ahora duda de dónde se han hundido. Cuando llega al lugar donde le parece que estaba la caja, grita sus nombres con toda la fuerza de sus pulmones.

Se detiene, flotando, por si oye algún ruido. Un golpe le da una pista, pero solo es un eco lejano. No acierta a saber de dónde viene.

Y, entonces, la luna vuelve a asomarse, brillante, como si quisiera darle una última oportunidad.

Gira sobre sí mismo, agitando enloquecidamente las piernas debajo del agua.

Y entonces lo ve.

Un rastro de burbujas que suben hasta la superficie.

XCV

A pesar de que suele hacer ejercicio, Borrell no puede seguir el ritmo de los hombres del GEI. Corren sin descanso y el rumor de sus pasos retumba en la pista de tierra. El chaleco antibalas le hiela la piel, parece aumentar de peso con cada zancada.

Los hombres corren como una manada, como una jauría de lobos persiguiendo a una presa.

Borrell está en forma, pero esos tipos se preparan todos los días para estas situaciones. Han entrenado durante años para esto.

Un grito rompe la noche y se detiene.

Reconoce la voz de Estrada.

Reconoce con horror los nombres que grita.

XCVI

Estrada coge aire y se sumerge. En la oscuridad absoluta, agita las manos furiosamente delante de él para palpar algo.

El agua retruena en sus oídos mientras bucea presa del pánico.

Sabe que el pantano es profundo, así que mueve los pies con energía para impulsarse hacia el fondo. Pero no encuentra nada. Pronto siente que le estallan los pulmones. Todos sus años de fumador le pasan factura.

Chispas amarillas flotan ante sus ojos mientras el agua le retumba en los oídos.

La camisa, hinchada de aire, parece tirar de él hacia la superficie mientras mueve los pies con desesperación.

Casi sin oxígeno, golpea con las manos en la oscuridad. El pecho le arde y su corazón bombea furioso. Tiene la necesidad imperiosa de abrir la boca y aspirar, pero sabe que sería el fin.

Y entonces sus dedos notan el filo suave del plástico.

Trastea con el cierre hasta que consigue deslizar la barra y tira con fuerza para abrir la tapa.

Una figura delgada sale como una exhalación.

Solo una.

Estrada lo atribuye a su propio delirio. La oscuridad del agua ha penetrado dentro de él y lo aturde. Un silbido en los tímpanos le indica que está a punto de perder el conocimiento.

Antes de tratar de salir, toca el borde de una chaqueta y tira de ella con fuerza.

Se impulsa con los pies contra la caja y bucea hacia la superficie sin aliento. Unas manos le ayudan a tirar de la mujer.

Estrada emerge tosiendo y ahogándose, mientras intenta coger aire.

La figura que ha salido de la caja lo ayuda a sacar la cabeza inerte que tiene entre los brazos. La toma por la barbilla y la mantiene fuera del agua.

Tras su breve aparición, la luna se ha ocultado tras nubes oscuras, cegando la escena. Estrada quiere hablar, pero sus pulmones gritan de dolor y tiene la vista borrosa. A duras penas logra mover las piernas para mantenerse a flote y sostener el cuerpo exánime.

En la orilla, tres miembros del GEI se desvisten para ayudarlos a salir.

En la oscuridad del lago, Estrada deja escapar un gemido.

Como si el cielo hubiese aguardado todos esos meses de sequía, una fina lluvia empieza a caer sobre el pantano.

Hay alternativas a esta mentalidad:
en lugar de considerar la muerte
como una conclusión de la existencia,
necesitamos reconocerla como un cambio de
forma, un cambio que simplemente requiere
que cambiemos nuestro enfoque,
que lo ampliemos.

JEFF DUNE
Doctor en Física Nuclear

XCVII

Cuando Borrell llega a la playa del pantano, los hombres del GEI atienden a varias personas. Ve la figura enorme de Estrada sentado en la orilla. Un agente le enfoca la cara desfigurada por el esfuerzo. El pecho que sube y baja deprisa, luchando aún por respirar.

El resto de policías atiende los cuerpos tendidos sobre las piedras.

El aire está cargado de lluvia y, entre el caos de voces, oye una tos y después un sollozo. Un sollozo de mujer.

Una esperanza se inflama dentro de Estrada. Puede que no sea tarde, puede que aún estén vivas.

Bajo la cortina de lluvia, un fogonazo de luz deshace la oscuridad. Dos segundos después, un trueno rompe el silencio.

Un hombre del GEI, de rodillas, se inclina sobre un cuerpo y pega sus labios al rostro. Gira la cabeza y vuelve a repetir la maniobra. Se incorpora y coloca ambas manos cruzadas sobre el pecho. Empuja con movimientos secos y rítmicos.

No sucede nada.

El silencio se extiende por la playa, solo se oye el crepitar de la lluvia sobre la superficie del pantano.

Vuelve a repetir la operación, como un caballero obstinado que se niega a aceptar que no puede despertar a una princesa. Borrell casi puede sentir la desesperación con la que insufla aire en los pulmones inundados.

Paco Fuentes lo llama.

Está junto al cuerpo de un hombre en el suelo. Borrell se acerca despacio. Aún no ha podido ir a la orilla, no quiere saber cuál de sus amigas ha dejado de respirar.

—¿Es Squark? —pregunta.

Paco Fuentes se levanta y lo mira con una mirada aturdida. Parece acongojado.

—Eso creía, pero mira lo que he encontrado en su cartera...

Le alarga un documento de identidad.

Borrell lo coge con dos dedos y lo observa durante tanto rato que Paco Fuentes se impacienta. Incluso en la oscuridad del lago, puede ver cómo palidece su rostro.

—¿Quién coño es Pavel Sowinsky?

El GEI se encoge de hombros antes de contestar.

—Coincide con la fotografía de Turiel que nos mandasteis. Pero, según ese documento, no es él.

Borrell clava la vista en el rostro del hombre que yace en el suelo y nota que un abismo se abre a sus pies. Es un rostro joven, hermoso. Sus ojos azules han quedado abiertos y le parece que un oleaje de miedo los enturbia.

—Hay que avisar a central para que envíen al equipo forense. —Paco Fuentes asiente, abrumado. Los dos hombres se miran varios segundos bajo la lluvia—. ¿Crees que nos hemos equivocado de hombre?

A Paco Fuentes se le tensa la mandíbula. Cuando habla, su voz es una mezcla de rabia y amargura.

—Creo que ese hijo de puta nos ha engañado.

Borrell vuelve a observar el cadáver. Ha recibido un disparo en el pecho y no va armado. A su espalda, oye las voces ahogadas de los otros policías, el viento entre las hojas, un trueno lejano. Sin querer, desvía la vista hacia Estrada.

Ve su silueta recortada en la oscuridad. Parece haberse encogido. Tiene los hombros hundidos y la barbilla le cae sobre el pecho. Un compañero se agacha a su lado y le pasa un brazo por la espalda, mientras le dice algo al oído.

Estrada parece encogerse aún más, como si quisiera desaparecer.

Ve que cubren uno de los cuerpos con algo, no distingue qué. Quizás sea el abrigo de Estrada.

XCVIII

Berta ya ha pasado por esto. Sabe lo que pasará y siente que está bien.

Solo ha de cerrar los ojos, sentir la caricia del agua helada, volverse ligera.

Anhela dejarse ir y mecerse en la tranquila corriente. Piensa en Estrada, en su mirada estrábica, en su pelo rizado y desordenado, en el rostro marcado por el acné y los años de no cuidarse.

Querría despedirse, decirle que lo ama, pero es demasiado tarde.

Estaba dentro de una caja, pero ahora, incomprensiblemente, puede ver el cielo. Las nubes se transforman en un humo gris que huye a toda prisa, como si la luz clara de la luna se expandiese hasta ahuyentar todas las sombras.

A su alrededor todo es claridad.

Mira hacia abajo y ve su cuerpo rodeado de agentes que luchan para que vuelva. Mira a Estrada y percibe su desesperación. Nota cómo su amor tira de ella, cómo el hombre se aferra a su cuerpo vacío, incapaz de aceptar que es demasiado tarde.

Querría decirle que todo está bien, pero algo desvía su atención.

Dos figuras se recortan en la claridad.

La luz blanca se posa, como niebla plateada, en la melena negra y ondulada de su madre. A su lado, una figura redonda y afable, le sonríe.

Sus padres han venido a buscarla y comprende que es hora de volver a casa. Que ha llegado el momento de reunirse con ellos.

En algún lugar, más allá de la presa, estalla la tormenta. Y entonces la luz penetra dentro de ella y sabe que su tiempo en este mundo se ha acabado y empieza otro tiempo.

Que todo es como debe ser.

XCIX

El comisario jefe mira la sala abarrotada. Los periodistas se apiñan unos junto a otros; algunos usan micrófonos o móviles, otros simplemente esperan. En los pasillos hay cámaras fijas y algunos corresponsales se mueven con sus cámaras al hombro. Las luces iluminan el escenario, provocando en su rostro un efecto de brillo, como si se hubiese puesto crema o maquillaje.

Pol Sala introduce dos dedos por el cuello de la camisa y tira un poco hacia fuera. Nota la tela rígida, le irrita el cuello. Se dice que quizás no es la ropa, sino el ambiente que parece cargado de electricidad estática.

O tal vez son los nervios por el contrato que, hace unas horas, ha firmado con Netflix.

Borrell se inclina hacia él y se cubre la boca con la mano antes de hablar.

—Si alguna vez he querido estar en otro lugar, sin duda es este.

El comisario asiente y levanta una mano para indicar que va a empezar la rueda de prensa. El silencio se extiende por la sala y ambos policías entrecierran los ojos por los cientos de *flashes* que brotan de la multitud.

Pol Sala se aproxima al micrófono y un chirrido agudo resuena en los altavoces.

—Gracias por venir. —Miles de ojos ávidos se clavan en él—. Sin duda, esta es una de las conferencias de prensa más difíciles de mi carrera. Debemos informar de una situación grave y que lamentamos profundamente. El asesino en serie Albert Turiel, también conocido como Squark, logró huir de nuestra operación policial y actualmente se halla en paradero desconocido.

Un rumor abrumador, que le hace pensar en el rugido de un estadio ante una jugada de peligro, se extiende por la sala y sube de volumen durante varios segundos. El comisario jefe hace una pausa, esperando a que, de nuevo, se haga el silencio.

Borrell, a su lado, observa la multitud con las manos cruzadas sobre la mesa y una mirada impasible.

—En su última acción, Squark secuestró a una oficial de policía —continúa el comisario jefe—. Afortunadamente, nuestros equipos de intervención rápida lograron rescatarla con vida. Sin embargo, Squark secuestró también a la científica Berta Fernández, que colaboraba estrechamente con nuestras fuerzas en su captura. Lamentablemente, la señora Fernández murió a pesar de los esfuerzos del equipo de rescate.

Pol Sala hace una pausa. La camisa le pica. Se remueve un poco en la silla, con cuidado de mantener una buena postura. Nota las gotas de sudor que se forman en el nacimiento del pelo y contiene el impulso de deshacerse de ellas con la manga.

—También tenemos que informar acerca de la muerte de otra persona durante la operación policial. Se trata de un compañero de Berta Fernández cuyo nombre, de momento, no podemos revelar. Las circunstancias de su fallecimiento están siendo investigadas de forma exhaustiva. Proporcionaremos más datos cuando se aclaren los hechos y hayamos hablado con sus familiares.

Cientos de manos se agitan en el aire y algunos periodistas gritan sus preguntas, pero es imposible distinguir lo que dicen.

—Ahora cederé la palabra al jefe de la Unidad Especial de Desaparecidos y responsable de esta operación, Eduard Borrell. Se abrirá un turno de preguntas de diez minutos, en el que los medios preseleccionados pueden hacer una pregunta que él, en la medida de lo posible, contestará.

Siete periodistas se ponen de pie. La primera en hablar es una mujer negra, con un marcado acento latino y voz dulce:

—Yolanda Ojal, del *Miami Herald*. ¿La policía tiene alguna pista sobre el paradero de Squark?

Borrell mira a la cara a la periodista. Para relajarse se concentra en sus bonitos ojos oscuros.

—Estamos siguiendo algunas hipótesis que no puedo revelar. Lo que sí puedo decirles es que trabajamos conjuntamente con los cuerpos de seguridad nacionales y europeos. Squark está en búsqueda y captura, y se han establecido medidas excepcionales en puertos, aeropuertos y aduanas. La opción que consideramos más probable es que se haya ocultado en algún lugar que había previsto con anterioridad.

—O sea, que podría haber huido del país. Ustedes no saben dónde podría estar.

—No, no lo sabemos —concede Borrell.

El moderador ofrece el micrófono al segundo periodista.

—¿Cómo pudo escapar si ya lo habían identificado y hubo una operación policial? ¿Creen que ha habido negligencia por parte de los cuerpos de seguridad?

El periodista que lanza la pregunta es un viejo conocido de Borrell, así que no se presenta. Con los años ha ganado peso y experiencia, pero no ha cambiado de vestuario. Lleva un jersey de punto que ha vivido años mejores y le va demasiado ajustado.

—Aún estamos estudiando los hechos. Lo que sabemos hasta ahora es que Squark escogió la zona donde llevó a las víctimas y había planeado minuciosamente un plan de huida. Debemos esperar a lo que recogieron las cámaras y al informe de los investigadores, pero se trata de una zona apartada, de difícil acceso y comunicación. Aunque los equipos especiales actuaron con eficacia, lo abrupto y extenso del terreno impidió que se establecieran controles a tiempo. Aún es pronto para calificar de fracaso la actuación policial. La realidad es que podríamos estar hablando de varias víctimas mortales, pero, afortunadamente, se actuó con diligencia. El balance sobre si la operación fue un éxito o un fracaso deberá hacerse cuando haya finalizado la investigación.

El siguiente en tomar el micrófono es un hombre muy alto, de complexión fuerte y anacrónico bigote color castaño claro. Su mirada inteligente, oculta detrás de unas gafas de pasta, incomoda a Borrell.

—Elon Reichelt, del *Bild* —habla en inglés con un marcado acento alemán—. En el vídeo que retransmitió

Squark pudimos ver a las dos mujeres que fueron introducidas en una caja. Una de ellas era la doctora Fernández y la otra, la agente de policía que ha sobrevivido, pero ¿qué puede decirnos del otro muerto? ¿Puede explicar si Squark lo secuestró y cómo murió?

Borrell tarda tanto rato en responder que una policía se acerca con la intención de traducirle la pregunta, que ha entendido perfectamente. Solo está ganando tiempo. No la saca de su error y, mientras ella traduce, aprovecha para beber agua sin mirar directamente al periodista. Disimuladamente toma aire antes de responder.

—La señora Berta Fernández murió ahogada en el pantano de Susqueda. Aunque uno de nuestros agentes logró rescatarla y llevarla a la orilla, no se pudo hacer nada para salvarle la vida. La otra víctima, Pavel Sowinski, murió tras recibir un disparo —Borrell hace una pausa—, efectuado por un miembro de las fuerzas de seguridad. Como ya he dicho, la policía sigue los protocolos establecidos para estos casos y aún es pronto para darles más datos. El papel del señor Sowinski en esta trama aún está por aclarar. De momento, lo que sabemos es que recibió un mensaje desde el teléfono de Berta Fernández con la ubicación y una invitación para que fuera a ese lugar. Todo apunta a que fue enviado por el propio Squark. Hallamos el coche del señor Sowinski en la pista de acceso con las ruedas pinchadas. También encontramos material punzante en la pista forestal. De momento, es todo cuanto puedo decirles.

Borrell consulta su reloj. Aún falta un minuto, pero siente que se ahoga.

—Lamento no disponer de más tiempo. Los otros medios seleccionados pueden enviar su pregunta por escrito al correo que les proporcionaremos. Les contestaré en el plazo máximo de una hora. Para todos ustedes, nuestra oficina de comunicación les hará llegar un resumen con los datos que podamos proporcionar. Gracias por su paciencia.

Los dos hombres se levantan de la silla entre cientos de *flashes*, deseosos de salir cuanto antes de esa sala.

C

Estrada abre los ojos muy despacio. Le duele la cabeza y evita hacer movimientos bruscos. Con cuidado, alarga la mano y mira el móvil.

Son las seis de la mañana, pero ya tiene un par de mensajes de Nadia.

Tras incorporarse, se queda mirando el pantalón arrugado, el mismo que llevaba ayer y anteayer. Piensa en si debe responder. Sabe que su compañera lo está pasando mal y se preocupa por él, pero duda de si tendrá fuerzas para ayudarla en eso.

Duda de si está capacitado para hacerlo.

Intenta no pensar en el pantano, pero los recuerdos lo asaltan.

A todas horas ve la caja flotando en medio del lago, sus manos buscando en la oscuridad, el cuerpo inerte de Berta flotando entre él y Nadia.

Pensar en Berta provoca en él una reacción en cadena. Están sentados en su cocina. Ella tiene los pies colgando y lo mira detrás de su taza de café. Después contempla su cuerpo, el vientre un poco abultado y blando, las caderas anchas, el pelo negro que parece extenderse por la almohada.

Quisiera dormirse por fin y soñar con ella, pero sabe que eso no va a suceder.

Lo que ve cuando lo vence el sueño, lo que se repite en sus pesadillas, es la cara de sorpresa del chico inocente que asesinó, su boca llena de sangre tratando de decirle que no era Squark, que les había tendido una trampa.

Cada recuerdo le provoca una dolorosa sensación de culpabilidad, como si su cerebro hubiera desarrollado una extraña enfermedad autoinmune que lo obligara a atacarse a sí mismo hasta destruirse.

Oye el *blip* de otro mensaje.

Y otro.

Abre el WhatsApp. Casi puede sentir la desesperación que emana de cada palabra. Puede verla plantada ante él, con sus ojos verdes torturados, la cara magullada y su expresión dolida.

Haciendo un esfuerzo sobrehumano, le manda un audio.

—Nos vemos en el bar de siempre. Dame una hora.

Nadia sale de la habitación vestida con unos vaqueros y una sudadera gris. En el comedor, su hermano está dormido en el sofá y sus ronquidos compiten con el volumen de la televisión. Encima de la mesa hay latas vacías de cerveza y el mando está en el suelo, como si lo hubiera dejado caer.

La herida de la ceja le duele cada vez que frunce el ceño, lo cual sucede muy a menudo. Al mirar a su hermano, le asalta una sensación diferente. Siente una pena indefinida por él, una compasión que le nubla los ojos. Es como si estar a punto de morir la hubiese cambiado y, por primera vez en mucho tiempo, es capaz de verlo con los ojos de su madre.

Apaga la televisión y lo zarandea suavemente.

—Dani, despierta.

Él entreabre los ojos.

—Vete a la cama. Aún es temprano.

Su hermano abre más los ojos.

—Me he quedado dormido. ¿Qué hora es?

—Las seis. Duerme un poco más.

Él le da un abrazo breve y va hacia la cama, rascándose una nalga. Nadia recoge la mesa y coloca los cojines. Da un vistazo al comedor y se lleva las llaves del coche.

Media hora más tarde, se encuentran en el bar que hay cerca de la comisaría. Nadia se sienta con un gesto de dolor. Aún le duele la espalda y tiene morados por todo el cuerpo. Se miran un instante y ninguno de los dos dice nada sobre el aspecto del otro.

No sabrían decidir cuál de los dos está peor.

Unos meses antes, habrían devorado un bocadillo, pero no tienen hambre y solo piden café.

—¿Cómo estás? —pregunta Estrada.

Nadia le dedica una sonrisa rota.

—Bien. Lo más jodido de todo es que aún tengo que dar gracias.

Él le coge la mano y se la aprieta suavemente.

—¿Vas a volver al trabajo? —pregunta ella.

—No sé si sería de mucha ayuda —reflexiona él en voz alta.

Ella no quiere llorar, pero se le quiebra la voz.

—Te necesitamos. Hay que atrapar a ese cabrón. Yo... yo te necesito.

Estrada asiente.

—Sí, mañana iré. Mañana estaré más fuerte.

Nadia sonríe con tristeza. No le dice que hace una semana le dijo lo mismo.

CI

Su padre ha regresado en sueños.

Esta noche ha sido especialmente dura y Squark tiene la sábana envuelta sobre el pecho. Nota todo el cuerpo sudado.

Sacude la ropa de cama y permanece despierto con los ojos abiertos. Se alegra de haberse ido por fin de su casa. Allí la presencia de su padre llenaba cada rincón, pudría el aire con su olor a viejo y a enfermedad.

Con una sonrisa de satisfacción, repasa la noche en el pantano.

Se ve a sí mismo conduciendo la moto de trial como un loco. Conoce la zona de Susqueda, la ha estudiado durante meses. Los baches lo levantan del asiento y hace fuerza con las piernas. La ropa mojada se le pega al cuerpo y es como si se le clavaran miles de cristalitos helados.

Oye el tiro que reverbera en el pantano y, aunque no se lo esperaba, le parece un resultado probable. Y maravilloso.

Se pregunta qué dirá todo el mundo sobre su último experimento.

Una nube densa y pesada cubre la luna y el cielo se vuelve de un negro opresivo y temible. El silencio es espantoso y teme que alguien oiga el sonido del motor.

Entonces estalla la tormenta y el casco se llena de gotas que resbalan por la visera.

Alarga la mano hacia la mesita y enciende la luz. Una cucaracha tan grande que parece mutante corre por el pasillo.

Es un piso antiguo, de una sola habitación, que huele a humedad y a comida recalentada. Está bien por ahora.

Abre su libreta por el experimento Turiel-DiMaggio. Lee sus notas con atención y, al acabar, se pregunta si el Enigmista sabrá que su experimento aún no ha acabado. Sin duda, va a proseguir.

Aún hay muchas respuestas que DiMaggio debe responderle.

Pasa la página.

Escrito con mayúsculas está el nombre de Quark y las letras lo arrastran de nuevo a la noche en el pantano.

Se ve ocultando la moto entre los matojos, antes de caminar hacia el vehículo que tenía preparado. Saca una bolsa con ropa seca y nueva y se cambia tiritando. Mete toda la ropa mojada en el maletero.

Se mete dentro del coche, un Polo de segunda mano que compró a nombre de su nueva identidad. Enciende el motor y pone la calefacción a toda pastilla. Poco a poco, va entrando en calor. Se coloca una peluca rubia, con bigote y barba del mismo color, así como unas gafas de pasta sin graduar.

Se contempla satisfecho en el retrovisor.

Después, saca su nuevo pasaporte de la guantera y pasa la vista del retrovisor a la fotografía varias veces.

Es increíble la de cosas que puedes conseguir si sabes moverte por la *dark web*. Ese pasaporte falso le ha proporcionado un empleo en Estonia. Un trabajo *on line* que le ha permitido alquilar un apartamento y comprar un coche.

Se levanta y camina por el pasillo.

Al encender la luz del baño, descubre la cucaracha e intenta pisarla, pero es rápida y huye a través de un rodapié mal colocado.

«Ya la atraparé», se dice.

El silencio es absoluto. En este pueblo, en invierno, apenas vive gente. La mayoría tiene más de setenta años. El viejo que le alquiló el apartamento estaba ansioso por firmar, no podía creer su buena suerte. Apenas miró el documento y aceptó el dinero en efectivo sin hacer ninguna pregunta.

Cada vez que se cruza con él, le dedica la mejor de sus sonrisas.

Se mira en el espejo. Se ha rapado el pelo (así es más cómodo ponerse la peluca) y se ha teñido las cejas. Se ve extraño, pero le queda bien el rubio con los ojos azules.

Enciende la radio para escuchar las noticias. Casi todas las emisoras hablan sobre él, lo cual le produce una enorme satisfacción.

Piensa en ese otro universo donde es un gran científico, donde habita junto a su madre en una de las casas que se pudren bajo el lago.

Es una buena vida, pero esta es mejor.

Es una vida plena que él ha construido a pulso. Una vida llena de éxito.

Ahora lo más importante es pasar desapercibido y planear el siguiente paso. Nadie puede prever su posición, ni el momento en que volverá a actuar. Squark es pura aleatoriedad, nadie puede confirmar su existencia.

Cuanto más quieran entenderlo, más indescifrable debe ser.

«Tú no eres un niño asustado», se susurra al espejo.

Estudia su reflejo con atención. En sus ojos puede ver el azul infinito, el sutil movimiento de partículas cuánticas que configuran su iris.

No, ya no es un niño asustado.

Es el Principio de Incertidumbre.

Agradecimientos

Escribir los agradecimientos de este libro es, para mí, una tarea compleja. Contemplar sus páginas es como coronar el Himalaya tras meses de esfuerzo y ventisca. Son tantas las cosas que tienen que pasar, los cientos de casualidades que tienen que alinearse para que tu libro vea la luz, que podría extenderme páginas y páginas y seguramente me olvidaría de mencionar a alguien.

Desde el primer libro que escribí hasta este ejemplar, he tenido la suerte de colaborar con profesionales que me han ayudado y animado a escribir. Necesitaría varias páginas para enumerarlos a todos y agradecerles su ayuda. Así que haré un agradecimiento general para todas aquellas personas que, con su trabajo y apoyo, han hecho posible que llegue hasta aquí. Sin duda, a todos ellos, millones de gracias.

Debo mencionar en primer lugar, a mi familia, especialmente, a mis hijos y mi pareja. Todos ellos me animaron a escribir, creyeron en mí y han soportado (y espero que lo sigan haciendo) mis días de aislamiento y mis ausencias mentales cuando las ideas ocupan mi mente. Gracias por vuestra paciencia y apoyo.

A los amigos que han compartido mis sueños, me han animado en mis muchos fracasos y se han alegrado de cada cita conseguida. La vida con ellos es, sin duda, más fácil.

También debo dar las gracias a algunos artistas que me han inspirado personajes de esta historia.

A Montserrat Tura, cuyos artículos sobre el crimen de Susqueda sirvieron de referencia para una parte de este libro. Aunque me basé en algunos hechos reales, los detalles y la resolución son completamente ficticios. Quiero expresar mi respeto hacia las familias y seres queridos afectados. Soy consciente del dolor que este crimen causó, y mi intención ha sido tratarlo con la mayor sensibilidad posible.

A Jordi Wild. Alentada por mis hijos, empecé a escuchar sus programas y han sido una gran fuente de inspiración. Especialmente los que trataban sobre física cuántica y tenían como invitado al científico Javier Santaolalla, a quien también menciono en el libro.

A Derek DelGaudio. Su documental, *In & Of Itself*, me impresionó tanto que esta vez fui yo quien arrastré a mis hijos a verlo. No pude evitar inspirarme en él para uno de mis personajes.

A Sandra Bruna, mi agente, que me acogió con una sonrisa inmensa y un abrazo, así como a todo el personal de la agencia.

A Fernando Paz, director de AdN, que apostó por este libro cuando no era nada más que una idea y una treintena de páginas y a todos los profesionales que han trabajado en la composición, revisión y lanzamiento de esta historia con rigor, profesionalidad y sensibilidad.

A Sonia Fernández-Vidal, doctora en física y escritora, por validar la parte científica de estas páginas.

Por último, quiero dar las gracias a mi gran y querido amigo Francesc Miralles.

Al principio he dicho que deben darse miles de casualidades para que un libro vea la luz, y es cierto, pero esta historia no habría sido posible sin él. Si leéis su biografía, *Escrito en la tierra*, cosa que os recomiendo, veréis que, entre otras muchas actividades, se complica la vida como *sherpa* literario.

Por eso al principio dije que publicar era como coronar el Himalaya.

Puede que yo haya llegado esta vez, pero él lleva subiendo y bajando de la cima toda su vida. A veces solo, y en muchas ocasiones, guiando a otros.

Tuve la inmensa suerte que una amiga común, la escritora Coia Valls, nos presentara. Francesc me escuchó con atención y me dedicó, con gran generosidad, un tiempo del que apenas dispone. A eso siguió que se entusiasmase con la idea y creyese en mí. Sin duda, sin su apoyo, consejos y guía, esta historia nunca habría llegado hasta aquí.

Espero de todo corazón que, todo el esfuerzo y la ayuda que he recibido os hagan disfrutar de estas páginas.

Muchas personas han hecho un magnífico trabajo para que vean la luz.